SGCライブラリ-197

重点解説
モンテカルロ法と準モンテカルロ法

鈴木 航介・合田 隆 共著

サイエンス社

SGCライブラリ

表示価格はすべて
税抜きです

(The Library for Senior & Graduate Courses)

近年，特に大学理工系の大学院の充実はめざましいものがあります．しかしながら学部上級課程並びに大学院課程の学術的テキスト・参考書はきわめて少ないのが現状であります．本ライブラリはこれらの状況を踏まえ，広く研究者をも対象とし，**数理科学諸分野および諸分野の相互に関連する領域**から，現代的テーマやトピックスを順次とりあげ，時代の要請に応える魅力的なライブラリを構築してゆこうとするものです．装丁の色調は，

数学・応用数理・統計系（黄緑），**物理学系**（黄色），**情報科学系**（桃色），

脳科学・生命科学系（橙色），**数理工学系**（紫），**経済学等社会科学系**（水色）と大別し，漸次各分野の今日的主要テーマの網羅・集成をはかってまいります．

※ SGC1〜133 省略（品切含）

134 量子力学の探究
仲滋文著　　　　　　　　本体 2176 円

136 例題形式で探求する代数学のエッセンス
小林正典著　　　　　　　本体 2130 円

139 ブラックホールの数理
石橋明浩著　　　　　　　本体 2315 円

140 格子場の理論入門
大川正典・石川健一共著　本体 2407 円

141 複雑系科学への招待
坂口英継・本庄春雄共著　本体 2176 円

143 ゲージヒッグス統合理論
細谷裕著　　　　　　　　本体 2315 円

145 重点解説 岩澤理論
福田隆著　　　　　　　　本体 2315 円

146 相対性理論講義
米谷民明著　　　　　　　本体 2315 円

147 極小曲面論入門
川上裕・藤森祥一共著　　本体 2250 円

148 結晶基底と幾何結晶
中島俊樹著　　　　　　　本体 2204 円

151 物理系のための 複素幾何入門
秦泉寺雅夫著　　　　　　本体 2454 円

152 粗幾何学入門
深谷友宏著　　　　　　　本体 2320 円

154 新版 情報幾何学の新展開
甘利俊一著　　　　　　　本体 2600 円

155 圏と表現論
浅芝秀人著　　　　　　　本体 2600 円

156 数理流体力学への招待
米田剛著　　　　　　　　本体 2100 円

158 M 理論と行列模型
森山翔文著　　　　　　　本体 2300 円

159 例題形式で探求する複素解析と幾何構造の対話
志賀啓成著　　　　　　　本体 2100 円

160 時系列解析入門 [第 2 版]
宮野尚哉・後藤田浩共著　本体 2200 円

163 例題形式で探求する集合・位相
丹下基生著　　　　　　　本体 2300 円

165 弦理論と可積分性
佐藤勇二著　　　　　　　本体 2500 円

166 ニュートリノの物理学
林青司著　　　　　　　　本体 2400 円

167 統計力学から理解する超伝導理論 [第 2 版]
北孝文著　　　　　　　　本体 2650 円

170 一般相対論を超える重力理論と宇宙論
向山信治著　　　　　　　本体 2200 円

171 気体液体相転移の古典論と量子論
國府俊一郎著

172 曲面上のグラフ理論
中本敦浩・小関健太共著　本体 2400 円

174 調和解析への招待
澤野嘉宏著　　　　　　　本体 2200 円

175 演習形式で学ぶ特殊相対性理論
前田恵一・田辺誠共著　　本体 2200 円

176 確率論と関数論
厚地淳著　　　　　　　　本体 2300 円

178 空間グラフのトポロジー
新國亮著　　　　　　　　本体 2300 円

179 量子多体系の対称性とトポロジー
渡辺悠樹著　　　　　　　本体 2300 円

180 リーマン積分からルベーグ積分へ
小川卓克著　　　　　　　本体 2300 円

181 重点解説 微分方程式とモジュライ空間
廣惠一希著　　　　　　　本体 2300 円

183 行列解析から学ぶ量子情報の数理
日合文雄著　　　　　　　本体 2600 円

184 物性物理とトポロジー
窪田陽介著　　　　　　　本体 2500 円

185 深層学習と統計神経力学
甘利俊一著　　　　　　　本体 2200 円

186 電磁気学探求ノート
和田純夫著　　　　　　　本体 2650 円

187 線形代数を基礎とする 応用数理入門
佐藤一宏著　　　　　　　本体 2800 円

188 重力理論解析への招待
泉圭介著　　　　　　　　本体 2200 円

189 サイバーグ–ウィッテン方程式
笹平裕史著　　　　　　　本体 2100 円

190 スペクトルグラフ理論
吉田悠一著　　　　　　　本体 2200 円

191 量子多体物理と人工ニューラルネットワーク
野村悠祐・吉岡信行共著　本体 2100 円

192 組合せ最適化への招待
垣村尚徳著　　　　　　　本体 2400 円

193 物性物理のための 場の理論・グリーン関数[第 2 版]
小形正男著　　　　　　　本体 2700 円

194 演習形式で学ぶ一般相対性理論
前田恵一・田辺誠共著　　本体 2600 円

195 測度距離空間の幾何学への招待
塩谷隆著　　　　　　　　本体 2800 円

196 圏論的ホモトピー論への誘い
栗林勝彦著　　　　　　　本体 2200 円

197 重点解説 モンテカルロ法と準モンテカルロ法
鈴木航介・合田隆共著　　本体 2300 円

まえがき

モンテカルロ法は，確率的試行を何度も繰り返して推定値を得るという単純な手法である．しかしその単純さゆえに，確率的な事象を扱う際の自然で汎用的なアプローチである．今日では，自然科学，工学全般，機械学習・深層学習を含む統計学，数理ファイナンス，グラフィックス，オペレーションズ・リサーチなど多様な分野で使われている．

本書のテーマの一つはモンテカルロ法である．第1〜4章では，これを理解し，使えるようになることを目指す．そのために，1章ではモンテカルロ法の理解に必要な確率変数の知識を，2章ではモンテカルロ法を「使う」上で欠かせない確率分布からのランダムサンプリングをまとめた．3章では，モンテカルロ法を「工夫」して計算効率向上を図る手段である分散減少法を，モデルとサンプリングの両面から取り扱う．4章では，確率変数そのものが正確に評価できないという難しい状況に対応可能なマルチレベルモンテカルロ法を紹介する．

モンテカルロ法は極めて汎用的である．しかし乱数から得られる点配置は完全に一様ではなく，点が密集する領域や点が存在しない空白の領域がどうしても生じてしまう．本書のもう一つのテーマである準モンテカルロ法は，乱数を決定的な一様分布列に置き換えることでモンテカルロ法の効率の改善を図る手法である．本書では5章で古典的な理論を扱い，その後の章で近年の理論の発展をまとめる．6章では再生核ヒルベルト空間上の数値積分の理論を紹介する．7章では格子，8章ではデジタルネットという点集合のクラスを調べる．個々の章で折に触れて紹介する乱択化準モンテカルロ法はランダム性と一様性を両立した分散減少法であり，本書の二つのテーマを繋ぐ存在である．最後の9章では，（準）モンテカルロ法の数値実験や応用例を紹介する．また，この章で行った数値計算に使ったPythonスクリプトは https://github.com/qmcsuzuki/QMCexamples にアップロードしている．なお，5章以降の内容の多くは筆者らのサーベイ論文[116]をベースとしているが，多くの例や証明を整理して新たに書き加え，可能な限り本書のみで理解が深まるように構成を大きく変更している．

本書を一通り理解できれば，（準）モンテカルロ法を正しく理解して，工夫して使えるようになる．読者がモンテカルロ法の新たな応用を開拓したり，モンテカルロ法を準モンテカルロ法に置き換えた高精度のアルゴリズムの開発に携わることがあれば，筆者として光栄である．

本書をまとめるにあたり，嘉指圭人氏，鎌谷研吾氏，鈴木悠也氏，原瀬晋氏，原本博史氏，平尾将剛氏，藤田直樹氏から多くの貴重なコメントを頂いた．この場を借りて感謝を申し上げたい．またサイエンス社編集部の大溝良平氏には，数年の間根気強く原稿を待っていただき大変お世話になった．ここに深い感謝の意を表する．

2024 年 10 月

鈴木航介 ・合田隆

目　次

第 1 章　統計的推定とモンテカルロ法　　1

1.1　はじめに：モンテカルロ法とは 1

1.2　様々な基本統計量 3

　　1.2.1　期待値 3

　　1.2.2　分散・標準偏差 4

　　1.2.3　モーメント・歪度・尖度 4

　　1.2.4　事象確率 5

　　1.2.5　分位数 6

1.3　独立な試行に基づく推定 6

　　1.3.1　不偏推定量とバイアス・バリアンス分解 7

　　1.3.2　期待値 7

　　1.3.3　集中不等式 9

　　1.3.4　信頼区間 10

　　1.3.5　分散・標準偏差 11

　　1.3.6　モーメント・歪度・尖度 12

　　1.3.7　事象確率 13

　　1.3.8　分位数 14

1.4　モンテカルロ法の定式化 16

第 2 章　乱数生成　　17

2.1　擬似乱数生成法 17

　　2.1.1　乱数性の評価 18

　　2.1.2　線形合同法 20

　　2.1.3　高階漸化式法 21

　　2.1.4　メルセンヌ・ツイスター 22

2.2　確率分布からの乱数生成 25

　　2.2.1　逆関数法 25

　　2.2.2　変換法 31

　　2.2.3　受理棄却法 36

2.3　マルコフ連鎖モンテカルロ法 38

　　2.3.1　メトロポリス–ヘイスティングス法 39

　　2.3.2　ギブスサンプリング 45

　　2.3.3　スライスサンプリング 48

第 3 章	分散減少法	**49**
3.1	分散減少法の効率性	49
3.2	対照変量法	50
3.3	制御変量法	52
3.4	重点サンプリング	54
	3.4.1　自己正規化重点サンプリング	57
	3.4.2　稀少事象シミュレーション	58
3.5	層化サンプリング	60
3.6	ラテン超方格サンプリング	63

第 4 章	マルチレベルモンテカルロ法	**68**
4.1	バイアス・バリアンス分解	68
4.2	制御変量法の一般化としての 2 レベルモンテカルロ法	70
4.3	マルチレベルモンテカルロ法	72
4.4	乱択化マルチレベルモンテカルロ法	77
4.5	入れ子型期待値推定への応用	79

第 5 章	準モンテカルロ法の理論	**83**
5.1	はじめに	83
	5.1.1　準モンテカルロ法とは	83
	5.1.2　準モンテカルロ法の定式化	85
	5.1.3　準モンテカルロ法の文献ガイド	86
5.2	一様分布列	86
5.3	ディスクレパンシーとは	89
5.4	ディスクレパンシーの上界と下界	93
	5.4.1　結果の概要	93
	5.4.2　ディスクレパンシーの下界に関する研究の歴史	94
	5.4.3　ロスの定理	94
	5.4.4　ディスクレパンシーの上界	97
	5.4.5　ファン・デル・コルプト列	98
	5.4.6　ハルトン列	99
	5.4.7　クロネッカー列	101
	5.4.8　指数和とディスクレパンシー	102
5.5	コクスマ–ラフカの不等式	103
	5.5.1　1 次元の場合	103
	5.5.2　多次元の場合	104
	5.5.3　s 次元のコクスマ–ラフカの不等式の証明	106
5.6	乱択化準モンテカルロ法	107

iii

	5.7	QMC は高次元でも役に立つのか？	108
	5.7.1	ANOVA 分解と実効次元	108
	5.7.2	最悪誤差	109
	5.7.3	計算容易性	110
	5.7.4	重み付き関数空間	111

第 6 章　再生核ヒルベルト空間　　112

6.1	再生核ヒルベルト空間の定義と性質		112
6.2	再生核ヒルベルト空間上の数値積分		113
6.3	ディスクレパンシーと 1 階のソボレフ空間		115
	6.3.1	1 変数の場合	115
	6.3.2	多変数の場合	117
	6.3.3	重み付きディスクレパンシーとソボレフ空間	118
6.4	コロボフ空間		118
	6.4.1	関数の滑らかさとフーリエ係数の減衰	119
	6.4.2	フーリエ級数の減衰で定まる関数空間	120
	6.4.3	1 次元のコロボフ空間	121
	6.4.4	多次元のコロボフ空間とその積分誤差	123
6.5	ソボレフ空間		124
	6.5.1	基点付きソボレフ空間	125
	6.5.2	基点なしソボレフ空間	125

第 7 章　準モンテカルロ法—格子　　127

7.1	格子と双対格子		127
7.2	格子のディスクレパンシー		129
	7.2.1	良い格子の探索法 1：平均値の議論	130
	7.2.2	良い格子の探索法 2：CBC 構成法	132
	7.2.3	高速 CBC 構成法	134
	7.2.4	高速フーリエ変換と高速行列ベクトル積	134
7.3	周期的な関数に対する高次収束		137
	7.3.1	周期的で滑らかな関数空間の積分誤差	137
	7.3.2	コロボフ空間と格子則	139
	7.3.3	平均値の議論	139
	7.3.4	高速 CBC 構成法	142
7.4	非周期的な関数に対する格子則		144
7.5	乱択化		145
7.6	フロロフ積分則		146

第8章 準モンテカルロ法—デジタルネット **148**

  8.1 基本直方体と t 値 148

  8.2 デジタルネットとデジタル列 153

      8.2.1 デジタルネットの定義 153

      8.2.2 デジタルネットの t 値 154

      8.2.3 双対デジタルネットと双対定理 156

  8.3 良いデジタルネットやデジタル列の構成 157

      8.3.1 一般化ニーダーライター列 157

      8.3.2 その他の構成：ニーダーライター–シン列と多項式格子 . . 159

  8.4 ウォルシュ解析と高次収束 160

      8.4.1 ウォルシュ関数系 160

      8.4.2 滑らかな関数のウォルシュ係数の減衰 164

      8.4.3 高階のデジタルネット 165

      8.4.4 滑らかな関数の積分誤差の高次収束 167

  8.5 乱択化 169

      8.5.1 デジタルシフト 169

      8.5.2 スクランブル 170

      8.5.3 線形スクランブル 174

第9章 いくつかの応用 **176**

  9.1 QMC 実用ガイド 176

      9.1.1 事前準備と前処理 176

      9.1.2 どの QMC を使えばよいか？ 177

      9.1.3 QMC のライブラリ 177

  9.2 Python の QMC ライブラリを試す 178

  9.3 QMC の数値実験例 179

  9.4 金融工学における応用例 182

  9.5 多変量正規分布の累積分布関数の計算 183

  9.6 ランダム係数の偏微分方程式 184

参考文献 **186**

索 引 **193**

第 1 章
統計的推定とモンテカルロ法

モンテカルロ法はランダムなサンプリングを活用して複雑な問題の解決を図る単純かつ強力なツールであり，多種多様な科学技術分野で応用されている．本章では，モンテカルロ法の基本的原理と（母集団分布に対する）様々な基本統計量の推定法を解説する．

1.1　はじめに：モンテカルロ法とは

偏りのないサイコロを振るとして，1 から 6 までのどの目が出るかを当て続けることはできるだろうか？向こう 1 年間の東京の天気を正しく予報できるだろうか？明日の日経平均株価の終値を寸分のズレもなく予測できるだろうか？

これらの例に代表されるように，世の中は決定的には予測できないでたらめな振舞いを示す事象で溢れている．でたらめな事象のモデル化に使われるのが確率である．例えばサイコロの目は 1 から 6 の値が均等に出る一様分布としてモデル化される．株価は一般にはランダムウォーク（幾何ブラウン運動）としてモデル化される．確率によるモデル化により，でたらめさの「平均的な振舞い」や「散らばり方」を期待値や分散という量で数値的に記述できるようになった．しかし複雑な問題では，そのような値が簡単に計算できるとは限らない．そこでサイコロの例に戻ろう．サイコロの奇数の目が出る確率が 0.5 であること，サイコロの目の期待値が

$$1 \times \frac{1}{6} + 2 \times \frac{1}{6} + \cdots + 6 \times \frac{1}{6} = 3.5$$

となることを知っているだろう．実際にサイコロを何度も振り続けて，総試行回数のうち奇数の目が出た回数の割合を求めれば，総試行回数を増やしていくにつれて限りなく 0.5 に近づいていく．同じように出てきた目の平均値は 3.5 に近づいていく．毎回はでたらめな試行であっても，それを繰り返すことによって，何かしらの法則を見出したり，統計量を正確に見積もることができる．

このようなアプローチを総称して**モンテカルロ法**と呼ぶ.

例 1.1 ある気象モデルを用いて台風進路を計算するのに 100 個のパラメータの値を入力する必要があるとする. もし各パラメータに対して大小 2 つの代表値を設定してすべての組合せで台風進路を計算しようとすると,

$$2^{100} = 1267650600228229401496703205376$$

回もの計算が必要である. 仮に 1 回の計算が 10^{-6} 秒でできるとしても, すべての計算を実行するのに 10^{24} 秒(宇宙の年齢は約 5×10^{17} 秒)もかかってしまう. これは到底不可能である.

一方でモンテカルロ法を使う場合, 各パラメータに対して所与の確率分布からランダムにサンプリングし台風進路を計算することを繰り返す. n 回繰り返せば, 台風進路の統計量(平均的な進路など)を典型的には $O(1/\sqrt{n})$ の誤差で推定できる. この収束性はパラメータの個数(次元)とは無関係である. この例のように, モンテカルロ法では「パラメータが多すぎてすべての場合を考えるのが不可能」な場合でも, ある程度正確に値が推定できる.

例 1.2 モンテカルロ法の説明によく用いられる問題として円周率の計算がある. 0 以上 1 以下の値を一様ランダムに取る乱数を 2 つ取り, 2 乗した和が 1 以下ならば 1, そうではなければ 0 とする. これを繰り返して得られる $\{0,1\}$ の出力列の平均値は, $[0,1]^2$ 上における指示関数 $\chi_{\{x^2+y^2\leq 1\}}$ の積分値 $\pi/4 = 0.785398163\dots$ に収束する. これは図 1.1(左)のように正方形内にランダムに点を取り, 四分円の中にある点の割合を円周率の推定値とすることに対応する. なお, 出力列の長さが n のとき円周率の推定の誤差は $O(1/\sqrt{n})$ であり, 円周率を求めるだけならもっと効率的な方法がある. 例えば $f(x) = \sqrt{1-x^2}$ の数値積分と考えて台形則で面積を近似したほうがはるかに性能が良い.

ただし, 複雑な形状の面積や高次元空間の体積を求めたいなら少し状況は変わってくる. 図 1.1(右)のような複雑な図形の面積を求めたい場合,(図形内に点が含まれるかの判定が簡単なら)モンテカルロ法は手軽で現実的な手法の一つとなる. 本当にモンテカルロ法を使わないとどうしようもない状況かどうかは慎重に検討すべきである.

このようにモンテカルロ法のアイデアは単純である. にもかかわらず, こんな単純なアプローチに頼らざるを得ない状況が多々あり, そのような状況において威力を発揮するのがモンテカルロ法の最大の特徴かつ利点である. 確率的な事象を扱う状況においてモンテカルロ法は極めて自然なアプローチであり, 代替手段はそうそう存在しない. また,(良例ではないが)円周率計算(例 1.2)のように, もともとは確率的要素がない問題でも, 確率的事象を伴う問題に書

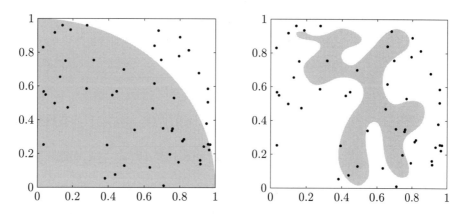

図 1.1 モンテカルロ法による面積の推定の図示．（左）円周率（四分円の面積）の推定，（右）複雑な図形の面積の推定．

き換えられればモンテカルロ法が活用できる．今日では，

- 自然科学，工学全般，
- 統計学（機械学習，深層学習を含む），
- 数理ファイナンス，
- グラフィックス，
- オペレーションズ・リサーチ

など多様な分野でモンテカルロ法が使われている．もちろんサイコロの目の期待値を求めるだけならモンテカルロ法は必要ない．モンテカルロ法に「頼らざるを得ない状況」かどうかを見極めて適切に使うことが重要である．

1.2 様々な基本統計量

ここでは，確率空間 (Ω, Σ, P) における確率変数 $Y : \Omega \to \mathbb{R}$ について考える．Y の値域が高々可算個 $\{\eta_0, \eta_1, \ldots\}$ の場合，Y を離散型確率変数と呼び，値域が非可算個の場合，Y を連続型確率変数と呼ぶ．以下に，この確率変数 Y についての様々な基本統計量を述べる．

1.2.1 期待値

Y の期待値（expectation）は，Y の "代表的な値" の表現方法の一つであり，Y が離散型か連続型かに応じて以下の通り定義される．

$$\mathbb{E}[Y] := \begin{cases} \sum_{i=0}^{\infty} \eta_i P(Y = \eta_i) & Y \text{ が離散型確率変数,} \\ \int_{\Omega} Y(\omega) dP(\omega) & Y \text{ が連続型確率変数.} \end{cases} \tag{1.1}$$

当然ながら，和の有界性あるいは可積分性を陰に仮定している．

1.2.2 分散・標準偏差

Y の**分散**（variance）は，Y が（その期待値の周りで）"どれほどバラつくのか"の大きさを表す尺度であり，Y が離散型か連続型かに応じて以下の通り定義される．

$$\mathbb{V}[Y] := \begin{cases} \displaystyle\sum_{i=0}^{\infty} (\eta_i - \mathbb{E}[Y])^2 \, P(Y = \eta_i) & Y \text{ が離散型確率変数,} \\ \displaystyle\int_{\Omega} (Y(\omega) - \mathbb{E}[Y])^2 \, dP(\omega) & Y \text{ が連続型確率変数.} \end{cases} \tag{1.2}$$

ここでも，和の有界性あるいは可積分性を陰に仮定している．ただし，離散型・連続型によらず，以下の式で単純に表すことができる．

$$\mathbb{V}[Y] = \mathbb{E}[(Y - \mathbb{E}[Y])^2] = \mathbb{E}[Y^2] - (\mathbb{E}[Y])^2.$$

Y の**標準偏差**（standard deviation）は，Y の分散の（0 以上の）平方根

$$\sigma[Y] := \sqrt{\mathbb{V}[Y]}$$

である．なお，標準偏差を期待値で割った値 $\sigma[Y]/\mathbb{E}[Y]$ を Y の**変動係数**（coefficient of variation: CV）と呼ぶ．

1.2.3 モーメント・歪度・尖度

$q \geq 1$ を実数として，

$$m_q[Y] := \mathbb{E}[Y^q]$$

を Y の **q 次モーメント**（q-th moment）と呼ぶ．また，

$$m_q^{(c)}[Y] := \mathbb{E}[(Y - \mathbb{E}[Y])^q]$$

を **q 次中心モーメント**と呼ぶ．明らかだが，2 次中心モーメントは分散に等しい．すなわち

$$\mathbb{V}[Y] = m_2^{(c)}[Y]$$

が成り立つ．さらに，（簡単のため，$[Y]$ を省略すると）等式

$$m_2^{(c)} = m_2 - (m_1)^2$$
$$m_3^{(c)} = m_3 - 3m_2 m_1 + 2(m_1)^3$$
$$m_4^{(c)} = m_4 - 4m_3 m_1 + 6m_2 (m_1)^2 - 3(m_1)^4$$
$$\vdots$$

が成り立つ．定義からも明らかな通り，$q \geq 2$ が自然数のとき，中心モーメント $m_q^{(c)}$ は q 次以下のモーメント $m_1, m_2, \ldots, m_q$ を用いて表すことができる．

ここで，3次中心モーメント $m_3^{(c)}$ について考える．もし Y の従う確率分布が期待値 $\mathbb{E}[Y]$ の周りで左右対称ならば，$m_3^{(c)}[Y]=0$ となる．そうではなく，もし期待値 $\mathbb{E}[Y]$ の周りで非対称だったとすると，右裾が重い分布の場合には $m_3^{(c)}[Y]>0$ に，左裾が重い分布の場合には $m_3^{(c)}[Y]<0$ になる．このように，3次中心モーメント $m_3^{(c)}$ は確率分布の（非）対称性を測る尺度として有用である．特に，3次中心モーメントを標準偏差の3乗で割った値

$$\gamma_1 = \frac{m_3^{(c)}}{\sigma^3}$$

を**歪度**（skewness）と呼ぶ．

次に，4次中心モーメント $m_4^{(c)}$ について考える．Y の従う確率分布が期待値 $\mathbb{E}[Y]$ の周りで左右対称だとして，例えば同じ期待値と分散を持つ正規分布と比べて"より尖っているかどうか"を定量化する一つの尺度として $m_4^{(c)}$ が有用である．なぜなら，その定義 $m_4^{(c)}[Y] := \mathbb{E}[(Y-\mathbb{E}[Y])^4]$ からわかるように，2次中心モーメントである分散よりも"期待値 $\mathbb{E}[Y]$ から離れるほど大きい重みが与えられる"ため，$m_4^{(c)}$ が大きい分布は正規分布よりも裾が重く，期待値の周りがより高いピークになると考えられるためである．ここで，**尖度**（kurtosis）は $m_4^{(c)}$ を分散の2乗で割った値

$$\gamma_2 = \frac{m_4^{(c)}}{(m_2^{(c)})^2}$$

として定義される．この値を正規分布に対して計算すると3になる．そこで，正規分布との相対的な尖り度合を測るために

$$\gamma_2 = \frac{m_4^{(c)}}{(m_2^{(c)})^2} - 3$$

を尖度の定義とする場合もある．

1.2.4 事象確率

ある事象 $A \in \Sigma$ について，その生起確率 $\mathbb{P}[A]$ は $P(A)$ そのものであり

$$\mathbb{P}[A] := \begin{cases} \displaystyle\sum_{\omega \in A} P(\omega) & Y \text{ が離散型確率変数}, \\ \displaystyle\int_A dP(\omega) & Y \text{ が連続型確率変数} \end{cases} \tag{1.3}$$

と与えられる．いま，事象 A に対する指示関数を

$$\mathbf{1}_A(\omega) := \begin{cases} 1 & \text{if } \omega \in A, \\ 0 & \text{if } \omega \notin A \end{cases}$$

と書くと，Y が離散型か連続型かによらず，式 (1.3) は

$$\mathbb{P}[A] = \mathbb{E}[\mathbf{1}_A]$$

と表すことができる.

応用上, 特に重要な例として, Y が取る値の区間から事象 A を定める場合を考える. $a < b$ として, $Y \in [a, b]$ となる事象は

$$A = \{\omega \in \Omega \mid a \leq Y(\omega) \leq b\}$$

であり, その確率は

$$\mathbb{P}[Y \in [a, b]] = \mathbb{E}[\mathbf{1}_{Y \in [a,b]}] \tag{1.4}$$

によって定まる. 開区間や半開区間についても同様に与えられる. また,

$$\mathbb{P}[Y \leq b] = \mathbb{E}[\mathbf{1}_{Y \leq b}]$$

を考えると, これは $y = b$ における確率変数 Y の分布関数値に等しい. さらに $Y > a$ となる事象確率は $\mathbb{E}[\mathbf{1}_{Y>a}]$ の代わりに

$$\mathbb{P}[Y > a] = 1 - \mathbb{P}[Y \leq a] = 1 - \mathbb{E}[\mathbf{1}_{Y \leq a}]$$

と表すこともできる.

1.2.5 分位数

$q \in (0, 1)$ として, 確率変数 Y の q **分位数** (q-quantile) とは "Y が b 以下の値を取る事象確率が q 以上となる最小の b" のことであり,

$$Q_q[Y] := \inf\{b \in \mathbb{R} \mid \mathbb{P}[Y \leq b] \geq q\}$$

と定義される. 特に, b の写像として事象確率 $F(b) = \mathbb{P}[Y \leq b] : \mathbb{R} \to [0, 1]$ が逆像 F^{-1} を持つ場合, 単に

$$Q_q[Y] = F^{-1}(q)$$

によって与えられる.

$q = 0.5$ に対応する分位数のことを**中央値** (median) と呼び, 期待値と同様に Y の "代表的な値" の表現方法として用いられる重要な統計量である. 余談ではあるが, 分散が有限な連続型確率変数 Y について

$$|\mathbb{E}[Y] - Q_{0.5}[Y]| \leq \sigma[Y]$$

なる不等式が成り立つ. したがって, 期待値と中央値が大きく乖離することはない.

1.3　独立な試行に基づく推定

1.2 節で挙げた様々な統計量を推定するための方法についてまとめる. 本節

の内容については [85, Chapter 2] が参考になる．ここでは，確率変数 Y が従う確率分布と同一の分布を持ち，互いに独立（独立同分布，independent and identically distributed: iid）な確率変数列 $Y_1, Y_2, \ldots$ が与えられるものと仮定する．すなわち，独立な試行による Y の観測が何度も可能な状況であるとする．したがって，実際には確率変数列 $Y_1, Y_2, \ldots$ の実現値である $y_1, y_2, \ldots$ を代入することで各種基本統計量の推定値が得られる．モンテカルロ法で重要なことは，この実現値 $y_1, y_2, \ldots$ をどう生成するかにある．

1.3.1 不偏推定量とバイアス・バリアンス分解

一般にパラメータ θ の推定量（すなわち確率変数）Z について，Z の期待値 $\mathbb{E}[Z]$ と真の値 θ とのズレ $\mathbb{E}[Z] - \theta$ はバイアス（bias）と呼ばれる．$\mathbb{E}[Z] - \theta = 0$ を満たす推定量を**不偏推定量**という．

また，推定量 Z の良さを測る量として**二乗平均平方根誤差**（root mean square error: RMSE）$\sqrt{\mathbb{E}[(Z - \theta)^2]}$ がよく使われる．バイアスを $b := \mathbb{E}[Z] - \theta$ とおくと

$$
\begin{aligned}
\mathbb{E}[(Z - \theta)^2] &= \mathbb{E}[((Z - \mathbb{E}[Z]) + b)^2] \\
&= \mathbb{E}[(Z - \mathbb{E}[Z])^2] + \mathbb{E}[2b(Z - \mathbb{E}[Z])] + \mathbb{E}[b^2] \\
&= \mathbb{V}[Z] + b^2
\end{aligned} \tag{1.5}
$$

が成り立つ．すなわち（平方根を取らない）二乗平均誤差は Z から得られる実現値によらない量 b^2 と Z の分散の和で書ける．これを**バイアス・バリアンス分解**という．不偏推定量はバイアスが 0 なので，二乗平均誤差は分散に等しい．よって分散の値は不偏推定量の誤差の大きさを表す量にもなる．

1.3.2 期待値

確率変数 Y の期待値 $\mathbb{E}[Y]$ は，単純な算術平均によって推定できる．

$$
E_n = \frac{1}{n} \sum_{i=1}^{n} Y_i. \tag{1.6}
$$

この推定量 E_n については様々な統計的性質が成り立つ．まず，$n \to \infty$ のとき，大数の強法則によって E_n は確率 1 で真値 $\mathbb{E}[Y]$ に収束する．

$$
\mathbb{P}\left[\lim_{n \to \infty} |E_n - \mathbb{E}[Y]| = 0 \right] = 1.
$$

また，分散 $\mathbb{V}[Y]$ が有限なとき，中心極限定理が成り立つ．

$$
\lim_{n \to \infty} \frac{E_n - \mathbb{E}[Y]}{\sqrt{\mathbb{V}[Y]/n}} \to_d N(0, 1).
$$

ここで，$N(0, 1)$ は標準正規分布（期待値 0，分散 1 の正規分布）の略であり，$\to_d$ は分布収束を意味している．したがって，漸近的には独立な試行による推

定が"うまくいく"ことが保証される.

必ずしも常に漸近的な状況を想定できるとは限らないため, 有限な n に対して成り立つ性質も重要である.

定理 1.3 式 (1.6) で定義された推定量 E_n について, 任意の $n \in \mathbb{N}$ に対して以下が成り立つ.

1. 不偏性：$\mathbb{E}[E_n] = \mathbb{E}[Y]$.
2. 分散の収束性：$\mathbb{V}[E_n] = \dfrac{\mathbb{V}[Y]}{n}$.

証明 1つ目の不偏性については, $Y_1, Y_2, \ldots$ が Y と同一の分布に従うことから, 期待値の線形性を用いて

$$\mathbb{E}[E_n] = \frac{1}{n}\sum_{i=1}^{n}\mathbb{E}[Y_i] = \frac{1}{n}\sum_{i=1}^{n}\mathbb{E}[Y] = \mathbb{E}[Y]$$

を得る. 2つ目の分散の収束性については, 一般に 2 つの確率変数 X, Y について, その間の共分散を $\mathrm{Cov}[X, Y] := \mathbb{E}[(X - \mathbb{E}[X])(Y - \mathbb{E}[Y])]$ として

$$\mathbb{V}[aX + bY] = a^2\mathbb{V}[X] + b^2\mathbb{V}[Y] + 2ab\,\mathrm{Cov}[X, Y]$$

が成り立つことから, X と Y が独立ならば

$$\mathbb{V}[aX + bY] = a^2\mathbb{V}[X] + b^2\mathbb{V}[Y]$$

であり, この等式を iid な確率変数 $Y_1, Y_2, \ldots, Y_n$ に対して用いることによって

$$\mathbb{V}[E_n] = \frac{1}{n^2}\sum_{i=1}^{n}\mathbb{V}[Y_i] = \frac{1}{n^2}\sum_{i=1}^{n}\mathbb{V}[Y] = \frac{\mathbb{V}[Y]}{n}$$

を得る. □

注 1.4 期待値 $\mathbb{E}[Y]$ が不偏推定できるからといって, 一般に関数 $g : \mathbb{R} \to \mathbb{R}$ について $g(\mathbb{E}[Y])$ が不偏推定できるとは限らない. 例えば, $g(\mathbb{E}[Y])$ の推定量として $g(E_n)$ を採用したとすると, g が線形関数であるといった特殊な場合を除いて不偏性は成り立たない.

ただし, 4 章で説明するマルチレベルモンテカルロ法を用いることで, g および Y に対する弱い仮定の下で不偏推定できることが明らかになってきた他, g が有限次数の多項式ならば, 以下の方法で不偏推定量が構成できる. 例えば $p \geq 2$ を整数として, $g(x) = x^p$ の場合を考える. $Y^{(1)}, \ldots, Y^{(p)}$ を Y と iid な確率変数とすると,

$$g(\mathbb{E}[Y]) = (\mathbb{E}[Y])^p = \prod_{j=1}^{p}\mathbb{E}[Y^{(j)}] = \mathbb{E}\left[\prod_{j=1}^{p}Y^{(j)}\right]$$

であるから, 任意の $n \in \mathbb{N}$ について $(Y_i^{(j)})_{\substack{i=1,\ldots,n \\ j=1,\ldots,p}}$ をすべて Y と iid な確率変

数とすると

$$\frac{1}{n}\sum_{i=1}^{n}\prod_{j=1}^{p}Y_i^{(j)}$$

がその不偏推定量となる.

1.3.3 集中不等式

期待値 $\mathbb{E}[Y]$ の推定量 E_n が満たす統計的な性質として, 大数の強法則, 中心極限定理, 定理 1.3 について述べた. ここではより踏み込んだ性質として, 確率不等式を用いて "E_n が真値 $\mathbb{E}[Y]$ から大きく外れる確率は小さい", すなわち "E_n は $\mathbb{E}[Y]$ の周りに集中する" ことを示したい. 準備として, 以下の 2 つの確率不等式を導出する. これらは順に**マルコフ不等式** (Markov inequality), **チェビシェフ不等式** (Chebyshev inequality) と呼ばれる.

補題 1.5 確率変数 Y について以下の不等式が成り立つ.

1. Y が非負の確率変数かつ $\mathbb{E}[Y] < \infty$ ならば, 任意の $c > 0$ に対して

$$\mathbb{P}[Y \geq c] \leq \frac{\mathbb{E}[Y]}{c}.$$

2. $\mathbb{V}[Y] < \infty$ ならば, 任意の $c > 0$ に対して

$$\mathbb{P}[|Y - \mathbb{E}[Y]| \geq c] \leq \frac{\mathbb{V}[Y]}{c^2}.$$

証明 Y が非負ならば, 自明な不等式 $Y \geq c\mathbf{1}_{Y \geq c}$ が成り立つから

$$\mathbb{E}[Y] \geq \mathbb{E}[c\mathbf{1}_{Y \geq c}] = c\mathbb{E}[\mathbf{1}_{Y \geq c}] = c\mathbb{P}[Y \geq c]$$

となり, 1 つ目のマルコフ不等式が従う. ここで, マルコフ不等式における Y と c をそれぞれ $(Y - \mathbb{E}[Y])^2$ と c^2 で置き換えると

$$\begin{aligned}\mathbb{P}[|Y - \mathbb{E}[Y]| \geq c] &= \mathbb{P}[(Y - \mathbb{E}[Y])^2 \geq c^2] \\ &\leq \frac{\mathbb{E}[(Y - \mathbb{E}[Y])^2]}{c^2} = \frac{\mathbb{V}[Y]}{c^2}\end{aligned}$$

となり, チェビシェフ不等式が示される. $\qquad\square$

チェビシェフ不等式を推定量 E_n に適用すると, 定理 1.3 から直ちに以下が導かれる.

定理 1.6 確率変数 Y の分散が有限なとき, 任意の $c > 0$ に対して

$$\mathbb{P}[|E_n - \mathbb{E}[Y]| \geq c] \leq \frac{\mathbb{V}[Y]}{c^2 n}$$

が成り立つ.

ここで示した不等式について，c が大きくなるほど右辺は小さくなるので，E_n が $\mathbb{E}[Y]$ から大きく外れる確率は小さくなることを意味する．また，この定理 1.6 の系として，大数の弱法則が自明に示される．すなわち，確率変数 Y の分散が有限なとき，任意の $\varepsilon > 0$ に対して以下が成り立つ．

$$\lim_{n \to \infty} \mathbb{P}[|E_n - \mathbb{E}[Y]| > \varepsilon] = 0.$$

注 1.7 定理 1.6 では分散の有界性のみを仮定したが，確率変数 Y により強い条件を課せば，それに応じてより強い性質が成り立つ．例えば，$m_q^{(c)}[Y] < \infty$ となるような $q \geq 2$ が存在するならば，q のみに依存する定数 $C_q > 0$ があり，

$$\mathbb{P}[|E_n - \mathbb{E}[Y]| \geq c] \leq C_q \frac{m_q^{(c)}[Y]}{(c^2 n)^{q/2}}$$

が成り立つ．詳細は割愛するが，導出には**マーシンキウィッツ–ジグムント不等式**（Marcinkiewicz–Zygmund inequality）と呼ばれる確率不等式[12, Section 10.3]とマルコフ不等式を用いればよい．

さらに，Y の取る値が上下から抑えられている場合，より正確には，確率 1 で $a \leq Y \leq b$ となるような a, b が存在する場合，

$$\mathbb{P}[|E_n - \mathbb{E}[Y]| \geq c] \leq 2 \exp\left[-\frac{2c^2 n}{(b-a)^2}\right]$$

が成り立つ．これを**ヘフディング不等式**（Hoeffding's inequality）と呼ぶ．

1.3.4　信頼区間

集中不等式による確率 $\mathbb{P}[|E_n - \mathbb{E}[Y]| \geq c]$ の上界は実際よりも過剰に大きく見積もられることがある．そこで中心極限定理

$$\lim_{n \to \infty} \frac{E_n - \mathbb{E}[Y]}{\sqrt{\mathbb{V}[Y]/n}} \to_d N(0,1)$$

に立ち返る．極限 $n \to \infty$ ではなく，十分大きな n に対して近似的に成り立つと仮定すれば，$\Phi : \mathbb{R} \to (0,1)$ を標準正規分布 $N(0,1)$ の分布関数として，$a < b$ なる実数 a と b に対して

$$\mathbb{P}\left[a \leq \frac{E_n - \mathbb{E}[Y]}{\sqrt{\mathbb{V}[Y]/n}} \leq b\right] \approx \Phi(b) - \Phi(a)$$

となる．ここで，左辺に現れる不等式を変形すると，

$$\mathbb{P}\left[E_n - b\sqrt{\frac{\mathbb{V}[Y]}{n}} \leq \mathbb{E}[Y] \leq E_n - a\sqrt{\frac{\mathbb{V}[Y]}{n}}\right] \approx \Phi(b) - \Phi(a)$$

となり，$\mathbb{E}[Y]$ の信頼区間が評価できる．例えば $-a = b = 1.96$ とすれば，$\Phi(b) - \Phi(a)$ はおおよそ 0.95 である．ただし，分散 $\mathbb{V}[Y]$ が既知である状況は限定されており，実用上は以下で説明する推定量 V_n で置き換えて用いる．

10　第 1 章　統計的推定とモンテカルロ法

1.3.5　分散・標準偏差

確率変数 Y の分散 $\mathbb{V}[Y]$ は以下で推定できる.

$$V_n = \frac{1}{n-1} \sum_{i=1}^{n} (Y_i - E_n)^2. \tag{1.7}$$

ここで, E_n は式 (1.6) で定義された期待値 $\mathbb{E}[Y]$ に対する推定量である. 定理 1.3 の類似として, 以下が成り立つ. 不偏性を持つだけでなく, 4 次 (中心) モーメントが有限ならば, "分散の推定量の分散" は有限で, $1/n$ のオーダーで収束することがわかる.

定理 1.8　式 (1.7) で定義された推定量 V_n について, 任意の $n \in \mathbb{N}, n \geq 3$ に対して以下が成り立つ.

1. 不偏性：$\mathbb{E}[V_n] = \mathbb{V}[Y]$.
2. 分散の収束性：$\mathbb{V}[V_n] = \dfrac{m_4^{(c)}[Y]}{n} - \dfrac{n-3}{n(n-1)}(\mathbb{V}[Y])^2$.

証明　ここでは, 1 つ目の性質のみについて証明を与える. 2 つ目の性質については多少面倒な計算が必要になるものの, 1 つ目と同様に示せる.

式 (1.7) の各項の二乗を展開すれば

$$V_n = \frac{1}{n-1} \sum_{i=1}^{n} Y_i^2 - \frac{n}{n-1} E_n^2$$

を得る. $Y_1, \ldots, Y_n$ が Y と同一の分布に従うことから, 第一項の期待値は

$$\mathbb{E}\left[\frac{1}{n-1} \sum_{i=1}^{n} Y_i^2 \right] = \frac{1}{n-1} \sum_{i=1}^{n} \mathbb{E}[Y^2] = \frac{n}{n-1} \mathbb{E}[Y^2]$$
$$= \frac{n}{n-1} \left(\mathbb{V}[Y] + (\mathbb{E}[Y])^2 \right)$$

となる. 一方で, 第二項の期待値は定理 1.3 の結果を用いて

$$\mathbb{E}\left[\frac{n}{n-1} E_n^2 \right] = \frac{n}{n-1} \mathbb{E}[E_n^2] = \frac{n}{n-1} \left(\mathbb{V}[E_n] + (\mathbb{E}[E_n])^2 \right)$$
$$= \frac{n}{n-1} \left(\frac{\mathbb{V}[Y]}{n} + (\mathbb{E}[Y])^2 \right)$$

となる. 以上から,

$$\mathbb{E}[V_n] = \frac{n}{n-1} \left(\mathbb{V}[Y] + (\mathbb{E}[Y])^2 \right) - \frac{n}{n-1} \left(\frac{\mathbb{V}[Y]}{n} + (\mathbb{E}[Y])^2 \right) = \mathbb{V}[Y]$$

が従う. □

注 1.9　このように V_n は分散の不偏推定量であることがわかる. もし式 (1.7) において $n-1$ ではなく n で和を割ると, $O(1/n)$ のバイアスが生じるが**一致推定量**にはなる. すなわち, $\mathbb{E}[V_n] \to \mathbb{V}[Y]$ $(n \to \infty)$ が成り立つ. ただし, 分散の不偏推定量は式 (1.7) 以外にも構成できることに注意されたい. 例えば,

n を偶数として

$$\frac{1}{n}\sum_{i=1}^{n/2}(Y_{2i-1}-Y_{2i})^2$$

は分散の不偏推定量である．実際に，$Y_1,\ldots,Y_n$ の iid 性によって

$$\mathbb{E}\left[\frac{1}{n}\sum_{i=1}^{n/2}(Y_{2i-1}-Y_{2i})^2\right]=\mathbb{E}\left[\frac{1}{n}\sum_{i=1}^{n}Y_i^2-\frac{2}{n}\sum_{i=1}^{n/2}Y_{2i-1}Y_{2i}\right]$$

$$=\frac{1}{n}\sum_{i=1}^{n}\mathbb{E}[Y_i^2]-\frac{2}{n}\sum_{i=1}^{n/2}\mathbb{E}[Y_{2i-1}]\mathbb{E}[Y_{2i}]$$

$$=\frac{1}{n}\sum_{i=1}^{n}\mathbb{E}[Y^2]-\frac{2}{n}\sum_{i=1}^{n/2}(\mathbb{E}[Y])^2$$

$$=\mathbb{E}[Y^2]-(\mathbb{E}[Y])^2=\mathbb{V}[Y]$$

と確認できる．

　一方で，もし Y の期待値 $\mathbb{E}[Y]$ が既知で，式 (1.7) における E_n を $\mathbb{E}[Y]$ で置き換えたとすると，V_n は不偏推定量とならず，$n-1$ ではなく n で和を割ることによって不偏性が得られる．

　また，標準偏差 $\sigma[Y]$ についてはその定義 $\sqrt{\mathbb{V}[Y]}$ に倣って，

$$s_n:=\sqrt{V_n}$$

と推定するのが一般的である．不偏性は成り立たないが，一致性を満たす．

1.3.6　モーメント・歪度・尖度

　確率変数 Y の q 次モーメント $m_q[Y]$ は，期待値 $\mathbb{E}[Y]$ のときと同様に単純な算術平均

$$M_{q,n}=\frac{1}{n}\sum_{i=1}^{n}Y_i^q$$

によって推定でき，これは不偏推定量になる．一方，q 次中心モーメント $m_q^{(c)}[Y]$ はすでに分散 $\mathbb{V}[Y]$ で見たように

$$M_{q,n}^{(c)}=\frac{1}{n}\sum_{i=1}^{n}(Y_i-E_n)^q$$

と推定した場合，一致性は満たすが不偏性は満たさない．

　$q=2,3,4$ の場合について，$M_{q,n}^{(c)}$ のバイアスを補正した不偏推定量として，

$$\tilde{M}_{2,n}^{(c)}=\frac{n}{n-1}M_{2,n}^{(c)},$$

$$\tilde{M}_{3,n}^{(c)}=\frac{n^2}{(n-1)(n-2)}M_{3,n}^{(c)},$$

$$\tilde{M}_{4,n}^{(c)} = \frac{n^2}{(n-1)(n-2)(n-3)}\left[(n+1)M_{4,n}^{(c)} - 3(n-1)(M_{2,n}^{(c)})^2\right]$$

が知られている．ただし，$\tilde{M}_{2,n}^{(c)}$ は V_n に等しい．また，原理的には任意の自然数 q に対する q 次中心モーメント $m_q^{(c)}[Y]$ の不偏推定量を構成できるが，ここではこれ以上詳細に立ち入らないことにする．

歪度や尖度については，対応する次数の中心モーメントおよび分散（あるいは標準偏差）に対する推定量を用いて推定すればよい．すなわち，歪度ならば

$$\frac{M_{3,n}^{(c)}}{s_n^3} \quad \text{あるいは} \quad \frac{\tilde{M}_{3,n}^{(c)}}{s_n^3},$$

尖度ならば

$$\frac{M_{4,n}^{(c)}}{V_n^2} \quad \text{あるいは} \quad \frac{\tilde{M}_{4,n}^{(c)}}{V_n^2}$$

によって推定するのが素直であろう．これらはいずれも一致推定量になる．

1.3.7 事象確率

$a < b$ として，$Y \in [a,b]$ となる事象の確率は，式 (1.4) のように指示関数の期待値として書けるのであった．したがって，Y の期待値を $Y_1, \ldots, Y_n$ の算術平均で推定したように，事象確率 $\mathbb{P}[a \le Y \le b]$ は

$$P_{[a,b],n} = \frac{1}{n}\sum_{i=1}^{n}\mathbf{1}_{Y_i \in [a,b]} \tag{1.8}$$

によって推定できる．定理 1.3 の類似として，以下が成り立つ．

定理 1.10 式 (1.8) で定義された事象確率 $p := \mathbb{P}[a \le Y \le b]$ に対する推定量 $P_{[a,b],n}$ について，任意の $n \in \mathbb{N}$ に対して以下が成り立つ．

1. 不偏性：$\mathbb{E}[P_{[a,b],n}] = p.$
2. 分散の収束性：$\mathbb{V}[P_{[a,b],n}] = \dfrac{p(1-p)}{n}.$

証明 定理 1.3 の Y を $\mathbf{1}_{Y \in [a,b]}$ で置き換えれば，1 つ目の不偏性が直ちに示される．分散の収束性については，

$$\mathbb{V}[P_{[a,b],n}] = \frac{\mathbb{V}[\mathbf{1}_{Y \in [a,b]}]}{n} = \frac{\mathbb{E}[(\mathbf{1}_{Y \in [a,b]})^2] - (\mathbb{E}[\mathbf{1}_{Y \in [a,b]}])^2}{n}$$

$$= \frac{\mathbb{E}[\mathbf{1}_{Y \in [a,b]}] - p^2}{n} = \frac{p - p^2}{n}$$

と変形できることから，結論を得る． $\square$

なお，分散 $\mathbb{V}[Y]$ の推定と同じように，$\mathbb{V}[\mathbf{1}_{Y \in [a,b]}]$ は

$$\frac{1}{n-1}\sum_{i=1}^{n}\left(\mathbf{1}_{Y_i \in [a,b]} - P_{[a,b],n}\right)^2 = \frac{n}{n-1}P_{[a,b],n}(1 - P_{[a,b],n})$$

によって不偏推定できる．したがって，期待値 $\mathbb{E}[Y]$ と同様に，中心極限定理を十分大きい n に対して近似的に用いれば，信頼区間を

$$\left[P_{[a,b],n} - c_1 \sqrt{\frac{P_{[a,b],n}(1 - P_{[a,b],n})}{n-1}}, P_{[a,b],n} - c_2 \sqrt{\frac{P_{[a,b],n}(1 - P_{[a,b],n})}{n-1}} \right]$$

という形で評価できる．この場合，信頼係数は近似的に $\Phi(c_1) - \Phi(c_2)$ である．

ただし，事象確率という特殊性を活かすことによって，中心極限定理を近似的に用いる必要はなく，かつ正確に信頼区間を算出できる．以下では表記の簡略化のため，$Z_i = \mathbf{1}_{Y_i \in [a,b]}$ および $p = \mathbb{P}[Y \in [a,b]]$ と書く．

ここで "事象確率という特殊性" とは，Z_i が 2 値 $\{0,1\}$ の離散型確率変数で，各 $i = 1, \ldots, n$ についてそれぞれ独立に確率 p で 1，確率 $1-p$ で 0 になるということ，すなわちベルヌーイ試行であるということである．この事実から，n 個の確率変数 $Z_1, \ldots, Z_n$ のうち 1 に等しい個数を T とすると，$Z_1, \ldots, Z_n$ の独立性から T は二項分布 $\mathrm{Bin}(n, p)$ に従うことがわかる．

いま，$0 < \alpha < 1$ について $\mathbb{P}[p \leq p_L] = \mathbb{P}[p \geq p_U] = \alpha/2$ を満たすような p_L および p_U を求められれば，区間 $[p_L, p_U]$ が p の $100(1-\alpha)\%$ 信頼区間になる．条件 $\mathbb{P}[p \leq p_L] = \alpha/2$ は，"二項分布 $\mathrm{Bin}(n, p_L)$ に従う確率変数が T 以上の値を取る確率が $\alpha/2$" と言い換えられるから，方程式

$$\sum_{i=T}^{n} \binom{n}{i} p_L^i (1 - p_L)^{n-i} = \frac{\alpha}{2}$$

の解として p_L が定まる．同様にして，条件 $\mathbb{P}[p \geq p_U] = \alpha/2$ から p_U は以下の方程式の解として定まる．

$$\sum_{i=0}^{T} \binom{n}{i} p_U^i (1 - p_U)^{n-i} = \frac{\alpha}{2}.$$

ただし，$T = 0$ のとき $p_L = 0$，$T = n$ のとき $p_U = 1$ とする．

n が大きい場合には，いずれも非常に高い次数の代数方程式となる．そのため，$0 \leq p_L, p_U \leq 1$ という自明な領域上で二分探索などの求解法によって数値的に求める必要がある．

1.3.8 分位数

$q \in (0,1)$ として，q 分位数 $Q_q[Y] := \inf\{b : \mathbb{P}[Y \leq b] \geq q\}$ を推定したい．そこで，分位数の定義に現れる事象確率 $\mathbb{P}[Y \leq b]$ をその推定量 $P_{(-\infty, b], n} =: P_{b, n}$ で置き換えた

$$\hat{Q}_{q, n} = \inf\{b : P_{b, n} \geq q\}$$

をその推定量とすることは自然だろう．いま $Y_1, \ldots, Y_n$ の順序統計量を

$$Y_{(1)} \leq Y_{(2)} \leq \cdots \leq Y_{(n)}$$

14 第 1 章 統計的推定とモンテカルロ法

と書くと，$\hat{Q}_{q,n} = Y_{(\lceil qn \rceil)}$ が成り立つ．ただし，$\lceil a \rceil$ は a 以上となる最小の整数を返す天井関数を表す．この $\hat{Q}_{q,N}$ は一般に $Q_q[Y]$ の不偏推定量とはならないが，緩やかな条件の下で大数の法則と中心極限定理を満たす一致推定量であることが知られている．

また，他にもいくつかの推定量が知られており，例えば

$$\hat{Q}_{q,n} = (1 - \gamma)Y_{(t)} + \gamma Y_{(t+1)}$$

である．ただし，$\lfloor a \rfloor$ を a 以下となる最大の整数を返す床関数として，

$$\gamma = (n-1)q - \lfloor (n-1)q \rfloor, \quad t = 1 + \lfloor (n-1)q \rfloor$$

と定める．$q = 0.5$ に対応した分位数である中央値について考えると，この推定量は n の偶奇に応じて

$$\hat{Q}_{0.5,n} = \begin{cases} Y_{((n+1)/2)} & n \text{ が奇数,} \\[2mm] \dfrac{Y_{(n/2)} + Y_{(n/2+1)}}{2} & n \text{ が偶数} \end{cases}$$

となり，これも広く用いられている．

以下，Y を連続型確率変数とすると，q 分位数 $Q_q[Y]$ は

$$\mathbb{P}[Y \leq Q_q[Y]] = q$$

を満たす．事象確率に対する正確な信頼区間の算出方法を参考に，分位数に対する近似的な信頼区間を求める．

いま，$0 < \alpha < 1$ について $\mathbb{P}[Q_q[Y] < Y_{(L)}]$，$\mathbb{P}[Q_q[Y] \geq Y_{(R)}] \leq \alpha/2$ を満たすような最大の L および最小の R を求められれば，区間 $[Y_{(L)}, Y_{(R)}]$ が $Q_q[Y]$ の $100(1-\alpha)\%$ 信頼区間になる．条件 $\mathbb{P}[Q_q[Y] < Y_{(L)}] \leq \alpha/2$ について考えると，"$Y_1, \ldots, Y_n$ のうち $Q_q[Y]$ 以下の値を取る変数の個数が高々 $L-1$ 個である確率が $\alpha/2$ 以下" と言い換えられる．各 Y_i は確率 q で $Q_q[Y]$ 以下の値を取るから，L は

$$L = \max\left\{ 0 \leq t \leq n+1 : \sum_{i=0}^{t-1} \binom{n}{i} q^i (1-q)^{n-i} \leq \frac{\alpha}{2} \right\}$$

によって求められる．ただし，$Y_{(0)}$ や $Y_{(n+1)}$ は問題に応じて適切に設定する必要がある．同様に，条件 $\mathbb{P}[Q_q[Y] \geq Y_{(R)}] \leq \alpha/2$ から，R は

$$R = \min\left\{ 0 \leq t \leq n+1 : \sum_{i=t}^{n} \binom{n}{i} q^i (1-q)^{n-i} \leq \frac{\alpha}{2} \right\}$$

と求めればよいことがわかる．

1.4 モンテカルロ法の定式化

前節で見たように，iid な確率変数列 $Y_1, Y_2, \ldots$ の実現値 $y_1, y_2, \ldots$ さえ与えられれば，Y の様々な基本統計量に対する推定値や信頼区間を求められる．しかし，応用上の多くの問題では，Y が従う確率分布は陽に与えられない．典型的には，入力となるいくつかの確率変数 $X_1, \ldots, X_d$ があって，その組 $\boldsymbol{X} = (X_1, \ldots, X_d) \in D \subset \mathbb{R}^d$ と関数 $f : D \to \mathbb{R}$ を通して，Y がその出力として与えられる．

$$Y = f(\boldsymbol{X}).$$

ここで，$X_1, \ldots, X_d$ はそれぞれ離散型でも連続型でもよく，互いに独立であるとも限らないが，$\boldsymbol{X}$ が従う確率分布は所与であるとする．

もし $\boldsymbol{X}$ についての iid な確率ベクトル列 $\boldsymbol{X}_1, \boldsymbol{X}_2, \ldots$ が与えられれば，

$$Y_1 = f(\boldsymbol{X}_1),\ Y_2 = f(\boldsymbol{X}_2), \ldots$$

が Y に対する iid な確率変数列となり，これまでに述べた統計量の推定方法が有効になる．これを実現するのが**モンテカルロ法**であり，そのアルゴリズムは以下の通り極めて単純である．

アルゴリズム 1.11（モンテカルロ法）　確率ベクトル $\boldsymbol{X} \in D$ が従う確率分布 P および関数 $f : D \to \mathbb{R}$ が与えられているとき，$n \in \mathbb{N}$ について，

1. P からのランダムサンプリングを n 回行う．$i = 1, \ldots, n$ について，生成されたサンプル $\boldsymbol{x}_i$ を入力確率ベクトル $\boldsymbol{X}_i$ の実現値とする．
2. 各サンプル $\boldsymbol{x}_i$ を関数 f に代入し，その関数評価値 $y_i = f(\boldsymbol{x}_i)$ を出力確率変数 Y_i の実現値とする．
3. 1.3 節に示したような，Y についての様々な基本統計量に対する推定量に代入し，推定値を得る．

このアルゴリズムを実行するためには，"確率分布からのランダムサンプリング" は避けて通れない．これについて説明するのが 2 章である．

第 2 章
乱数生成

モンテカルロ法を使うための基本的なツールが確率分布からのランダムサンプリングである．本章では，最も基本的な確率分布の一つである一様分布からのランダムサンプリング（擬似乱数生成）について触れた後に，より一般の確率分布からのランダムサンプリングのための方法について解説する．

2.1　擬似乱数生成法

最も基本的な確率分布の一つである一様分布 $U[0,1]$ を考える．$U[0,1]$ からのランダムサンプリング，すなわち 0 から 1 までの間の実数をランダムに生成する方法について議論したい．一つの可能なアプローチとしては，何らかのランダムな物理現象（例えば，光や熱などのわずかな揺らぎ，あるいは最近であれば量子物理における不確定性）を用いて，その情報を取り込むという方法が考えられる．このような方法で生成される乱数を特に**物理乱数**あるいは**ハードウェア乱数**と呼ぶ．物理乱数についての研究は多く存在するが，本書ではもう一つの主要なアプローチについてのみ簡単に触れる．その方法は**擬似乱数生成法**と呼ばれるものであり，文字通り「乱数を擬似した数列を生成」する．すなわち，ランダムであることを正しく保証するわけではないが，あたかもランダムであるかのような値が次々に生成される．このようにランダム性について完全な性質を備える代わりに，

- （物理雑音のような）外部情報を必要とせず，
- 計算機上で高速に動作し，
- 再現性を持つ，

決定的な数列の生成アルゴリズムを考えることが許容される．再現性を持つということは，ある擬似乱数列があったときに，個々の値をすべて記録しておかなくても何度も復元できるという意味である．したがって，擬似乱数によるモンテカルロ法の結果は，「どの擬似乱数生成法をどのような設定で使ったか」と

いう情報さえあれば，いつでも再現できることになる．一方，物理乱数はすべて記録しておかない限り，その数列を復元させることは困難である．なお，物理乱数を含む様々な乱数生成法やその応用に関する読みやすい一般書[113]があるので，教養として勧める．また，1990 年以前の擬似乱数生成法やその理論については伏見[114]に詳しい．

擬似乱数生成法の研究は 1940 年代のフォン・ノイマンによる平方採中法（middle-square method）という非線形漸化式を用いた方法まで遡ることができるが[106]，この方法で生成される数列は明らかな規則性（非乱数性）を持ってしまうことが知られている．その後，以下に述べる様々な良い性質を兼ね備えた擬似乱数生成法が開発され，多くの応用上で真の乱数と遜色ないレベルで使えるようになった．現在でもハードウェアの変化に応じて，新たな擬似乱数生成法やその評価についての研究が進められているが，本書では現在広く使われている線形漸化式に基づく方法についての概要に留める．また，暗号論的擬似乱数生成法と呼ばれる暗号技術で用いられる方法もあるが，本書のテーマであるモンテカルロ法では予測不能性のような情報理論的安全性を必ずしも必要としないため割愛する．

2.1.1 乱数性の評価
2.1.1.1 周期

デジタル計算機の中央処理装置（CPU）が 1 回の命令で処理できるデータサイズをワードと呼び，現在 1 ワードが 32 ビットあるいは 64 ビットの計算機が主流である．以下では 1 ワードを w ビットとする．2^w という有限な状態のみを扱えることを考えれば，どんな漸化式を用いて数列 $(x_i)_{i \geq 1} = (x_1, x_2, \dots)$ を生成したとしても，あるところから先は同じ部分列を繰り返してしまう．より具体的には，

$$(x_m, x_{m+1}, \dots, x_{m+n-1}) = (x_{m+n}, x_{m+n+1}, \dots, x_{m+2n-1})$$
$$= (x_{m+2n}, x_{m+2n+1}, \dots, x_{m+3n-1})$$
$$\vdots$$

を満たす自然数のペア (m, n) が存在するはずであり，可能なペア (m, n) に対する n の最小値を数列 $(x_i)_{i \geq 1}$ の**周期**（period）と呼ぶ．当然ながら，擬似乱数列としては初期値 x_1 によらず周期が長いほど，自明な規則性が現れるまでの余裕があるため良いと考える．平方採中法では，初期値 x_1 によっては，ある x_m から先がすべて同じ値を取ってしまったり（すなわち，周期 1），少数の値だけを循環してしまうことがある．周期が短いこと自体も問題だが，初期値によって周期が変わってしまうことも問題であろう．

2.1.1.2 高次元均等分布性

乱数性についての2つ目の尺度として**高次元均等分布性**（high-dimensional equi-distribution）というものがある．いま数列 $(x_i)_{i\geq 1}$ の周期を n とし，簡単のため，対応する m が1であるとする．x_{n+1} 以降は $x_1,\ldots,x_n$ を繰り返してしまうことから，はじめの1周期全体 $x_1,\ldots,x_n$ に着目する．

それぞれの値 x_i が w ビットで表現されていることに注意されたい．x_i の上位 v ビットだけを取り出して定まる値を $x_i^{(v)}$ と書くことにする．すなわち，$v+1$ ビット以降を切り捨てることと同じであり，$x_i^{(w)} = x_i$ が成り立つ．ある次元 $d\,(<n)$ について，n 個の連続する部分列

$$
(x_1^{(v)}, x_2^{(v)}, \ldots, x_d^{(v)}), (x_2^{(v)}, x_3^{(v)}, \ldots, x_{d+1}^{(v)}), \ldots,
$$
$$
(x_{n-1}^{(v)}, x_n^{(v)}, \ldots, x_{n+d-2}^{(v)}), (x_n^{(v)}, x_{n+1}^{(v)}, \ldots, x_{n+d-1}^{(v)})
$$

に，可能な 2^{dv} 個の状態がすべて同数回ずつ現れるとき，「数列 $(x_i)_{i\geq 1}$ は v ビット精度で d 次元均等分布する」と言う．ただし，後述するいくつかの擬似乱数生成法では，状態 $(0,\ldots,0)$ のみは現れる回数が1回少ないものとする．当然，精度 v を固定したとき，均等分布する次元 d が大きいほど良く，初期値 x_0 に依存しないことが望ましい．

高次元均等分布性によって，（1周期全体を見れば）可能な状態を偏りなく埋め尽くすことが保証される．もし均等分布性の悪い数列を乱数列として用いてしまうと，ある特定の領域ばかりが探索されて，どれだけサンプル数を増やしても正しい値に収束しない危険性があることから，高次元均等分布性は擬似乱数生成法の設計における中心的尺度として扱われてきている．

2.1.1.3 統計的仮説検定

ここまで見てきた周期と高次元均等分布性はいずれも数列 $(x_i)_{i\geq 1}$ を大域的に見たときの性質であり，短い部分列だけを取り出したときの乱数性は保証されない．そこで，**統計的仮説検定**（statistical hypothesis test）によって，数列 $(x_i)_{i\geq 1}$ から有限個だけを抽出して定まる何らかの経験的な統計量と，ターゲットとしている一様分布 $U[0,1]$ から計算される真の統計量の乖離を評価する．単に仮説検定といっても様々なものがあり，単一の仮説検定によって"理想的な乱数性"を検定できるわけではない．現在広く使われている擬似乱数生成法は，複数の異なる仮説検定を行って，どれにも棄却されないような，あるいはほとんどの検定で棄却されないようなものである．なお，擬似乱数評価のための統計的仮説検定としては，レキュイエ–シマードによる TestU01[64] やアメリカ国立標準技術研究所によるテスト・スイート NIST SP 800-22[4] が有名である．

2.1.2 線形合同法

現代の擬似乱数生成の基礎となる**線形合同法**（linear congruential generator）について解説する．いま M を 2 以上の自然数として，a, c を整数係数とする線形漸化式

$$x_{i+1} = (ax_i + c) \bmod M, \quad i \geq 1$$

を考える．なお，初期値 $x_1 \in \{0, 1, \ldots, M-1\}$ は何らかの方法で設定するものとする．この漸化式によって生成される数列 $x_1, x_2, \ldots$ は，初期値 x_1 によって以後の値がすべて確定する．よって，特に x_1 のことを種を意味する**シード**あるいは**初期シード**と呼ぶ．それぞれの値 x_i はすべて 0 から $M-1$ までの間の整数であることから，0 から 1 の間の実数としては，単純に

$$y_i = \frac{x_i}{M}$$

と変換して数列 $y_1, y_2, \ldots$ を用いればよい．

M を固定したとき，生成される数列の周期や高次元均等分布性などといった性質はすべて係数 a, c に依存して決まる．まず，x_i として取り得る値が M 個であることから，可能な周期は高々 M である．さらに $c \neq 0$ のとき，

1. c が M と互いに素であること，
2. M の任意の素因数 p に対して，$a \equiv 1 \pmod{p}$，
3. M が 4 の倍数ならば，$a \equiv 1 \pmod 4$，

のすべてが成り立つことが，初期シード x_1 によらず最大周期 M を達成する必要十分条件であることが知られている[54]．なお，$a = c = 1$ が最大周期に対する自明な解を与えるが，得られる数列は極めて規則的になってしまうため，周期の長さは擬似乱数の良さを測る尺度の 1 つに過ぎないことを再認識されたい．

1960–70 年代に用いられた RANDU という擬似乱数生成法は，パラメータを $M = 2^{31}, a = 2^{16} + 3 = 65539, c = 0$ とする線形合同法そのものであった．M が 2 のベキであるため，漸化式における剰余演算は単に $ax_i + c$ を 2 進数として表したときの下位 31 桁を拾うだけでよく，計算機との相性が良いと言える．ただし，自明な関係式

$$\begin{aligned}
x_{i+2} &\equiv (2^{16} + 3)x_{i+1} \equiv (2^{16} + 3)^2 x_i \\
&\equiv (6 \times 2^{16} + 9)x_i \equiv (6 \times (2^{16} + 3) - 9)x_i \\
&\equiv 6x_{i+1} - 9x_i \pmod{2^{31}}
\end{aligned}$$

が成り立ってしまうことから，連続する部分列 $(x_1, x_2, x_3), (x_2, x_3, x_4), \ldots$ は 3 次元空間のスカスカな超平面群上にしか存在しないことがわかる（のちほどの図 2.1 を参照）．RANDU に限らず，線形合同法ではその単純さゆえに多かれ少なかれ同様の問題を抱えており，高次元均等分布性に欠陥がある．

2.1.3 高階漸化式法

周期を長くしつつ，高次元均等分布性についてもある程度の改善を可能にする方法として，漸化式の階数を大きくすることが考えられる．具体的には，M を 2 以上の自然数，$a_1, \ldots, a_k$ を整数（ただし，$a_1 \neq 0$）として，k 階の線形漸化式

$$x_{i+k} = (a_1 x_{i+k-1} + a_2 x_{i+k-2} + \cdots + a_k x_i) \bmod M, \quad i \geq 1$$

によって数列を生成する．この場合，x_1 だけでなく，はじめの k 個 $x_1, \ldots, x_k \in \{0, 1, \ldots, M-1\}$ がシードとして必要である．

先ほどの単純な線形合同法と同様，それぞれの値 x_i は 0 から $M-1$ までの間の整数であるが，可能な最大周期は $M^k - 1$ となる．これは k 個の連続する値 $(x_1, \ldots, x_k), (x_2, \ldots, x_{k+1}), \ldots$ を見たときに，$(0, \ldots, 0)$ を除くすべてのパターンが 1 度ずつ現れた後に，初めて循環する場合に達成される．なお，ひとたび $(0, \ldots, 0)$ が現れてしまうと，以後の数列はすべて 0 となってしまうため，$(0, \ldots, 0)$ を除くパターンのみを考えることは合理的であろう．最大周期 $M^k - 1$ を達成する十分条件としては，M が素数の場合に，特性多項式

$$f(x) = x^k - (a_1 x^{k-1} + \cdots + a_k)$$

が M を法とする演算に関して原始多項式であることが知られている．このようにして，必ずしも M を大きくしなくても，階数 k を大きくすることによって周期を指数的に増やすことができる．

2.1.3.1 トーズワース法

高階漸化式法について，実用上は漸化式の計算にかかるコストを抑えるために，多くの係数 a_j が 0 になるように選ぶ．さらに，デジタル計算機との相性を考えれば，$M = 2$ として $\{0, 1\}$ 上の数列を生成することが自然であり，高階漸化式法の中でも特に**トーズワース法**（Tausworthe generator）あるいは**線形フィードバックシフトレジスタ法**（linear feedback shift register generator: LFSR）と呼ぶ．代表的な例として

$$x_{i+607} = (x_{i+273} + x_i) \bmod 2 = x_{i+273} \oplus x_i$$

があり，得られる数列は最大周期 $2^{607} - 1$ を達成することが知られている．ここで，$\oplus$ は**排他的論理和**（exclusive or: XOR）を表す．ただし，0 から 1 までの間の実数として数列を生成したい場合に，x_i/M とするのではパターンとして 0 か 0.5 しか存在しない．この問題に対する一つの方法としては，w ビット精度の実数を得るために，$s \geq w$ かつ最大周期と互いに素なステップ幅 s に対して，重なり合わない連続する w 個の部分列を用いて

$$y_i = \sum_{j=1}^{w} \frac{x_{s(i-1)+j}}{2^j}$$

と変換する．これにより，最大周期性を満たした w ビット精度の実数を得る．

2.1.3.2　一般化フィードバックシフトレジスタ法

トーズワース法は素朴に実装すると点列をあまり早く生成できない問題点がある．別の方法として，各 x_i を w 次元のベクトル $\boldsymbol{x}_i = (x_{i,1}, \ldots, x_{i,w})^\top$ に置き換え，成分ごとに同じ漸化式を用いることが考えられる．

$$\boldsymbol{x}_{i+p} = \boldsymbol{x}_{i+q} \oplus \boldsymbol{x}_i. \tag{2.1}$$

ここで，p, q は $p > q$ なる自然数であり，$\oplus$ はベクトルの成分ごとに操作する．これを**一般化フィードバックシフトレジスタ法**（generalized feedback shift register generator: GFSR）と呼ぶ[67]．この場合，$\boldsymbol{x}_1, \ldots, \boldsymbol{x}_p \in \{0,1\}^w$ がシードとなり，0 から 1 までの間の実数の数列としては，

$$y_i = \sum_{j=1}^{w} \frac{x_{i,j}}{2^j}$$

のように各 $\boldsymbol{x}_i$ だけを見て変換すればよい．1 つの y_i を得るのに必要な演算 $\oplus$ が 1 回で済むため，計算効率が良い．

連続する p 個の状態 $\boldsymbol{x}_i, \ldots, \boldsymbol{x}_{i+p-1} \in \{0,1\}^w$ を保持していることを考えれば，理論的には生成されるベクトル列 $(\boldsymbol{x}_i)_i$ の最大周期は $2^{wp} - 1$ にできるはずである．しかし，漸化式 (2.1) は各成分，すなわち各ビットはすべて独立に計算されるため，この生成法による周期は最大でも $2^p - 1$ となってしまう．また，数列 $(y_i)_i$ の高次元均等分布性は単純な線形合同法に比べて改善されることが期待されるが，実際にはシードに大きく依存してしまうことが知られており[27]，様々な統計的検定で棄却されてしまう．

2.1.4　メルセンヌ・ツイスター

既述の通り，擬似乱数生成法についての研究には長い歴史があるが，本小節で紹介するメルセンヌ・ツイスターはその発表当時から現在に至るまで，モンテカルロ法として使用する上でのニーズを満たしている数少ない方法である．

2.1.4.1　Twisted GFSR

GFSR の問題を解決するために，ビット間の情報を"混ぜる"ことによって理論的な周期最大性を実現しつつ，高次元均等分布性や（統計的検定で棄却されないという意味での）乱数性の問題を解決できないか，と考えて考案されたのが松本–栗田による **twisted GFSR**（TGFSR）である[71]．具体的には，$A \in \{0,1\}^{w \times w}$ を正則行列として，

$$\boldsymbol{x}_{i+p} = \boldsymbol{x}_{i+q} \oplus A\boldsymbol{x}_i$$

という漸化式に従って数列を生成する．ここでの行列ベクトル積 $A\boldsymbol{x}_i$ は 2 を法とする剰余演算であり，これによって $\boldsymbol{x}_i$ の成分を"ひねる"（twisted）ことになる．ただし，A が密な行列だと行列ベクトル積にかかる計算コストが無視できなくなる．そこで，松本–栗田は A としてコンパニオン行列

$$A = \begin{pmatrix} & & & & & a_1 \\ 1 & & & & & a_2 \\ & 1 & & & & \vdots \\ & & \ddots & & & \vdots \\ & & & 1 & & a_w \end{pmatrix}$$

を採用した（空白成分はすべて 0）．簡単に確かめられるが，$\boldsymbol{a} = (a_1, \ldots, a_w)^\top$ と書くと

$$A\boldsymbol{x}_i = (0, x_{i,1}, x_{i,2}, \ldots, x_{i,w-1})^\top \oplus x_{i,w}\boldsymbol{a}^\top$$

となることから，$x_{i,w} = 0$ ならば，最下位ビットを除くすべての成分を右に 1 つシフトするだけであり，$x_{i,w} = 1$ ならば，シフトされたベクトルに $\boldsymbol{a}$ を足すだけである．このようにして行列ベクトル積が高速に計算される．

古典的な GFSR の最大周期は高々 $2^p - 1$ であったが，TGFSR では適切な $p, q, \boldsymbol{a}$ の下でベクトル列 $(\boldsymbol{x}_i)_i$ の最大周期 $2^{wp} - 1$ が達成できる．より具体的には，行列 A の 2 元体上特性多項式を $\varphi_A(t) = \det(tI_w - A)$（ただし，$I_w$ は $w \times w$ の単位行列）とするとき，$\varphi_A(t^p + t^q)$ が次数 wp の原始多項式であることが最大周期 $2^{wp} - 1$ を達成することの必要十分条件となる．

また，松本–栗田は続報として数列 $(y_i)_i$ の高次元均等分布性を改善するために，ある正則行列 $T \in \{0,1\}^{w \times w}$ を用いた線形変換 $\boldsymbol{z}_i = T\boldsymbol{x}_i$ を施したのちに

$$y_i = \sum_{j=1}^{w} \frac{z_{i,j}}{2^j} \quad (\boldsymbol{z}_i = (z_{i,1}, \ldots, z_{i,w})^\top)$$

と出力する方法を考案している[72]．先ほどと同様に，行列 T としては 2 進数の論理演算のみで高速に行列ベクトル積が計算できるように設計している．この修正によって TGFSR の高次元均等分布性を改善しつつ，主要な統計的検定で棄却されないような乱数性を持つことが示された．

2.1.4.2　メルセンヌ・ツイスター

TGFSR にさらなる改良を加えたのが，1998 年に松本–西村が発表したメルセンヌ・ツイスター（Mersenne twister）である[73]．すでに見てきた通り，TGFSR によって達成可能な周期の最大値は $2^{wp} - 1$ であるが，これは $2^w - 1$ で割り切れるため，p の値に関わらず素数ではない．詳細は割愛するが，達成

2.1　擬似乱数生成法　**23**

可能な周期の最大値を $2^n - 1$ の形で表される素数，すなわちメルセンヌ素数，にすることによって，周期が最大となるような漸化式の探索にかかるコストを大幅に低減できるというのがメルセンヌ・ツイスターのアイデアであり，既存の擬似乱数生成法に比べて飛躍的に周期を大きくすることに成功している．具体的な形としては

$$\boldsymbol{x}_{i+p} = \boldsymbol{x}_{i+q} \oplus A(\boldsymbol{x}_i^{u,(w-r)}, \boldsymbol{x}_{i+1}^{\ell,(r)})$$

となっており，$\boldsymbol{x}_i^{u,(w-r)}$ は $\boldsymbol{x}_i$ の上位 $w-r$ ビットを，$\boldsymbol{x}_{i+1}^{\ell,(r)}$ は $\boldsymbol{x}_{i+1}$ の下位 r ビットを表しており，$(\boldsymbol{x}_i^{u,(w-r)}, \boldsymbol{x}_{i+1}^{\ell,(r)})$ はそれらを結合した w 次元のベクトルである．この漸化式によって，$\boldsymbol{x}_i$ のうち下位 r ビットの情報が以後の値に反映されない形になっており，達成可能な周期の最大値が $2^{wp-r} - 1$ となる．この $2^{wp-r} - 1$ が素数となるように r を $0 \leq r \leq w - 1$ の範囲から選べる場合に，先ほどのアイデアが適用できるというわけである．行列 A としてコンパニオン行列を用い，出力として線形変換 $\boldsymbol{z}_i = T\boldsymbol{x}_i$ を施す，という部分は TGFSR と同じである．

論文発表当時は 32 ビットを 1 ワードとする計算機が主流であったことから，$w = 32, p = 623, r = 31$ とすることによって，素数 $2^{wp-r} - 1 = 2^{19937} - 1$ を最大周期とする擬似乱数生成を実現した．これゆえにしばしば **MT19937** と略されることがある．また，32 ビット精度で 623 次元まで均等分布し，32 より小さい v ビット精度で均等分布するような次元についても十分良い値を取る．多くの統計的検定に対しても棄却されず，その意味において乱数性も十分であるといえる．実際に，連続する出力を重なりがあるように取った 3 次元ベクトル列 $(x_1, x_2, x_3), (x_2, x_3, x_4), \ldots$ のはじめの 10^4 個をプロットしたものを図 2.1 の右に示す．比較のために RANDU の結果を左に示しているが，MT19937 では明らかな規則性は認められない．

2.1.4.3 擬似乱数生成についての注意

ここまで述べたような擬似乱数生成法は，自分で実装するのではなく（もちろん，乱数自体を研究対象としている場合や，はたまた趣味目的であれば構わないが），信頼できるライブラリを使用することを強く勧める．些細な実装ミスが周期・高次元均等分布性・（統計的検定でチェックできる）乱数性に大きく影響するためである．また，自力で特性多項式が原始多項式であることをチェックしたり，テスト・スイートを実行することは極めて労力がかかるだろう．本節の内容は，実際にモンテカルロ法を使用する上で，擬似乱数とはどういう思想の下にどのように設計されているのかについての理解を深めるためのものだと捉えていただきたい．最後に，近年においても計算環境や計算機のアーキテクチャの変化に合わせて擬似乱数生成の研究は続いている．複数 CPU を並列で使用する，あるいは GPU を用いて高速に並列計算を行う，といった場面で

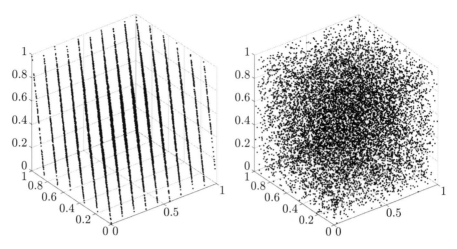

図 2.1 異なる 2 つの擬似乱数生成法によって得られた点列の 3 次元プロット：RANDU（左）と MT19937（右）．

はそれに適した乱数生成法を用いる必要がある．

2.2 確率分布からの乱数生成

　一様分布 $U[0,1]$ からのランダムサンプリングは前節の通りである．より一般の一様分布 $U[a,b]$ からのランダムサンプリングについては，区間 $[0,1]$ 上の擬似乱数 u を生成し，$a+(b-a)u$ と変換するだけでよい．ここでは，一様分布以外の確率分布からランダムにサンプリングする方法についてまとめる．その中でも最も基本的な方法が逆関数法であり，はじめにこの方法について述べる．しかし，逆関数法の適用範囲は必ずしも広くはないため，変換法および受理棄却法と呼ばれる方法について触れる．これらの方法のいずれさえも適用が困難な場合には，ランダムサンプリングそのものを諦める必要があるかもしれない．そのような状況における最後の頼みの綱として，マルコフ連鎖モンテカルロ法があり，これについては次節で簡単に紹介する．マルコフ連鎖モンテカルロ法がそれ以外の方法と決定的に異なる点は，毎回独立にランダムなサンプリングができるわけでなく，漸近的に所望の確率分布に従うサンプルが生成できる，ということである．したがって，前章でまとめたような，"独立な試行に基づく推定" と同じように扱うことは多くの場合に難しいと考えるべきである．なお，本節で扱う確率分布からの乱数生成については文献 [14], [111] に網羅的にまとめられているので参考にされたい．

2.2.1 逆関数法

　最も基本的なランダムサンプリングの方法である逆関数法について述べるため，準備として確率変数 X に対する累積分布関数および逆累積分布関数につ

いて，X が離散型の場合と連続型の場合のそれぞれに対して定義する．

2.2.1.1 離散型確率変数

いま X が離散型確率変数であり，その値域を $\{\xi_0, \xi_1, \dots\} \subset \mathbb{R}$ とする．また，$X = \xi_i$ となる確率を $p_i = \mathbb{P}[X = \xi_i]$ と書く．このとき，確率変数 X に対する**累積分布関数** $F_X : \mathbb{R} \to [0,1]$ は

$$F_X(x) = \mathbb{P}[X \leq x] = \sum_{\xi_i \leq x} p_i$$

と定義され，これは明らか右連続かつ単調非減少な区分定数関数である．また，**逆累積分布関数** $F_X^{-1} : [0,1] \to \mathbb{R}$ を

$$F_X^{-1}(y) = \inf \{x \mid F_X(x) \geq y\}$$

と定義する．

2.2.1.2 連続型確率変数

次に X が確率密度関数 $f_X : \mathbb{R} \to \mathbb{R}_{\geq 0}$ を持つ連続型確率変数であるとすると，**累積分布関数** $F_X : \mathbb{R} \to [0,1]$ は

$$F_X(x) = \mathbb{P}[X \leq x] = \int_{-\infty}^{x} f_X(t) dt$$

と定義され，これは一般に右連続な単調非減少関数となる．そのため，逆累積分布関数は離散型確率変数の場合と同様に定義できる．以下では考えている確率変数が明らかなときは，確率密度関数 f_X や累積分布関数 F_X から下付き添え字 X を省略し，単に f や F と書く．

2.2.1.3 逆関数法

確率変数 X が離散型か連続型かに関わらず以下が成り立つ．

定理 2.1 確率変数 X が累積分布関数 F_X および逆累積分布関数 F_X^{-1} を持つとする．また，U を一様分布 $U[0,1]$ に従う確率変数とする．このとき，確率変数 W を

$$W := F_X^{-1}(U)$$

と定義すると，W は累積分布関数 F_X を持つ．

証明 関数 F_X の単調非減少性および右連続性より，任意の実数 w に対して

$$\mathbb{P}[W \leq w] = \mathbb{P}[F_X^{-1}(U) \leq w] = \mathbb{P}[U \leq F_X(w)] = F_X(w)$$

が成り立つから，W の累積分布関数は X のそれに等しい． $\square$

定理 2.1 から，逆累積分布関数 F_X^{-1} が計算できるならば，以下の単純なアルゴリズムに従って確率変数 X のランダムサンプリングができ，これこそが**逆関数法**（inversion method）である.

アルゴリズム 2.2（逆関数法）　確率変数 X が逆累積分布関数 F_X^{-1} を持つとする．このとき，
1. 一様乱数 $u \in [0,1]$ を生成する.
2. $x = F_X^{-1}(u)$ を計算する.

ただし，X が離散型確率変数の場合，一般性を失うことなく $\xi_0 < \xi_1 < \cdots$ と仮定すると，任意の $i = 0, 1, \ldots$ に対して

$$
\begin{aligned}
\mathbb{P}[W = \xi_i] &= \mathbb{P}[W \leq \xi_i] - \mathbb{P}[W \leq \xi_{i-1}] \\
&= \mathbb{P}[U \leq F_X(\xi_i)] - \mathbb{P}[U \leq F_X(\xi_{i-1})] \\
&= \mathbb{P}[F_X(\xi_{i-1}) < U \leq F_X(\xi_i)]
\end{aligned}
$$

となる．したがって，$F_X(\xi_{-1}) = 0$ として，一様乱数 $u \in [0,1]$ に対して条件 $F_X(\xi_{i-1}) < u \leq F_X(\xi_i)$ を満たすような i を求め，対応する ξ_i を確率変数 X のランダムなサンプルとすればよい.

2.2.1.4　逆関数法の例

以下に離散型確率分布と連続型確率分布のそれぞれに対して逆関数法を適用した例をいくつか示す.

例 2.3（幾何分布）　離散型確率分布の例として，母数 $\theta \in (0,1)$ の幾何分布を考える．値域を $\{0, 1, \ldots\}$ とすると，それぞれの $i = 0, 1, \ldots$ に対して $X = i$ となる確率は

$$
p_i = \theta(1-\theta)^i
$$

と与えられる．また，$X = i$ における累積分布関数値は

$$
P_i := F(i) = \sum_{j=0}^{i} p_j = \sum_{j=0}^{i} \theta(1-\theta)^j = 1 - (1-\theta)^{i+1}.
$$

先述の通り，離散型確率変数の場合，$F^{-1}(u)$ は $P_{i-1} < u \leq P_i$ を満たす i を求めることに対応するから，この条件を変形すると

$$
\frac{\log(1-u)}{\log(1-\theta)} - 1 \leq i < \frac{\log(1-u)}{\log(1-\theta)}
$$

となり，天井関数を用いた表現

$$
i = \left\lceil \frac{\log(1-u)}{\log(1-\theta)} - 1 \right\rceil
$$

を得る．このようにして，逆関数法を用いて幾何分布からのランダムサンプリングができる．ただし，一様乱数 u は開区間 $(0,1)$ から取る．

例 2.4（指数分布） 連続型確率分布の例として，母数 $\lambda > 0$ の指数分布を考える．確率密度関数は

$$f(x) = \begin{cases} \lambda e^{-\lambda x} & x \geq 0, \\ 0 & x < 0 \end{cases}$$

であり，対応する累積分布関数および逆累積分布関数はそれぞれ

$$F(x) = \begin{cases} 1 - e^{-\lambda x} & x \geq 0, \\ 0 & x < 0, \end{cases} \qquad F^{-1}(y) = -\frac{1}{\lambda} \log(1 - y)$$

と与えられる．したがって，一様乱数 u に対して

$$x = -\frac{1}{\lambda} \log(1 - u)$$

を求めれば，指数分布からのランダムサンプリングができる．ここでは，一様乱数 u は半開区間 $[0,1)$ あるいは開区間 $(0,1)$ から取る．

例 2.5（三角分布） 連続型確率分布のもう一つの例として，区間 $[0,2]$ 上の対称な三角分布を考える．確率密度関数および対応する累積分布関数は

$$f(x) = \begin{cases} x & 0 \leq x < 1, \\ 2 - x & 1 \leq x \leq 2, \end{cases} \qquad F(x) = \begin{cases} x^2/2 & 0 \leq x < 1, \\ 1 - (2-x)^2/2 & 1 \leq x \leq 2 \end{cases}$$

となる．累積分布関数の逆関数を考えると，一様乱数 u に対して

$$x = \begin{cases} \sqrt{2u} & 0 \leq u < 1/2, \\ 2 - \sqrt{2(1-u)} & 1/2 \leq u \leq 1 \end{cases}$$

を求めれば，三角分布からのランダムサンプリングができる．

以上のように，逆累積分布関数を陽に計算できる確率分布に対しては非常に有効なランダムサンプリングの方法である．逆関数法が必ずしもうまくいかない有名な例として，以下に示す正規分布がある．

例 2.6（正規分布） 平均 μ，分散 σ^2 の正規分布を考える．確率密度関数は

$$f(x) = \frac{1}{\sqrt{2\pi\sigma^2}} \exp\left\{-\frac{(x-\mu)^2}{2\sigma^2}\right\}$$

であり，その累積分布関数は

$$F(x) = \frac{1}{2}\left[1 + \mathrm{erf}\left(\frac{x-\mu}{\sqrt{2\sigma^2}}\right)\right]$$

となる．ただし，$\text{erf} : \mathbb{R} \to (-1, 1)$ は**誤差関数**（error function）を表す．したがって，その逆関数を erf^{-1} として，

$$x = \mu + \sqrt{2\sigma^2}\,\text{erf}^{-1}\,(2u - 1)$$

を計算できれば，正規分布に対して逆関数法を適用できることになる．

　しかし，計算機上で任意の $u \in (0, 1)$ に対して $\text{erf}^{-1}(2u - 1)$ を正確に評価することは困難であり，一般に近似計算を伴う．したがって，用いている近似式の精度について注意が必要な場合がある．例えば，u が 0 や 1 に近いとき，すなわち，正規分布の端に相当する領域では，数値的な不安定性を伴うことが多い．ただし，第 9 章で述べるように逆関数法による正規分布からのサンプリングは応用上重要であり，精度に対する十分な注意の上で用いるべきである．

2.2.1.5　混合分布

　有限個の連続型確率分布の重ね合わせで定まる確率分布を考える．すなわち，

$$\alpha_1 + \cdots + \alpha_k = 1$$

を満たす非負の実数 $\alpha_1, \ldots, \alpha_k$ と確率密度関数 $f_1, \ldots, f_k$ が与えられたときに，

$$f(x) = \sum_{i=1}^{k} \alpha_i f_i(x)$$

によって確率密度関数が表される分布であり，これを一般に**混合分布**（mixture distribution）と呼ぶ．この混合分布の累積分布関数は

$$F(x) = \sum_{i=1}^{k} \alpha_i F_i(x)$$

となる．例えば，$k = 2, \alpha_1 = \alpha_2 = 0.5$ で，f_1 と f_2 がそれぞれ母数 $\lambda_1, \lambda_2 > 0$ の指数分布の場合，

$$F(x) = 1 - \frac{e^{-\lambda_1 x} + e^{-\lambda_2 x}}{2}$$

であり，λ_1 と λ_2 の間に特殊な関係が成り立つ場合を除いて，この累積分布関数の逆関数を陽に求めることは困難である．したがって，混合分布自体の累積分布関数を介して，逆関数法によってランダムサンプルを生成することはできない．しかし，個別の累積分布関数 $F_1, \ldots, F_k$ に対する逆関数が陽に求められる場合，混合分布からのランダムサンプルは以下の手順で容易に生成できる．

アルゴリズム 2.7（混合分布からのサンプリング）　$\alpha_1 + \cdots + \alpha_k = 1$ を満たす非負の実数 $\alpha_1, \ldots, \alpha_k$ と確率密度関数 $f_1, \ldots, f_k$ を考える．

　1. 確率 α_i で i 番目の分布 f_i を選択する．

2.2　確率分布からの乱数生成　**29**

2. 一様乱数 $u \in [0,1]$ を生成し，$x = F_i^{-1}(u)$ を計算する．

ステップ 1 は離散型確率分布からのサンプリングそのものであることに注意されたい．すなわち，離散型確率分布に対する逆関数法と連続型確率分布に対する逆関数法を組み合わせることによって，混合分布からのランダムサンプリングを可能にしている．

2.2.1.6 探索法

離散型確率変数 $X \in \{0, 1, \ldots\}$ について考える．上記の幾何分布の例では，$X = i$ となるための条件を陽に書き下すことができたが，そのような変形ができない状況も十分に考えられる．このとき，素朴な対応策としては，$i = 0, 1, \ldots$ の順に，生成した一様乱数 u が $P_{i-1} < u \le P_i$ を満たすかどうかをチェックし，満たした i を X のサンプルとする方法が考えられる．この方法では，$i = 0$ で条件を満たし 1 ステップで計算を終了する確率が p_0，$i = 1$ で条件を満たし 2 ステップで計算を終了する確率が p_1，という具合になるから，必要なステップ数の期待値は

$$1 \times p_0 + 2 \times p_1 + \cdots = \sum_i (i + 1) p_i = \mathbb{E}[X] + 1$$

となり，期待値が大きい確率変数には向かないことがわかる．

もし X の値域が有限ならば，その個数を K とすると，二分探索を用いる方法が有効であり，$O(\log K)$ ステップで条件 $P_{i-1} < u \le P_i$ を満たす i を求められる．ここでは詳細は割愛する．

また，同じ分布から何度もランダムサンプリングを行う場合には，**参照表** (lookup table) を使う方法も有効である．$M \in \mathbb{N}$ に対して累積確率が

$$u_m = \frac{m}{M}, \qquad m = 1, \ldots, M - 1$$

に対応する分位数 $x_m = F_X^{-1}(u_m)$ をすべて求め，これらの情報を保持する．一様乱数 $u \in (0, 1)$ に対して，条件 $P_{i-1} < u \le P_i$ を満たす i を探索するための初期値として $x_{\lfloor Mu \rfloor}$ を採用する．$M = \alpha K$ の場合，必要な計算ステップ数は平均で高々 $1 + 1/\alpha$ 回となる．詳細は [14, Section 2.4] に譲る．

2.2.1.7 求解法

連続型確率変数 X について考える．すでに見た通り，逆関数法を用いるには逆累積分布関数 F_X^{-1} を陽に計算できる必要があった．ここでは，F_X^{-1} を陽には計算できないが，確率密度関数 f_X および累積分布関数 F_X なら計算できるという状況を考える．

もし F_X が単調増加関数ならば，$x = F_X^{-1}(u)$ と $F_X(x) = u$ は方程式として等価である．そこで，求解法を用いて数値的に $F_X(x) = u$ を満たすような

x を求めるという方法が考えられる．例えば求解法としてニュートン法を用いるとする．任意の点 y 周りの関数 F_X に対する 1 次のテイラー展開は

$$F_X(y) + f_X(y) \cdot (x - y)$$

である．この展開が $y = x_n$ の下で u に等しくなるように，x について解いた解を x_{n+1} とすることで，漸化式

$$x_{n+1} = x_n + \frac{u - F_X(x_n)}{f_X(x_n)}$$

を得る．したがって，初期値 x_0 を適当に定めたら，この漸化式に従って $x_1, x_2, \ldots$ を順に計算していけば，x の近似解を得られることが期待できる．ただし，f_X が 0 に近い値を取る場合にはニュートン法のステップ幅が大きくなり，収束しないことがあるので注意が必要である[85, Section 4.5]．

2.2.2 変換法

確率分布に対する逆累積分布関数を計算できれば，一様乱数を"変換"することによってランダムサンプリングできる，というのが逆関数法であった．したがって，逆関数法は変換法の特殊なケースともいえる．しかし，正規分布の例で見た通り，逆累積分布関数が正確に計算できないため，逆関数法の適用が困難である状況も多く存在する．そのため本書では，逆累積分布関数を介すことなく，一様乱数を別の方法で変換することによって，所望の確率分布からのランダムサンプリングを実行する手段を特に**変換法** (transformation method) と呼ぶことにし，以下にいくつかの有名な例を示す．

2.2.2.1 正規分布

逆関数法の適用が難しい例として正規分布を挙げた．以下で最初に紹介するボックス–ミューラー法 (Box–Muller's method) は正規分布に対する逆累積分布関数を必要とすることなく，正規分布からランダムサンプリングするための方法として広く知られている．

定理 2.8 互いに独立な 2 つの確率変数 $U_1, U_2 \sim U(0, 1)$ に対して，2 つの確率変数 $X_1, X_2 \in \mathbb{R}$ をそれぞれ

$$X_1 = \sqrt{-2 \log U_1} \cos(2\pi U_2),$$
$$X_2 = \sqrt{-2 \log U_1} \sin(2\pi U_2)$$

によって定めると，X_1, X_2 は標準正規分布 $N(0, 1)$ に従う互いに独立な確率変数となる．

証明 関数 $g : (0, 1) \to \mathbb{R}_{>0}$ を $g(x) = \sqrt{-2 \log x}$ と定めると，明らかに単調減少性を持ち，その逆関数は $g^{-1}(y) = \exp(-y^2/2)$ である．いま，確率変数

$U_1 \sim U(0,1)$ に対して変数変換 $R = g(U_1)$ を考えると，R の確率密度関数は

$$f_R(r) = f_{U_1}\left(g^{-1}(r)\right)\left|\frac{d}{dr}g^{-1}(r)\right| = r\exp\left(-\frac{r^2}{2}\right)$$

となる．また，確率変数 $U_2 \sim U(0,1)$ に対して変数変換 $\Theta = 2\pi U_2$ を考えると，明らかに $\Theta \sim U(0,2\pi)$ であり，U_1 と U_2 の独立性から R と Θ は互いに独立である．

ここで，極座標変換 $X_1 = R\cos\Theta, X_2 = R\sin\Theta$ を考えると，X_1 と X_2 の同時確率密度関数は，$r = \sqrt{x_1^2 + x_2^2}$ および $\theta = \arctan(x_2/x_1)$ として

$$\begin{aligned}
f_{X_1,X_2}(x_1,x_2) &= f_{R,\Theta}(r,\theta)\begin{vmatrix}\partial r/\partial x_1 & \partial\theta/\partial x_1 \\ \partial r/\partial x_2 & \partial\theta/\partial x_2\end{vmatrix} \\
&= f_R(r)f_\Theta(\theta)\frac{1}{r} = \frac{1}{2\pi}\exp\left(-\frac{r^2}{2}\right) \\
&= \frac{1}{2\pi}\exp\left(-\frac{x_1^2 + x_2^2}{2}\right)
\end{aligned}$$

と求められる．これは 2 変量標準正規分布の確率密度関数そのものであり，X_1 と X_2 が互いに独立で，かつそれぞれ $N(0,1)$ に従うことが示された． $\square$

定理 2.8 に基づいて，ボックス–ミューラー法の具体的な手順は以下で与えられる．

アルゴリズム 2.9（ボックス–ミューラー法）

1. 2 つの一様乱数 $u_1, u_2 \in (0,1)$ を生成する．
2. 次式に従って 2 つの実数 $x_1, x_2 \in \mathbb{R}$ を求める．

$$\begin{aligned}
x_1 &= \sqrt{-2\log u_1}\cos(2\pi u_2), \\
x_2 &= \sqrt{-2\log u_1}\sin(2\pi u_2).
\end{aligned}$$

これによって 2 つの独立な標準正規乱数を得ることができる．また，ひとたび標準正規乱数が得られれば，線形変換 $x \mapsto \mu + \sigma x$ によって一般の 1 変量正規分布 $N(\mu,\sigma^2)$ からのサンプリングが可能になる．

ただし，逆関数法以外の方法で標準正規乱数を生成するアルゴリズムは，ボックス–ミューラー法の他にもいくつも提案されている．次に紹介するマーサグリアの極座標法（Marsaglia polar method）はその一つである．ここでは定理 2.8 に対応する結果を省略し，アルゴリズムのみ紹介する．

アルゴリズム 2.10（マーサグリアの極座標法）

1. 2 つの一様乱数 $u_1, u_2 \in (0,1)$ を生成する．
2. $w := u_1^2 + u_2^2 \leq 1$ ならば，次式に従って 2 つの実数 $x_1, x_2 \in \mathbb{R}$ を求める．

$$x_1 = \sqrt{-2\frac{\log w}{w}}u_1, \quad x_2 = \sqrt{-2\frac{\log w}{w}}u_2.$$

$w > 1$ ならば，ステップ 1 に戻る．

ボックス–ミューラー法と同様に，2 つの独立な一様乱数 u_1, u_2 を 2 つの独立な標準正規乱数 x_1, x_2 に変換する．一方で，ボックス–ミューラー法と大きく異なる性質として，$w > 1$ の場合には x_1, x_2 が出力されずにステップ 1 に戻るため，必要な計算ステップ数が試行ごとに変わる点が挙げられる．これは 2.2.3 節で後述する受理棄却法の考え方に基づくものである．また，x_1, x_2 の計算において，cos と sin の演算が不要であることから，これら三角関数に対する計算速度が遅い実装では，ボックス–ミューラー法よりも計算効率が高い場合がある．

2.2.2.2　その他の分布

正規分布以外にも様々な 1 次元確率分布に対する変換法が知られているが，詳細は [14] や [59, Chapter 4] に譲ることにして，以下に 2 つだけ例を示す．

例 2.11（ベータ分布）　ベータ分布は区間 $[0, 1]$ 上の確率分布であり，確率密度関数は $\alpha, \beta > 0$ を母数として

$$f(x) = \frac{x^{\alpha-1}(1-x)^{\beta-1}}{B(\alpha, \beta)}, \qquad x \in [0, 1]$$

と表される．ここで，$B(\alpha, \beta)$ はベータ関数値である．α, β ともに整数の場合，$\alpha + \beta - 1$ 個の互いに独立な確率変数 $X_1, X_2, \ldots, X_{\alpha+\beta-1} \sim U[0, 1]$ に対してその順序統計量を $X_{(1)} \leq X_{(2)} \leq \cdots \leq X_{(\alpha+\beta-1)}$ とし，

$$Y = X_{(\alpha)}$$

を考えると，この確率変数 Y は母数 α, β のベータ分布に従う．

したがって，$\alpha + \beta - 1$ 個の一様乱数 $x_1, x_2, \ldots, x_{\alpha+\beta-1}$ を生成し，そのうち小さいほうから α 番目の値を求めれば，ベータ分布に従う乱数を生成できる．

例 2.12（コーシー分布）　コーシー分布の確率密度関数は

$$f(x) = \frac{1}{\pi(1 + x^2)}, \qquad x \in \mathbb{R}$$

である．いま 2 つの互いに独立な確率変数 $X_1, X_2 \sim N(0, 1)$ に対して，比

$$Y = \frac{X_1}{X_2}$$

を考えると，この確率変数 Y はコーシー分布に従う．

したがって，ボックス–ミューラー法あるいはマーサグリアの極座標法を用いて 2 つの互いに独立な標準正規乱数 x_1, x_2 を生成し，$y = x_1/x_2$ を計算すれば，コーシー分布からの乱数を生成できる．

2.2.2.3 多変量正規分布

様々な応用上で現れる重要な確率分布に多変量正規分布がある．d 次元ベクトル値確率変数 $\boldsymbol{X} = (X_1, \ldots, X_d)^\top \in \mathbb{R}^d$ が平均ベクトル $\boldsymbol{\mu} \in \mathbb{R}^d$，分散共分散行列 $\Sigma \in \mathbb{R}^{d \times d}$ の多変量正規分布 $N(\boldsymbol{\mu}, \Sigma)$ に従っているとすると，$\boldsymbol{X}$ の確率密度関数は次の通りである．

$$f_{\boldsymbol{X}}(\boldsymbol{x}) = \frac{1}{\sqrt{(2\pi)^d \det(\Sigma)}} \exp\left\{ -\frac{1}{2}(\boldsymbol{x} - \boldsymbol{\mu})^\top \Sigma^{-1} (\boldsymbol{x} - \boldsymbol{\mu}) \right\}.$$

この多変量分布に従う乱数，すなわち多変量正規乱数を生成したい．

もし Σ が対角行列ならば，各 1 次元確率変数 $X_j\,(1 \le j \le d)$ は互いに独立であり，それぞれ正規分布 $N(\mu_j, \sigma_j^2)$ に従うから，既述の方法によって乱数を生成すればよい．

より一般の Σ に対しては，それが対称行列であることに加えて，正定値性を仮定することによって，次式を満たす行列 $L \in \mathbb{R}^{d \times d}$ の存在が保証される．

$$\Sigma = LL^\top.$$

一般にはこのような L は一意には定まらないが，コレスキー分解を用いると，下三角行列で対角成分はすべて正の値を取るような L を得ることができる．ここで，変数変換 $\boldsymbol{Y} = L^{-1}(\boldsymbol{X} - \boldsymbol{\mu})$ を考えると，$\boldsymbol{Y}$ は d 次元標準正規分布に従うことから，d 個の 1 次元標準正規乱数 $y_1, \ldots, y_d$ を生成し，

$$\boldsymbol{x} = \boldsymbol{\mu} + L \cdot (y_1, \ldots, y_d)^\top$$

を計算すれば，多変量正規分布 $N(\boldsymbol{\mu}, \Sigma)$ からの乱数生成ができることになる．

2.2.2.4 ローゼンブラット変換

多変量正規分布とは限らない，より一般の多変量分布から乱数を生成するための一つの方法として**ローゼンブラット変換**（Rosenblatt transformation）がある．確率変数 $X_1, \ldots, X_d$ が互いに独立ならば，その同時確率密度関数 $f_{\boldsymbol{X}}$ は，各確率変数に対する周辺確率密度関数 $f_1, \ldots, f_d$ を用いて

$$f_{\boldsymbol{X}}(x_1, \ldots, x_d) = f_1(x_1) f_2(x_2) \cdots f_d(x_d)$$

と表すことができ，$1 \le j \le d$ に対して 1 次元分布 f_j からの乱数 x_j を生成すれば，それをベクトル化した $(x_1, \ldots, x_d)$ が $f_{\boldsymbol{X}}$ からの乱数となる．

一方で，確率変数 $X_1, \ldots, X_d$ の間に従属性がある場合，同時確率密度関数 $f_{\boldsymbol{X}}$ は

$$f_{\boldsymbol{X}}(x_1, \ldots, x_d) = f_1(x_1) f_2(x_2 \mid x_1) \cdots f_d(x_d \mid x_1, \ldots, x_{d-1}) \qquad (2.2)$$

と "展開" することができる．ただし，

- $f_1(\cdot)$ は X_1 の周辺確率密度関数，

- $f_2(\cdot \mid x_1)$ は $X_1 = x_1$ が与えられたときの X_2 の条件付き周辺確率密度関数,

  $\vdots$

- $f_d(\cdot \mid x_1, \ldots, x_{d-1})$ は $X_1 = x_1, \ldots, X_{d-1} = x_{d-1}$ が与えられたときの X_d の条件付き確率密度関数

である．この展開を用いることによって，以下の逐次的アルゴリズムで $f_{\boldsymbol{X}}$ からの乱数生成ができ，これこそがローゼンブラットによる生成法である[92]．

アルゴリズム 2.13（ローゼンブラット変換） d 変量確率密度関数 $f_{\boldsymbol{X}}$ が (2.2) の展開を持つとする．$f_{\boldsymbol{X}}$ からの乱数 $(x_1, \ldots, x_d)$ を以下の手順で生成する．

1. f_1 に従う乱数 x_1 を生成する．
2. 生成された x_1 を用いて，$f_2(\cdot \mid x_1)$ に従う乱数 x_2 を生成する．

   $\vdots$

d. これまでに生成された $x_1, \ldots, x_{d-1}$ を用いて，$f_d(\cdot \mid x_1, \ldots, x_{d-1})$ に従う乱数 x_d を生成する．

　明らかではあるが，各周辺分布からの乱数生成をできることがローゼンブラット変換の適用条件となる．例えば，各周辺分布に対して逆関数法が使えるような状況であれば，一様乱数 $u_1, \ldots, u_d \in [0, 1]$ を用いて

$$x_1 = F_1^{-1}(u_1),$$
$$x_2 = F_2^{-1}(u_2 \mid x_1),$$
$$\vdots$$
$$x_d = F_d^{-1}(u_d \mid x_1, \ldots, x_{d-1})$$

と順に計算すればよい．もし，乱数生成ができないような周辺分布が1つでもある場合には，ローゼンブラット変換の適用は困難であり，後述するマルコフ連鎖モンテカルロ法との併用を考えるべきである．

例 2.14（三角形上の一様分布） 三角形

$$\triangle := \{(x_1, x_2) \in \mathbb{R}^2 \mid x_1 + x_2 \leq 1, \ x_1, x_2 \geq 0\}$$

上の一様分布

$$f(x_1, x_2) = \begin{cases} 2 & (x_1, x_2) \in \triangle, \\ 0 & \text{otherwise} \end{cases}$$

を考える．X_1 についての周辺確率密度関数 f_1 と（X_1 が与えられたときの）X_2 についての条件付き確率密度関数 f_2 はそれぞれ

$$f_1(x_1) = \begin{cases} 2(1 - x_1) & 0 \leq x_1 \leq 1, \\ 0 & \text{otherwise,} \end{cases}$$

ならびに

$$f_2(x_2 \mid x_1) = \begin{cases} \dfrac{1}{1 - x_1} & 0 \leq x_2 \leq 1 - x_1, \\ 0 & \text{otherwise} \end{cases}$$

となる. f_1 と f_2 のどちらに対しても逆関数法を使えるから, 一様乱数 $u_1, u_2 \in [0, 1]$ に対して

$$x_1 = 1 - \sqrt{1 - u_1},$$
$$x_2 = u_2(1 - x_1)$$

と変換すれば, 領域 $\triangle$ 上の一様分布に従う乱数が生成できる.

2.2.3 受理棄却法

ここで説明する**受理棄却法** (acceptance-rejection sampling) は, 逆関数法や変換法と比べて, より汎用的な乱数生成法である. まず簡単のために, X を 1 次元確率密度関数 f に従う確率変数とする. 受理棄却法の適用が望まれるのは, 「確率密度関数 f は各点で計算できるが, 累積分布関数 F やその逆関数 F^{-1} を陽に求めることが難しい」状況である. 受理棄却法を動機付けるのが以下の定理である.

定理 2.15 f と g を 1 次元確率密度関数とし, 任意の $x \in \mathbb{R}$ に対して $f(x) \leq cg(x)$ が成り立つような定数 $c \geq 1$ が存在すると仮定する. また, 2 つの確率変数 $X \sim g$ および $U \sim U(0, 1)$ を互いに独立とする. このとき,

$$U \leq \frac{f(X)}{cg(X)} \tag{2.3}$$

で条件付けられた X の (条件付き) 確率密度関数は f に一致する.

証明 X についての条件付き累積確率は

$$\mathbb{P}\left[X \leq x \mid U \leq \frac{f(X)}{cg(X)}\right] = \frac{\mathbb{P}\left[(X \leq x) \cap \left(U \leq \frac{f(X)}{cg(X)}\right)\right]}{\mathbb{P}\left[U \leq \frac{f(X)}{cg(X)}\right]}$$

となる. 右辺の分母は

$$\mathbb{P}\left[U \leq \frac{f(X)}{cg(X)}\right] = \int_{\mathbb{R}} \mathbb{P}\left[U \leq \frac{f(X)}{cg(X)} \,\middle|\, X = t\right] g(t)dt$$
$$= \int_{\mathbb{R}} \frac{f(t)}{cg(t)} g(t)dt = \frac{1}{c}$$

であり，同様に分子は

$$\mathbb{P}\left[(X \le x) \cap \left(U \le \frac{f(X)}{cg(X)}\right)\right] = \int_{t \le x} \mathbb{P}\left[U \le \frac{f(X)}{cg(X)} \,\bigg|\, X = t\right] g(t)dt$$
$$= \int_{t \le x} \frac{f(t)}{cg(t)} g(t)dt$$
$$= \frac{1}{c} \int_{t \le x} f(t)dt = \frac{F(x)}{c}$$

である．ここで，F は確率密度関数 f に対する累積分布関数である．以上から，

$$\mathbb{P}\left[X \le x \,\bigg|\, U \le \frac{f(X)}{cg(X)}\right] = F(x)$$

となることから，結論を得る． $\square$

定理 2.15 に基づいて，受理棄却法の具体的な手順が導かれる．

アルゴリズム 2.16（受理棄却法） 2 つの確率密度関数 f, g について，任意の点 x で $f(x) \le cg(x)$ が成り立つような定数 $c \ge 1$ が存在するとき，

1. 確率密度関数 g に従う乱数 x と，一様乱数 $u \in [0,1]$ を生成する．
2. $u \le f(x)/(cg(x))$ が成り立つならば x を受理し，そうでなければステップ 1 に戻る．

このアルゴリズムによって確率密度関数 f に従う乱数が生成できる．先述の通り，確率密度関数 f の計算を必要とするが，累積分布関数やその逆関数は一切現れない．ただし，確率密度関数 g は，それに従う乱数が逆関数法や変換法などを用いて生成できるような確率分布である必要がある．ステップ 1 でサンプルの候補を"提案"し，ステップ 2 で受理するか棄却するかを決めることから，g に対応する確率分布のことを**提案分布**（proposal distribution）と呼ぶ．

原理的には，任意の点 x で $f(x) \le cg(x)$ が成り立つような定数 $c \ge 1$ が存在するような分布であれば，どのように提案分布を設定しても動作するが，ステップ 2 における受理確率が小さくならないよう注意が必要である．なお，受理確率は条件 (2.3) が成り立つ確率に等しく，定理 2.15 の証明中に示した通り，$1/c$ である．したがって，c が 1 に近いような，すなわち，"g の概形が f に類似"しているような分布が望ましい．

例 2.17 区間 $[0,1]$ 上の確率密度関数 $f(x) = 4x(\sin(2\pi x))^2$ に従う乱数を生成したい．有界区間であることから，受理棄却法を用いる最も単純な方法として提案分布 g を一様分布 $U[0,1]$ とすることが考えられる．この場合，$c = 3.6$ とすれば $f(x) \le cg(x) = c$ は満たされる．

アルゴリズム 2.16 に従って，確率密度関数 f に従うサンプルを生成する様子を図 2.2 左に示す．実線がターゲット分布である．ステップ 2 では，点 $(x, ucg(x))$ が確率密度関数 f と x 軸とで囲まれる領域に落ちるときのみ受理

2.2 確率分布からの乱数生成 **37**

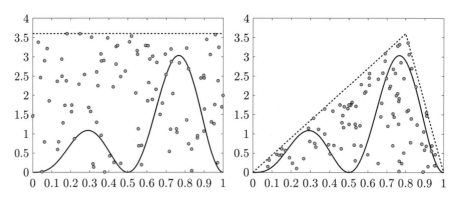

図 2.2 異なる 2 つの提案分布に基づく受理棄却法を用いたサンプリング：一様分布（左）と非対称な三角分布（右）.

され，そうでない場合にはステップ 1 に戻る．このため，点線で関数 cg を示し，100 回ランダムに生成した点 $(x, ucg(x))$ をプロットしている．受理確率は $1/c \approx 0.2778$ であり，多くの点が棄却されることがわかる．

受理確率を上げるために提案分布を非対称な三角分布に変更してみる．具体的な確率密度関数は $g(x) = \min(5x/2, 10(1-x))$ である．逆関数法を用いればこの提案分布に従う乱数生成ができることは各自確認されたい．この場合，$c = 1.8$ とすれば $f(x) \leq cg(x)$ は満たされる．対応する結果を図 2.2 右に示す．受理確率が $1/c \approx 0.5556$ となり，棄却される点の割合が減っていることがわかる．

受理棄却法は多変量確率分布に対しても適用できるが，一般に次元数の増加とともに定数 c が指数的に増大してしまい，受理されるサンプルを 1 つ得るために必要な試行回数が指数的に増加してしまう．したがって，高次元での効率は低いと考えるべきである．

2.3 マルコフ連鎖モンテカルロ法

これまで本章で紹介してきた方法はいずれも，目標分布に従う互いに独立なサンプルを生成できる．しかし，ベイズ統計や計算物理などの分野では，サンプリングしたい分布の確率密度関数 f を各点で計算することさえできないことがしばしばある．典型的には，確率密度関数 f が

$$f(\boldsymbol{x}) = \frac{p(\boldsymbol{x})}{Z}, \quad \boldsymbol{x} \in \mathcal{A} \subset \mathbb{R}^d \tag{2.4}$$

という形で書かれており，p は各点で計算できる一方で，**規格化定数**（normalizing constant）である Z は未知あるいは計算困難という状況がある．これでは受理棄却法ですら素直に応用できない．

本節で扱う**マルコフ連鎖モンテカルロ法**（Markov chain Monte Carlo:

MCMC）では，これまでのような"目標分布に従う互いに独立なサンプルの生成"を諦める．その代わりに，確率変数列 $\boldsymbol{X}_1, \boldsymbol{X}_2, \ldots$ を定常分布が f となるように設計したマルコフ連鎖に従うものと定める（つまり $\boldsymbol{X}_n$ が確率密度関数 f_n に従うとして，$n \to \infty$ の極限において f_n が f に収束するように定める）．ここで，確率変数列 $\boldsymbol{X}_1, \boldsymbol{X}_2, \ldots$ がマルコフ連鎖であるとは，$\boldsymbol{X}_n$ の従う確率分布が（過去の履歴 $\boldsymbol{X}_1, \ldots, \boldsymbol{X}_{n-1}$ すべてではなく）$\boldsymbol{X}_{n-1}$ のみに依存することを指す．すなわち，次式が常に成り立つ．

$$\mathbb{P}[\boldsymbol{X}_n = \boldsymbol{x} \mid \boldsymbol{X}_1 = \boldsymbol{x}_1, \ldots, \boldsymbol{X}_{n-1} = \boldsymbol{x}_{n-1}]$$
$$= \mathbb{P}[\boldsymbol{X}_n = \boldsymbol{x} \mid \boldsymbol{X}_{n-1} = \boldsymbol{x}_{n-1}].$$

収束の測り方として典型的には**全変動距離**（total variation distance）

$$\|f_n - f\|_{\mathrm{TV}} := \frac{1}{2} \int_{\mathcal{A}} |f_n(\boldsymbol{x}) - f(\boldsymbol{x})| d\boldsymbol{x}$$

が 0 に収束するかを見る．ただし，実際の計算においては有限サンプルでマルコフ連鎖を打ち切る必要がある上に，連続する各サンプルは互いに従属性を持つ．このため，MCMC によって生成されたサンプル列 $\boldsymbol{x}_1, \boldsymbol{x}_2, \ldots$ を用いた計算では，ある統計量についての一致推定量を与えることはできても，基本的に不偏推定量とはならない．これは 1.3 節でまとめた統計量の推定に関する理論的結果の多く，特に有限サンプルの場合に成り立つ結果は MCMC の場合には適用できないことを意味する．ただし，本書ではカバーしないが，カップリングという方法を用いて不偏推定量を構成する研究が近年進んでいることに触れておく[34], [55]．また，サンプル列の初期値 $\boldsymbol{x}_1$ の依存性をある程度緩和するために，先頭の n_0 個 $\boldsymbol{x}_1, \ldots, \boldsymbol{x}_{n_0}$ を取り除く**バーンイン**（burn-in）と呼ばれる方法がよく用いられる．

以下では MCMC の理論的背景から詳細に解説するのではなく，マルコフ連鎖を構成する具体的なアルゴリズムの紹介に注力する．興味のある読者は書籍[32], [68], [89], [110]などを参照されたい．

2.3.1　メトロポリス–ヘイスティングス法

MCMC の最も基本的な方法の一つが**メトロポリス–ヘイスティングス法**（Metropolis–Hastings algorithm）である[47], [76]．i 番目のサンプル $\boldsymbol{x}_i$ が所与であるとき，次のサンプルの候補 $\boldsymbol{y}$ を自ら設計した提案分布 $q(\cdot \mid \boldsymbol{x}_i)$ にしたがってランダムに生成する．ここで重要なのは（受理棄却法のときと同様に）提案分布はアルゴリズムの使用者が適切に決めるべきものであるという点である．また，提案分布は現時点のサンプル $\boldsymbol{x}_i$ で条件付けられた条件付き確率分布として定めることが一般的である．ただし，提案分布に従って生成されたサンプルをそのまま受理するのではなく，以下の手順で確率的に受理・棄却を行うのがメトロポリス–ヘイスティングス法の鍵である．

$$
\boldsymbol{x}_{i+1} = \begin{cases} \boldsymbol{y} & \text{if } u \le \alpha(\boldsymbol{x}_i, \boldsymbol{y}) := \min\left\{1, \dfrac{f(\boldsymbol{y})q(\boldsymbol{x}_i \mid \boldsymbol{y})}{f(\boldsymbol{x}_i)q(\boldsymbol{y} \mid \boldsymbol{x}_i)}\right\}, \\ \boldsymbol{x}_i & \text{otherwise.} \end{cases} \tag{2.5}
$$

ここで，$u \in [0,1]$ は一様乱数である．

式 (2.5) からわかる通り，$\alpha(\boldsymbol{x}_i, \boldsymbol{y}) = 1$ の場合，一様乱数 u の値にかかわらず候補 $\boldsymbol{y}$ を必ず受理する．$\alpha(\boldsymbol{x}_i, \boldsymbol{y}) < 1$ の場合は，その値の確率で $\boldsymbol{y}$ を受理し，棄却された場合には現在のサンプル $\boldsymbol{x}_i$ をそのまま $\boldsymbol{x}_{i+1}$ として選択する．初期サンプル $\boldsymbol{x}_1$ を適当に与えた後は，この規則に従ってサンプル列 $\boldsymbol{x}_1, \boldsymbol{x}_2, \boldsymbol{x}_3, \dots$ が生成される．本節の導入部分で触れた典型的状況 (2.4) では

$$
\frac{f(\boldsymbol{y})q(\boldsymbol{x}_i \mid \boldsymbol{y})}{f(\boldsymbol{x}_i)q(\boldsymbol{y} \mid \boldsymbol{x}_i)} = \frac{p(\boldsymbol{y})q(\boldsymbol{x}_i \mid \boldsymbol{y})}{p(\boldsymbol{x}_i)q(\boldsymbol{y} \mid \boldsymbol{x}_i)}
$$

と変形できるため，規格化定数 Z を知らなくても受理確率 $\alpha(\boldsymbol{x}_i, \boldsymbol{y})$ を計算できる．受理・棄却のステップにおいては"比"のみが本質的に必要な情報であることに由来する性質である．

なぜ f_n が目標分布 f に収束するのかを概説する．現時点のサンプルを $\boldsymbol{x}$ として，次のサンプル $\boldsymbol{y}$ が従う確率分布の密度関数を $\kappa(\cdot \mid \boldsymbol{x})$ と書くと，

$$
\kappa(\boldsymbol{y} \mid \boldsymbol{x}) = q(\boldsymbol{y} \mid \boldsymbol{x})\alpha(\boldsymbol{x}, \boldsymbol{y}) + \delta_{\boldsymbol{x}}(\boldsymbol{y}) \int_{\mathcal{A}} (1 - \alpha(\boldsymbol{x}, \boldsymbol{z}))\, q(\boldsymbol{z} \mid \boldsymbol{x}) d\boldsymbol{z}
$$

と与えられる．ただし，$\delta_{\boldsymbol{x}}(\cdot)$ はディラックのデルタ関数である．提案分布で $\boldsymbol{y}$ が生成され，確率 $\alpha(\boldsymbol{x}, \boldsymbol{y})$ で受理される過程が第一項で表されており，$\boldsymbol{y} = \boldsymbol{x}$ となる場合には提案分布で $\boldsymbol{z}$ が生成された後に棄却されて $\boldsymbol{x}(=\boldsymbol{y})$ に"戻る"状況を反映する必要があり，これが第二項で表されている．

この密度関数 κ は**詳細釣り合い**（detailed balance）と呼ばれる性質を満たす．

$$
f(\boldsymbol{x})\kappa(\boldsymbol{y} \mid \boldsymbol{x}) = f(\boldsymbol{y})\kappa(\boldsymbol{x} \mid \boldsymbol{y}).
$$

この等式が成り立つことを確認するには，

$$
\begin{aligned}
f(\boldsymbol{x})q(\boldsymbol{y} \mid \boldsymbol{x})\alpha(\boldsymbol{x}, \boldsymbol{y}) &= \min\left\{f(\boldsymbol{x})q(\boldsymbol{y} \mid \boldsymbol{x}), f(\boldsymbol{y})q(\boldsymbol{x} \mid \boldsymbol{y})\right\} \\
&= f(\boldsymbol{y})q(\boldsymbol{x} \mid \boldsymbol{y})\alpha(\boldsymbol{y}, \boldsymbol{x}),
\end{aligned}
$$

および

$$
\begin{aligned}
&f(\boldsymbol{x})\delta_{\boldsymbol{x}}(\boldsymbol{y}) \int_{\mathcal{A}} (1 - \alpha(\boldsymbol{x}, \boldsymbol{z}))\, q(\boldsymbol{z} \mid \boldsymbol{x}) d\boldsymbol{z} \\
&= f(\boldsymbol{y})\delta_{\boldsymbol{y}}(\boldsymbol{x}) \int_{\mathcal{A}} (1 - \alpha(\boldsymbol{y}, \boldsymbol{z}))\, q(\boldsymbol{z} \mid \boldsymbol{y}) d\boldsymbol{z}
\end{aligned}
$$

の 2 式を見ればわかる（それぞれ κ の第一項と第二項に対応している）．詳細釣り合いを満たすことによって，メトロポリス–ヘイスティングス法が定めるマルコフ連鎖は目標分布 f を定常分布に持つことがわかる．また，定常分布の一意性を保証するには，任意の点 $\boldsymbol{x}, \boldsymbol{y} \in \mathcal{A}$ において $f(\boldsymbol{x}) > 0$ かつ $q(\boldsymbol{y} \mid \boldsymbol{x}) > 0$

であればよい.

メトロポリス–ヘイスティングス法を適切に使うためには，提案分布をどのように設計すればよいかが問題となる．現時点のサンプル点の周りだけに集中している分布だと，なかなか領域 $\mathcal{A}$ 全体からのサンプリングができない一方，あまりに裾の重い分布を用いると，棄却率が上昇してしまい同じところに停滞してしまう．以下に提案分布の設計に対するいくつかの方法を列挙するが，それぞれの方法の中でも適切なパラメータ設定が必要になる可能性があることに注意されたい.

2.3.1.1 独立サンプラー

最も単純な方法として，$q(\boldsymbol{y} \mid \boldsymbol{x})$ が $\boldsymbol{x}$ に依存しない提案分布を用いる方法がある．これを特に**独立サンプラー**（independent sampler）と呼ぶ．この場合，現時点でのサンプル点 $\boldsymbol{x}$ によらずランダムに候補が生成されるため，前節で示した受理棄却法と似た方法になる．しかし，提案分布を $g(\boldsymbol{y})$ と書くと，受理確率は

$$\alpha(\boldsymbol{x}, \boldsymbol{y}) = \min \left\{ 1, \frac{f(\boldsymbol{y})g(\boldsymbol{x})}{f(\boldsymbol{x})g(\boldsymbol{y})} \right\}$$

となって $\boldsymbol{x}$ にも $\boldsymbol{y}$ にも依存するため，両者が一致するわけではない.

もし任意の点 $\boldsymbol{x} \in \mathcal{A}$ で $f(\boldsymbol{x}) \leq cg(\boldsymbol{x})$ が成り立つような定数 $c \geq 1$ が存在するならば，$\mathcal{S} = \{(\boldsymbol{x}, \boldsymbol{y}) \in \mathcal{A} \times \mathcal{A} \mid \alpha(\boldsymbol{x}, \boldsymbol{y}) \geq 1\}$ として，独立サンプラーに対する受理確率の期待値は

$$\int_{\mathcal{A} \times \mathcal{A}} \alpha(\boldsymbol{x}, \boldsymbol{y}) f(\boldsymbol{x}) g(\boldsymbol{y}) d\boldsymbol{x} d\boldsymbol{y}$$
$$= \int_{\mathcal{S}} f(\boldsymbol{x}) g(\boldsymbol{y}) d\boldsymbol{x} d\boldsymbol{y} + \int_{(\mathcal{A} \times \mathcal{A}) \setminus \mathcal{S}} f(\boldsymbol{y}) g(\boldsymbol{x}) d\boldsymbol{x} d\boldsymbol{y}$$
$$\geq \frac{1}{c} \int_{\mathcal{S}} f(\boldsymbol{x}) f(\boldsymbol{y}) d\boldsymbol{x} d\boldsymbol{y} + \frac{1}{c} \int_{(\mathcal{A} \times \mathcal{A}) \setminus \mathcal{S}} f(\boldsymbol{y}) f(\boldsymbol{x}) d\boldsymbol{x} d\boldsymbol{y}$$
$$= \frac{1}{c} \int_{\mathcal{A} \times \mathcal{A}} f(\boldsymbol{x}) f(\boldsymbol{y}) d\boldsymbol{x} d\boldsymbol{y} = \frac{1}{c}$$

となり，同じ分布 g を提案分布として用いる受理棄却法の受理確率 $1/c$ 以上であることが示せる．c を小さくするには "g の概形が f に類似" している必要があったように，ここでも g が f に近いほど受理確率を大きくできる.

2.3.1.2 ランダムウォークサンプラー

次に，提案分布が $\boldsymbol{x}$ と $\boldsymbol{y}$ について対称なもの，すなわち $q(\boldsymbol{y} \mid \boldsymbol{x}) = q(\boldsymbol{x} \mid \boldsymbol{y})$ を満たすものを使うことがあり，これを特に**ランダムウォークサンプラー**（random walk sampler）と呼ぶ．この対称性のために受理確率が

$$\alpha(\boldsymbol{x}, \boldsymbol{y}) = \min \left\{ 1, \frac{f(\boldsymbol{y})}{f(\boldsymbol{x})} \right\}$$

2.3 マルコフ連鎖モンテカルロ法 **41**

となる．典型的には点 $\boldsymbol{x}$ を平均ベクトルとする多変量正規分布を提案分布とすることが考えられる．等方的正規分布を例にすると

$$q(\boldsymbol{y} \mid \boldsymbol{x}) = \frac{1}{(2\pi\sigma^2)^{d/2}} \exp\left(-\frac{\|\boldsymbol{y} - \boldsymbol{x}\|_2^2}{2\sigma^2}\right) \tag{2.6}$$

が提案分布となる．ここで，$\|\cdot\|_2$ は ℓ_2 ノルムを表す．この提案分布が $\boldsymbol{x}$ と $\boldsymbol{y}$ について対称なことは自明である．

分散 σ^2 を小さくすると，分布 (2.6) に従う確率変数 $\boldsymbol{y}$ に対して $f(\boldsymbol{y}) \approx f(\boldsymbol{x})$ となるため，受理確率は高くなると考えられる．しかし，$\boldsymbol{y} \approx \boldsymbol{x}$ でもあるため，なかなか領域 $\mathcal{A}$ 全体を動き回らないことになる．一方で，分散 σ^2 を大きくすると，大域的に候補が生成されるようになるが，受理確率が低下することによって候補が棄却され続けて，結果的に同じところに停滞してしまう可能性がある．したがって，ほど良い σ^2 の値を設定する必要がある．文献 [90] では，領域の次元 d の大きさに応じた適切なスケーリング $\sigma^2 = \ell/d$ に対して，いくつかの仮定の下で（ある尺度に対する）ℓ の最適値を求めており，対応する（次元によらない）平均受理確率 0.234 をランダムウォークサンプラーに対する一般的な基準の一つとして提示している．

2.3.1.3 メトロポリス補正ランジュバン法

先ほどの提案分布 (2.6) からのサンプリングは，ドリフト項のない確率微分方程式

$$d\boldsymbol{X} = \sigma d\boldsymbol{W}$$

を $\boldsymbol{X} = \boldsymbol{x}$ という状態から時間方向に単位時間だけシミュレートすることと等価である．ここで，$\boldsymbol{W}$ は d 次元標準ウィーナー過程を表す．この確率微分方程式にドリフト項を加えた**ランジュバン拡散**（Langevin diffusion）

$$\mathrm{d}\boldsymbol{X} = \frac{\sigma^2}{2}\nabla\log f(\boldsymbol{X})dt + \sigma d\boldsymbol{W}$$

で置き換えたものが**メトロポリス補正ランジュバン法**（Metropolis-adjusted Langevin algorithm: MALA）である．ランダムウォークサンプラーには提案分布の中に目標分布 f の情報は一切含まれないため，例えば分布 (2.6) の場合には点 $\boldsymbol{x}$ を中心とする d 次元球のあらゆる方向が等価に探索される．一方で，MALA はドリフト項として f の（対数の）勾配が入るため，f の値がより大きくなる方向に候補が生成されやすくなる．なお，典型的状況 (2.4) において $\nabla\log f(\boldsymbol{X}) = \nabla\log p(\boldsymbol{X})$ であり，f の規格化定数 Z は未知でよい．

ランジュバン拡散のシミュレートには通常オイラー–丸山近似が用いられ，

$$\boldsymbol{y} = \boldsymbol{x} + \frac{\sigma^2}{2}\nabla\log f(\boldsymbol{x}) + \sigma\boldsymbol{z}, \quad \boldsymbol{z} \sim N(\boldsymbol{0}, I_d)$$

によって候補 $\boldsymbol{y}$ を求める．当然，提案分布の対称性は崩れるため，受理確率は

元の定義通り計算する必要がある．念のため

$$\frac{q(\boldsymbol{x} \mid \boldsymbol{y})}{q(\boldsymbol{y} \mid \boldsymbol{x})} = \exp\left(\frac{\|\boldsymbol{y} - \boldsymbol{x} - \frac{\sigma^2}{2}\nabla\log f(\boldsymbol{x})\|_2^2 - \|\boldsymbol{x} - \boldsymbol{y} - \frac{\sigma^2}{2}\nabla\log f(\boldsymbol{y})\|_2^2}{2\sigma^2}\right)$$

である．文献 [91] では，MALA に対する適切なスケーリング $\sigma^2 = \ell/d^{1/3}$ に対して，文献 [90] と同様に ℓ の最適値を求めており，対応する平均受理確率 0.574 を MALA に対する一般的な基準の一つとして提示している．

2.3.1.4　ハミルトニアンモンテカルロ法

提案分布構成法の最後の例として，ハミルトニアンモンテカルロ法（Hamiltonian Monte Carlo: HMC）を紹介する．原著[23]に倣ってハイブリッドモンテカルロ法（hybrid Monte Carlo）と呼ばれることもある．MALA はランジュバン拡散をもとに提案分布を構成したが，HMC はハミルトニアン方程式をもとに構成する．そのために，"位置" $\boldsymbol{x} \in \mathbb{R}^d$ に加えて "運動量" を表すベクトル $\boldsymbol{p} \in \mathbb{R}^d$ を同時に時間発展させる．

まず，ハミルトニアン H とは，Σ を大きさ $d \times d$ の対称な正定値行列として

$$H(\boldsymbol{x}, \boldsymbol{p}) = -\log f(\boldsymbol{x}) + \frac{1}{2}\boldsymbol{p}^\top \Sigma^{-1} \boldsymbol{p}$$

と表される量であり，ハミルトン方程式とは連立常微分方程式

$$\frac{d\boldsymbol{x}}{dt} = \Sigma^{-1}\boldsymbol{p}, \quad \frac{d\boldsymbol{p}}{dt} = \nabla\log f(\boldsymbol{x})$$

で与えられる．時刻 $t = 0$ における初期条件 $(\boldsymbol{x}_0, \boldsymbol{p}_0)$ の下での方程式の解を

$$(\boldsymbol{x}_t, \boldsymbol{p}_t) = \Phi_t(\boldsymbol{x}_0, \boldsymbol{p}_0)$$

と書く．いくつかの重要な性質を以下に示す．

- エネルギー保存則：任意の時刻 $t > 0$ と初期条件 $(\boldsymbol{x}_0, \boldsymbol{p}_0)$ に対して $(H \circ \Phi_t)(\boldsymbol{x}_0, \boldsymbol{p}_0) = H(\boldsymbol{x}_0, \boldsymbol{p}_0)$ が成り立つ．
- 体積保存性：Φ_t のヤコビ行列の行列式が常に 1 である．
- 時間可逆性：$\mathcal{S}$ を $\mathcal{S}(\boldsymbol{x}, \boldsymbol{p}) = (\boldsymbol{x}, -\boldsymbol{p})$ を満たす作用素とすると，$(H \circ \mathcal{S})(\boldsymbol{x}, \boldsymbol{p}) = H(\boldsymbol{x}, \boldsymbol{p})$ および $(S \circ (\Phi_t)^{-1} \circ S)(\boldsymbol{x}, \boldsymbol{p}) = \Phi_t(\boldsymbol{x}, \boldsymbol{p})$ が成り立つ．

ここで，本来の目的が目標分布 f に従うサンプルの生成であったことを思い出そう．$\boldsymbol{x}$ と $\boldsymbol{p}$ についての同時分布

$$\pi(\boldsymbol{x}, \boldsymbol{p}) \propto \exp\left(-H(\boldsymbol{x}, \boldsymbol{p})\right)$$

を考えると，この分布の $\boldsymbol{x}$ についての周辺分布は f であること，$\boldsymbol{p}$ についての周辺分布は多変量正規分布 $N(\boldsymbol{0}, \Sigma)$ であることは容易にわかる．したがって，同時分布 $\pi(\boldsymbol{x}, \boldsymbol{p})$ に従うサンプル列 $(\boldsymbol{x}_1, \boldsymbol{p}_1), (\boldsymbol{x}_2, \boldsymbol{p}_2), \ldots$ を生成し，$\boldsymbol{x}_1, \boldsymbol{x}_2, \ldots$

2.3　マルコフ連鎖モンテカルロ法　**43**

を取り出せばよいということになる.

1 回あたりの更新は以下の手順に従う. 現時点のサンプル点 $\boldsymbol{x}_i$ に対して, $N(\boldsymbol{0}, \Sigma)$ に従うサンプル $\boldsymbol{p}_i$ を生成することによって, ペア $(\boldsymbol{x}_i, \boldsymbol{p}_i)$ を得る. 次の候補 $(\boldsymbol{y}, \boldsymbol{q})$ をハミルトン方程式に従って決める. すなわち, 適当な時間幅 $T > 0$ に対して

$$(\boldsymbol{y}, \boldsymbol{q}) = \Phi_T(\boldsymbol{x}_i, \boldsymbol{p}_i) \tag{2.7}$$

とする. この候補を受理するか, 棄却するかをメトロポリス–ヘイスティングス法の更新式 (2.5) に倣って決めるならば, 次のサンプル点 $\boldsymbol{x}_{i+1}$ は形式的には

$$\boldsymbol{x}_{i+1} = \begin{cases} \boldsymbol{y} & \text{if } u \le \min\left\{1, \dfrac{\pi(\boldsymbol{y}, \boldsymbol{q})q((\boldsymbol{x}_i, \boldsymbol{p}_i) \mid (\boldsymbol{y}, \boldsymbol{q}))}{\pi(\boldsymbol{x}_i, \boldsymbol{p}_i)q((\boldsymbol{y}, \boldsymbol{q}) \mid (\boldsymbol{x}_i, \boldsymbol{p}_i))}\right\}, \\ \boldsymbol{x}_i & \text{otherwise.} \end{cases}$$

と定められる. ただし, 任意の $t > 0$ に対して Φ_t は決定的な写像であり (すなわち, 点 $(\boldsymbol{x}_i, \boldsymbol{p}_i)$ から $(\boldsymbol{y}, \boldsymbol{q})$ への遷移は決定的であり), その体積保存性および時間可逆性によって, 受理確率は

$$\alpha((\boldsymbol{x}_i, \boldsymbol{p}_i), (\boldsymbol{y}, \boldsymbol{q})) = \min\left\{1, \frac{\pi(\boldsymbol{y}, \boldsymbol{q})}{\pi(\boldsymbol{x}_i, \boldsymbol{p}_i)}\right\}$$
$$= \min\left\{1, \exp\left(-H(\boldsymbol{y}, \boldsymbol{q}) + H(\boldsymbol{x}_i, \boldsymbol{q}_i)\right)\right\} \tag{2.8}$$

となる. さらに, エネルギー保存則によって $H(\boldsymbol{y}, \boldsymbol{q}) = H(\boldsymbol{x}_i, \boldsymbol{q}_i)$ が成り立つから, この受理確率は必ず 1 になり受理・棄却のステップは不要になる.

このような議論が可能なのは, 候補を求めるステップ (2.7) が正確にできることを前提としているからである. 現実的な分布 f に対してはハミルトン方程式を解析的に解くことはできず, 数値解法を用いて近似的に解く必要があるために, 写像 Φ_t の持つ重要な性質が必ずしも成り立たなくなる. このため, HMC を実際に使用する場合には受理・棄却のステップが必要である.

ハミルトン方程式を数値的に解く方法として有名なのが, リープフロッグ積分 (leapfrog integration) である. リープフロッグ積分の重要な性質として, 体積保存性と時間可逆性が成り立つ点が挙げられる. ただし, エネルギー保存則は必ずしも成り立たないため, 受理確率が 1 になる保証はなく, 式 (2.8) によって計算される値をメトロポリス–ヘイスティングス法の受理・棄却ステップに用いることになる. リープフロッグ積分を用いて式 (2.5) を近似するために, ステップサイズ $h > 0$ を $m := T/h$ が整数となるように取ると, $\boldsymbol{y}_1 = \boldsymbol{x}_i, \boldsymbol{q}_1 = \boldsymbol{p}_i$ と初期化したのちに, $1 \le j \le m$ の範囲で以下を繰り返す.

$$\boldsymbol{q}_{j+1/2} = \boldsymbol{q}_j + \frac{h}{2}\nabla \log f(\boldsymbol{y}_j),$$
$$\boldsymbol{y}_{j+1} = \boldsymbol{y}_j + h\Sigma^{-1}\boldsymbol{q}_{j+1/2},$$
$$\boldsymbol{q}_{j+1} = \boldsymbol{q}_{j+1/2} + \frac{h}{2}\nabla \log f(\boldsymbol{y}_{j+1}).$$

この最終的な出力 $(\boldsymbol{y}_m, \boldsymbol{q}_m)$ を候補 $(\boldsymbol{y}, \boldsymbol{q})$ として受理・棄却ステップを実行することより $\boldsymbol{x}_{i+1}$ を得る．MALA と同様に，f の（対数の）勾配を計算する必要があるが，規格化定数 Z は未知でよい．

文献 [6] において，いくつかの仮定の下で，領域の次元が大きい場合のスケーリングとして $h = \ell/d^{1/4}$ が適切であること，最適な平均受理確率が 0.651 となることを理論的に示している．これはランダムウォークサンプラーや MALA に対する最適な値よりも大きい．ℓ を小さくし過ぎるとリープフロッグ積分に必要な繰り返し数（計算コスト）が大きくなる一方で，ℓ を大きくし過ぎるとリープフロッグ積分の誤差が大きくなり棄却される確率が高くなってしまうことから，これらの影響をバランスするようなほど良い ℓ を設定するのに有用な指針として受理確率 0.651 が使える．

注 2.18 HMC を使うためには，ステップサイズ h だけでなく，更新 1 回あたりのリープフロッグ積分のステップ数 m（あるいは時間幅 T）および行列 Σ を設定する必要がある．HMC を拡張したノー **U** ターンサンプラー（no-U-turn sampler: NUTS）は，Σ を単位行列に制限した上で，m を設定する必要のない方法である[53]．また，目標とする平均受理確率 $\delta \in (0,1)$ を設定した上で，実際の受理確率が δ に近づいていくようにステップサイズ h を動的に調整するため，使用が容易な設計になっている．なお，HMC や NUTS は確率的プログラミングライブラリとして有名な Stan[10] や PyMC[1] に実装されている．

2.3.2 ギブスサンプリング

MCMC の中でメトロポリス–ヘイスティングス法と並んでよく用いられる方法が**ギブスサンプリング**（Gibbs sampling）である[28]．メトロポリス–ヘイスティングス法では受理・棄却のステップを実行することによって詳細釣り合いを満たし，漸近的に目標分布 f に従うようなサンプル列を構成した．ギブスサンプリングではマルコフ連鎖の構成に必要な条件が制約的になる代わりに，棄却のないサンプリングが可能である．ギブスサンプリングはベイズ推定を実行するためのツールとしてよく用いられており，BUGS（Bayesian inference using Gibbs sampling）というソフトウェア[69]は有名である．

以下では，確率変数 $\boldsymbol{X} \in \mathbb{R}^d$ のうち，添え字集合 $u \subset \{1,\ldots,d\}$ に対応する変数の集合を $\boldsymbol{X}_u = (X_j)_{j\in u}$，$\boldsymbol{X}_u$ を除く変数の集合を $\boldsymbol{X}_{-u}$ と書き，適当な並べ替えの下で $(\boldsymbol{X}_u, \boldsymbol{X}_{-u})$ を $\boldsymbol{X}$ と同一視する．u の要素数が 1 のとき，$\boldsymbol{X}_{-\{j\}}$ の代わりに単に $\boldsymbol{X}_{-j}$ と書き，それぞれの $j = 1,\ldots,d$ に対して，$\boldsymbol{X}_{-j} = \boldsymbol{x}_{-j}$ が与えられたときの X_j の条件付き確率密度関数を

$$f_j(x_j \mid \boldsymbol{x}_{-j}) = \frac{f(x_j, \boldsymbol{x}_{-j})}{\int_{\mathbb{R}} f(x'_j, \boldsymbol{x}_{-j})dx'_j}$$

とする．ギブスサンプリングの最も重要な仮定として，これら条件付き分布

$f_1, \ldots, f_d$ からの単変量のランダムサンプリングが可能であるとする．

ギブスサンプリングの具体的な方法の中で最も単純なのが，はじめに示す**系統的走査ギブスサンプラー**（systematic scan Gibbs sampler）と呼ばれる方法である．初期サンプル $\boldsymbol{x}^{(1)} \in \mathbb{R}^d$ を所与として，以下のようにサンプル列 $\boldsymbol{x}^{(1)}, \boldsymbol{x}^{(2)}, \ldots$ を構成する（添え字のわかりやすさのために，サンプル列の番号を上付き括弧で示している）：$i = 1, 2, \ldots$ に対して，

1. $f_1(\cdot \mid \boldsymbol{x}_{-1}^{(i)})$ に従うサンプル $x_1^{(i+1)}$ を生成する．
2. $f_2(\cdot \mid (x_1^{(i+1)}, \boldsymbol{x}_{-\{1,2\}}^{(i)}))$ に従うサンプル $x_2^{(i+1)}$ を生成する．
3. $f_3(\cdot \mid (\boldsymbol{x}_{\{1,2\}}^{(i+1)}, \boldsymbol{x}_{-\{1,2,3\}}^{(i)}))$ に従うサンプル $x_3^{(i+1)}$ を生成する．

   $\vdots$

d. $f_d(\cdot \mid \boldsymbol{x}_{-d}^{(i+1)})$ に従うサンプル $x_d^{(i+1)}$ を生成する．

明らかなように $\boldsymbol{x}^{(i)}$ の各成分を順番に更新していき $\boldsymbol{x}^{(i+1)}$ を得る，という手続きになっている．いま $\boldsymbol{X}$ を目標分布 f に従う確率変数とし，$\boldsymbol{X}$ に系統的走査ギブスサンプラーを 1 回適用することによって定まる次の確率変数を $\boldsymbol{Y}$ とすると，以下の議論より $\boldsymbol{Y}$ も目標分布 f に従うことがわかる．

遷移についての確率密度関数は

$$\kappa(\boldsymbol{y} \mid \boldsymbol{x}) = f_1(y_1 \mid \boldsymbol{x}_{-1}) f_2(y_2 \mid (y_1, \boldsymbol{x}_{-\{1,2\}})) \cdots f_d(y_d \mid \boldsymbol{y}_{-d})$$

であり，可測集合 $\mathcal{D} \subset \mathbb{R}^d$ に対して

$$\mathbb{P}[\boldsymbol{Y} \in \mathcal{D}] = \int_{\mathbb{R}^{2d}} \mathbf{1}_{\boldsymbol{y} \in \mathcal{D}}\, \kappa(\boldsymbol{y} \mid \boldsymbol{x})\, f(\boldsymbol{x}) d\boldsymbol{x} d\boldsymbol{y} \tag{2.9}$$

が成り立つ．ここで，式 (2.9) の被積分関数のうち変数 x_1 を含む因子は $f(\boldsymbol{x})$ だけであり，積分消去することによって，

$$\begin{aligned}
\mathbb{P}[\boldsymbol{Y} \in \mathcal{D}] &= \int_{\mathbb{R}^{2d-1}} \mathbf{1}_{\boldsymbol{y} \in \mathcal{D}}\, \kappa(\boldsymbol{y} \mid \boldsymbol{x}) \left(\int_{\mathbb{R}} f(x_1, \boldsymbol{x}_{-1})\, dx_1 \right) d\boldsymbol{x}_{-1} d\boldsymbol{y} \\
&= \int_{\mathbb{R}^{2d-1}} \mathbf{1}_{\boldsymbol{y} \in \mathcal{D}}\, f_2(y_2 \mid (y_1, \boldsymbol{x}_{-\{1,2\}})) \cdots f_d(y_d \mid \boldsymbol{y}_{-d}) \\
&\quad \times f(y_1, \boldsymbol{x}_{-1}) d\boldsymbol{x}_{-1} d\boldsymbol{y}
\end{aligned}$$

となる．同様の変形を $x_2, \ldots, x_d$ に対して順に行えば，

$$\mathbb{P}[\boldsymbol{Y} \in \mathcal{D}] = \int_{\mathbb{R}^d} \mathbf{1}_{\boldsymbol{y} \in \mathcal{D}} f(\boldsymbol{y}) d\boldsymbol{y} = \int_{\mathcal{D}} f(\boldsymbol{y}) d\boldsymbol{y}$$

を得ることから，$\boldsymbol{Y}$ は目標分布 f に従うことが確認できる．

したがって，初期サンプル $\boldsymbol{x}^{(1)}$ が目標分布 f に従って生成されるならば，以後のサンプルは（互いに従属であるが）すべて f に従う．しかし，そもそも目標分布 f に従うサンプルの生成ができないから MCMC を使うのであるから，そのような前提に立つことはできない．詳細には立ち入らないが，漸近的に目標分布 f に従うことを保証するためには，ギブスサンプリングによるマ

ルコフ連鎖がエルゴード的であればよく，そのためには，任意の $\boldsymbol{x}$ に対して $f_j(x_j \mid \boldsymbol{x}_{-j}) > 0$ となるような $j \in \{1, \ldots, d\}$ が存在すればよい．

注 2.19 系統的走査ギブスサンプラーによるマルコフ連鎖は可逆ではない．ここで可逆なマルコフ連鎖 $(\boldsymbol{X}_i)_i$ とは，$\boldsymbol{X}_{i-1} = \boldsymbol{x}$ で条件付けられた $\boldsymbol{X}_i$ の分布と $\boldsymbol{X}_{i+1} = \boldsymbol{x}$ で条件付けられた $\boldsymbol{X}_i$ の分布が同じであることを指す．サンプル点 $\boldsymbol{x}$ の成分について，$1 \to 2 \to \cdots \to d$ の順で走査したのちに，$d \to \cdots \to 2 \to 1$ の順で走査した結果を次のサンプルとすることによって可逆になり，この方法を**可逆ギブスサンプラー**（reversible Gibbs sampler）と呼ぶ．

ただし，例えば $d = 2$ として，系統的走査ギブスサンプラーによるマルコフ連鎖 $(X_{1,i}, X_{2,i})_i$ を考えると，各座標への射影 $(X_{1,i})_i, (X_{2,i})_i$ はそれぞれ可逆なマルコフ連鎖である[89, Lemma 9.11]．あくまで組 $(X_{1,i}, X_{2,i})$ に対する不可逆性であることに注意する．

注 2.20 系統的走査ギブスサンプラーのように常に同じ順番 $1 \to 2 \to \cdots \to d$ で走査する必要はない．例えば $\{1, \ldots, d\}$ のランダムな置換 σ について，$\sigma(1) \to \sigma(2) \to \cdots \to \sigma(d)$ の順に走査してもよい．あるいは，$\alpha_1 + \cdots + \alpha_d = 1$ を満たす $\alpha_1, \ldots, \alpha_d > 0$ に対して，確率 α_j で j 番目の成分のみを更新してもよい．ここで，$\alpha_1 = \cdots = \alpha_d = 1/d$ である必要はない．いずれにせよ，走査をランダムに行う方法を**ランダム走査ギブスサンプラー**（random scan Gibbs sampler）と呼ぶ．

注 2.21 条件付き分布からのサンプリングができる限り，$X_1, \ldots, X_d$ それぞれが単変量である必要はない．例えば，$u_1 \cup \cdots \cup u_k = \{1, \ldots, d\}$ となるような分割 $u_1, \ldots, u_k$ に対して，対応する条件付き確率密度関数

$$f_j(\boldsymbol{x}_{u_j} \mid \boldsymbol{x}_{-u_j}) = \frac{f(\boldsymbol{x}_{u_j}, \boldsymbol{x}_{-u_j})}{\int_{\mathbb{R}^{|u_j|}} f(\boldsymbol{x}'_{u_j}, \boldsymbol{x}_{-u_j}) d\boldsymbol{x}'_{u_j}}$$

からのサンプリングができるなら，系統的走査ギブスサンプラーは適用できる．単変量の場合との明確な区別が必要な場合に，特に**ブロック型ギブスサンプラー**（blocked Gibbs sampler）と呼ぶ．

注 2.22 ある添え字集合 $u \subsetneq \{1, \ldots, d\}$ について，確率密度関数 f から $\boldsymbol{X}_{-u}$ を周辺化除去できる場合，すなわち

$$f_u(\boldsymbol{x}_u) = \int_{\mathbb{R}^{d-|u|}} f(\boldsymbol{x}_u, \boldsymbol{x}_{-u}) d\boldsymbol{x}_{-u}$$

が求まるとき，目標分布が f_u となるような確率変数 $\boldsymbol{X}_u$ のみに対するサンプル列 $\boldsymbol{x}_u^{(1)}, \boldsymbol{x}_u^{(2)}, \ldots$ をギブスサンプリングによって生成する方法を，特に**崩壊型ギブスサンプラー**（collapsed Gibbs sampler）と呼ぶ．

2.3 マルコフ連鎖モンテカルロ法　**47**

2.3.3 スライスサンプリング

メトロポリス–ヘイスティングス法とギブスサンプリングが MCMC の具体的な方法としてよく知られているが，この他にもマルコフ連鎖を構成する方法はある．その 1 例として**スライスサンプリング**（slice sampling）[77]を紹介して本章を終える．その他の方法については [59, 6 章] などを参照されたい．

2.2.3 節で説明した受理棄却法の背後にある考え方として，ある $\mathbb{R}^d$ 上の目標分布 f に従うサンプルを生成することと，領域

$$\{(\boldsymbol{x}, u) \mid 0 \leq u \leq f(\boldsymbol{x})\} \subset \mathbb{R}^{d+1}$$

上の一様分布に従うサンプルを生成することが等価である，ということがある．これは**シミュレーションの基本定理**（fundamental theorem of simulation）と呼ばれる．このように拡大（augmented）した確率変数 $(\boldsymbol{X}, U)$ に対して，ギブスサンプリングを適用することで確率変数 $\boldsymbol{X}$ に対するサンプル列 $\boldsymbol{x}^{(1)}, \boldsymbol{x}^{(2)}, \ldots$ を生成するのがスライスサンプリングである．

具体的な手順は以下の通りである．初期サンプル $\boldsymbol{x}^{(1)} \in \mathbb{R}^d$ を所与として，$i = 1, 2, \ldots$ に対して

1. 一様分布 $U[0, f(\boldsymbol{x}^{(i)})]$ に従うサンプル $u^{(i+1)}$ を生成する．
2. 一様分布 $U(\mathcal{D}^{(i+1)})$ に従うサンプル $\boldsymbol{x}^{(i+1)}$ を生成する．ただし，

$$\mathcal{D}^{(i+1)} = \left\{ \boldsymbol{x} \in \mathbb{R}^d \mid f(\boldsymbol{x}) \geq u^{(i+1)} \right\}.$$

ステップ 1 は簡単だが，領域 $\mathcal{D}^{(i+1)}$ が明示的に与えられない場合，ステップ 2 の計算は難しく適用は困難である．反対に，領域 $\mathcal{D}^{(i+1)}$ からの一様なサンプリングが可能なら非常に有効である．例として，1 次元の確率密度関数 $f(x) = e^{-\sqrt{x}}/2 \ (x > 0)$ を考える．条件 $f(x) \geq u$ は $0 < x \leq (\log(2u))^2$ と等価であり，区間 $(0, (\log(2u))^2]$ 上の一様分布からサンプリングすればよい．

また，もし目標分布が k 個の正値関数 $f_1, \ldots, f_k$（これらは必ずしも確率密度関数でなくてもよい）の積

$$f(\boldsymbol{x}) \propto \prod_{j=1}^{k} f_j(\boldsymbol{x})$$

で表現できる場合，それぞれに対して補助変数 U_j を割り当てることによって，次のようにアルゴリズムを修正できる．

1. 各 $j = 1, \ldots, k$ に対して，一様分布 $U[0, f_j(\boldsymbol{x}^{(i)})]$ に従うサンプル $u_j^{(i+1)}$ を生成する．
2. 一様分布 $U(\mathcal{D}^{(i+1)})$ に従うサンプル $\boldsymbol{x}^{(i+1)}$ を生成する．ただし，

$$\mathcal{D}^{(i+1)} = \bigcap_{j=1}^{k} \left\{ \boldsymbol{x} \in \mathbb{R}^d \mid f_j(\boldsymbol{x}) \geq u_j^{(i+1)} \right\}.$$

いくつかの例が [89, 8 章] に掲載されているので，参照されたい．

第 3 章

分散減少法

素朴なモンテカルロ法によって確率変数 Y の期待値 $\mathbb{E}[Y]$ を推定する場合，定理 1.3 から，推定量が不偏性を持つだけでなく，その分散が $\mathbb{V}[Y]/n$ で減衰することが保証される．したがって，$\varepsilon > 0$ を精度あるいは許容誤差として，$\mathbb{V}[Y]/n \leq \varepsilon^2$ を満たすのに必要なサンプル数 n は $\varepsilon^{-2}\mathbb{V}[Y]$ 以上であることがわかる．これをできる限り少なくし，モンテカルロ法の計算効率改善を図るのが**分散減少法**（variance reduction methods）であり，様々なアプローチが存在する．ここでは，その中でも特に重要かつ有名なものを取り上げて解説する．

3.1　分散減少法の効率性

まずはじめに，素朴なモンテカルロ法と比較した場合の分散減少法の効率性についてより正確に記述する．ベクトル値確率変数 $\boldsymbol{X}$ と関数 g について，その出力 $Y = g(\boldsymbol{X})$ の期待値 $\mathbb{E}[Y]$ を素朴なモンテカルロ法で推定する場合，その推定量は $\boldsymbol{X}$ と iid な確率変数列を $\boldsymbol{X}_1, \boldsymbol{X}_2, \ldots$ として

$$E_n(g) = \frac{1}{n} \sum_{i=1}^{n} g(\boldsymbol{X}_i) \tag{3.1}$$

と与えられるのであった．$\boldsymbol{X}$ が従う確率分布からのサンプリングおよび関数 g の評価をあわせて 1 回実行するのにかかるコストを c とすると，E_n の評価には cn のコストがかかる．また，既知の通り，E_n に対しては

$$\mathbb{E}[E_n(g)] = \mathbb{E}[g(\boldsymbol{X})], \quad \mathbb{V}[E_n(g)] = \frac{\mathbb{V}[g(\boldsymbol{X})]}{n}$$

という統計的性質が成り立つ．

ここで，E_n とは異なる $\mathbb{E}[Y]$ の不偏推定量 $\tilde{E}_n$ があるとする．すなわち，任意の $n \in \mathbb{N}$ に対して

$$\mathbb{E}[\tilde{E}_n(g)] = \mathbb{E}[g(\boldsymbol{X})]$$

を満たすような推定量を考える。また，$\tilde{E}_n$ の評価にかかるコストは $\tilde{E}_1$ の評価にかかるコストの n 倍であって，適当な定数 $\tilde{c}$ について $\tilde{c}n$ であるとする。さらに，$\tilde{E}_n$ の分散が適当な定数 $\tilde{V}(g) > 0$ について

$$\mathbb{V}[\tilde{E}_n(g)] = \frac{\tilde{V}(g)}{n}$$

に従って減衰すると仮定する。

いま，$\varepsilon > 0$ を精度あるいは許容誤差として，$\mathbb{V}[E_n(g)] \le \varepsilon^2$ を達成するのに必要な最小のサンプルサイズは $\lceil \varepsilon^{-2}\mathbb{V}[g(\boldsymbol{X})] \rceil$，同様に $\mathbb{V}[\tilde{E}_n(g)] \le \varepsilon^2$ を達成するのに必要な最小のサンプルサイズは $\lceil \varepsilon^{-2}\tilde{V}(g) \rceil$ であることは容易に確認できる。したがって，それぞれの推定量の評価にかかるコストは

$$c \lceil \varepsilon^{-2}\mathbb{V}[g(\boldsymbol{X})] \rceil \quad \text{および} \quad \tilde{c} \lceil \varepsilon^{-2}\tilde{V}(g) \rceil$$

となるから，素朴な推定量 E_n と比較したときの $\tilde{E}_n$ の相対的な計算効率は，比

$$\frac{c \lceil \varepsilon^{-2}\mathbb{V}[g(\boldsymbol{X})] \rceil}{\tilde{c} \lceil \varepsilon^{-2}\tilde{V}(g) \rceil} \approx \frac{c\mathbb{V}[g(\boldsymbol{X})]}{\tilde{c}\tilde{V}(g)}$$

によって評価できる。分散減少法の多くがその名の通り $\tilde{V}(g) \ll \mathbb{V}[g(\boldsymbol{X})]$ となる推定量の構成を目標としているが，同時に $\tilde{c} \gg c$ となってしまうと，必ずしも効率改善にはつながらない可能性に注意すべきである。

また，計算コスト $c, \tilde{c}$ の違いを無視できる場合には，**有効サンプルサイズ**（effective sample size: ESS）という考え方も有用である。これは単に，サンプルサイズ n の推定量 $\tilde{E}_n$ の分散 $\tilde{V}(g)/n$ と釣り合うのに必要な，素朴な推定量 (3.1) のサンプルサイズを表すものであり，

$$\mathrm{ESS}_n = n\frac{\mathbb{V}[g(\boldsymbol{X})]}{\tilde{V}(g)}$$

と定義される。当然だが，分散 $\tilde{V}(g)$ を小さくできるほど，有効サンプルサイズは大きくなる。

3.2　対照変量法

最も単純な分散減少法の 1 つに**対照変量法**（antithetic variates）がある[45]。ここでは簡単のために，$\boldsymbol{X}$ が従う確率分布の確率密度関数が

$$f(\boldsymbol{x}) = \prod_{j=1}^{d} f_j(x_j)$$

の形で与えられるとする。すなわち，各確率変数 X_j が互いに独立であるとする。さらに，各確率密度関数 f_j からのランダムサンプリングが逆関数法によってできるものとする。したがって，$U_1, \ldots, U_d \sim U[0,1]$ を互いに独立な

一様確率変数として，成分ごとの変換

$$\boldsymbol{X} = \big(F_1^{-1}(U_1), \ldots, F_d^{-1}(U_d)\big)$$

が陽に計算できる．ここで，F_j^{-1} は確率密度関数 f_j に対する累積分布関数の逆関数を表す．このとき，確率変数 $\boldsymbol{X}$ の**対照対**（antithetic pair）を

$$\tilde{\boldsymbol{X}} := \big(F_1^{-1}(1 - U_1), \ldots, F_d^{-1}(1 - U_d)\big)$$

と定め，iid な確率変数列 $\boldsymbol{X}_1, \boldsymbol{X}_2, \ldots$ に対して

$$E_n^{\mathrm{anti}}(g) := \frac{1}{n} \sum_{i=1}^{n/2} \big(g(\boldsymbol{X}_i) + g(\tilde{\boldsymbol{X}}_i)\big) = \frac{1}{n/2} \sum_{i=1}^{n/2} \frac{g(\boldsymbol{X}_i) + g(\tilde{\boldsymbol{X}}_i)}{2} \quad (3.2)$$

によって期待値 $\mathbb{E}[g(\boldsymbol{X})]$ を近似するのが対照変量法である．ここで，n は偶数であると仮定した．

例 3.1 対照対の具体的な例を 2 つ示す．

1. 母数 λ の指数分布を考える．例 2.4 で見た通り，この分布に従うサンプルは $u \in (0, 1)$ を一様乱数として $x = -\log(1 - u)/\lambda$ によって生成できる．したがって，この x に対する対照対は $\tilde{x}^* = -\log u/\lambda$ である．

2. 各累積分布関数 F_j がある点 c_j に関して対称：

$$F_j(x_j) + F_j(2c_j - x_j) = 1$$

ならば，任意の点 $\boldsymbol{x}$ に対する対照対は

$$\tilde{\boldsymbol{x}} = (2c_1 - x_1, \ldots, 2c_d - x_d) = 2\boldsymbol{c} - \boldsymbol{x}$$

である．

ここで対照変量法を用いた推定量についての性質を示す．

定理 3.2 式 (3.2) で定義された推定量について，任意の偶数 n に対して以下が成り立つ．

1. 不偏性：$\mathbb{E}[E_n^{\mathrm{anti}}(g)] = \mathbb{E}[g(\boldsymbol{X})]$.
2. 分散の収束性：$\mathbb{V}[E_n^{\mathrm{anti}}(g)] = \dfrac{\mathbb{V}[g(\boldsymbol{X})]}{n} + \dfrac{\mathrm{Cov}[g(\boldsymbol{X}), g(\tilde{\boldsymbol{X}})]}{n}$.
  ただし，

$$\mathrm{Cov}[g(\boldsymbol{X}), g(\tilde{\boldsymbol{X}})] := \mathbb{E}\big[(g(\boldsymbol{X}) - \mathbb{E}[g(\boldsymbol{X})])(g(\tilde{\boldsymbol{X}}) - \mathbb{E}[g(\tilde{\boldsymbol{X}})])\big]$$
$$= \mathbb{E}\big[g(\boldsymbol{X})g(\tilde{\boldsymbol{X}})\big] - (\mathbb{E}[g(\boldsymbol{X})])^2.$$

証明 $\boldsymbol{X}_i$ と $\tilde{\boldsymbol{X}}_i$ は互いに従属しているが，どちらも同じ確率密度関数 f に従うから期待値の線形性によって

$$\mathbb{E}[E_n^{\mathrm{anti}}(g)] = \frac{1}{n} \sum_{i=1}^{n/2} \big(\mathbb{E}[g(\boldsymbol{X}_i)] + \mathbb{E}[g(\tilde{\boldsymbol{X}}_i)]\big) = \mathbb{E}[g(\boldsymbol{X})]$$

3.2 対照変量法 **51**

を得る. さらに

$$\mathbb{V}[g(\boldsymbol{X}) + g(\tilde{\boldsymbol{X}})] = \mathbb{V}[g(\boldsymbol{X})] + \mathbb{V}[g(\tilde{\boldsymbol{X}})] + 2\operatorname{Cov}[g(\boldsymbol{X}), g(\tilde{\boldsymbol{X}})]$$
$$= 2\mathbb{V}[g(\boldsymbol{X})] + 2\operatorname{Cov}[g(\boldsymbol{X}), g(\tilde{\boldsymbol{X}})]$$

であり, $\boldsymbol{X}_1, \boldsymbol{X}_2, \dots, \boldsymbol{X}_{n/2}$ は互いに独立だから

$$\mathbb{V}[E_n^{\mathrm{anti}}(g)] = \frac{1}{n/2} \cdot \frac{\mathbb{V}[g(\boldsymbol{X}) + g(\tilde{\boldsymbol{X}})]}{4} = \frac{\mathbb{V}[g(\boldsymbol{X})]}{n} + \frac{\operatorname{Cov}[g(\boldsymbol{X}), g(\tilde{\boldsymbol{X}})]}{n}$$

となり, 結論を得る. □

この結果から明らかな通り, $\operatorname{Cov}[g(\boldsymbol{X}), g(\tilde{\boldsymbol{X}})] < 0$ であれば素朴な推定量 (3.1) と比べて対照変量法のほうが分散が小さい. また, 同じ n に対する計算コストはほとんど変わらないと考えられるから, 前節の効率性に照らし合わせても, $\operatorname{Cov}[g(\boldsymbol{X}), g(\tilde{\boldsymbol{X}})] < 0$ が効率改善の必要十分条件であると言える.

いま $\boldsymbol{X} \sim U[0,1]^d$ とすると, 例 3.1 で見た通り $\tilde{\boldsymbol{X}} = \boldsymbol{1} - \boldsymbol{X}$ であり, 任意の関数 $g : [0,1]^d \to \mathbb{R}$ に対して

$$g(\boldsymbol{x}) = \frac{g(\boldsymbol{x}) + g(\boldsymbol{1} - \boldsymbol{x})}{2} + \frac{g(\boldsymbol{x}) - g(\boldsymbol{1} - \boldsymbol{x})}{2}$$
$$= \frac{g(\boldsymbol{x}) + g(\tilde{\boldsymbol{x}})}{2} + \frac{g(\boldsymbol{x}) - g(\tilde{\boldsymbol{x}})}{2} =: g_{\mathrm{even}}(\boldsymbol{x}) + g_{\mathrm{odd}}(\boldsymbol{x})$$

と分解できる. ここで, g_{even} は $g_{\mathrm{even}}(\boldsymbol{x}) = g_{\mathrm{even}}(\tilde{\boldsymbol{x}})$ を満たす偶関数であり, g_{odd} は $g_{\mathrm{odd}}(\boldsymbol{x}) = -g_{\mathrm{odd}}(\tilde{\boldsymbol{x}})$ を満たす奇関数である. また, $\mathbb{E}[g_{\mathrm{even}}(\boldsymbol{X})] = \mathbb{E}[g(\boldsymbol{X})]$ および $\mathbb{E}[g_{\mathrm{odd}}(\boldsymbol{X})] = 0$ が成り立つだけでなく, 二乗可積分性を仮定することで直交性 $\mathbb{E}[g_{\mathrm{even}}(\boldsymbol{X}) g_{\mathrm{odd}}(\boldsymbol{X})] = 0$ が成り立つ. このとき, 素朴な推定量 (3.1) と対照変量法による推定量 (3.2) の分散はそれぞれ

$$\mathbb{V}[E_n(g)] = \frac{\mathbb{V}[g_{\mathrm{even}}(\boldsymbol{X})] + \mathbb{V}[g_{\mathrm{odd}}(\boldsymbol{X})]}{n},$$
$$\mathbb{V}[E_n^{\mathrm{anti}}(g)] = \frac{2\mathbb{V}[g_{\mathrm{even}}(\boldsymbol{X})]}{n}$$

に等しく, 対照変量法による推定量は奇関数 g_{odd} の寄与を消失できるが, そのトレードオフとして偶関数 g_{even} の寄与が増大する. この場合, $\mathbb{V}[g_{\mathrm{even}}(\boldsymbol{X})] < \mathbb{V}[g_{\mathrm{odd}}(\boldsymbol{X})]$ ならば対照変量法によって効率を改善できる. 例えば, g が有界で各変数について単調な（定数でない）関数ならば $\mathbb{V}[g_{\mathrm{even}}(\boldsymbol{X})] < \mathbb{V}[g_{\mathrm{odd}}(\boldsymbol{X})]$ が成り立つ[65, Theorem 4.3].

3.3 制御変量法

2つ目の分散減少法として**制御変量法**（control variates）と呼ばれる方法を解説する. この方法も比較的単純な方法であるが, 次章で扱うマルチレベルモンテカルロ法の基礎となっており, その考え方自体が有用である.

確率変数 $\boldsymbol{X}$ を入力とする関数 g に加えて，別の関数 h を考える．期待値の線形性から，任意の実数 λ に対して

$$\mathbb{E}[g(\boldsymbol{X})] = \mathbb{E}[(g - \lambda h)(\boldsymbol{X})] + \lambda \mathbb{E}[h(\boldsymbol{X})]$$

が成り立つ．ここで，$\mathbb{E}[h(\boldsymbol{X})] = \theta$ が既知となるような関数 h を取って，最右辺の第一項だけを素朴なモンテカルロ法によって近似することによって，$\mathbb{E}[g(\boldsymbol{X})]$ を推定するのが制御変量法である．

$$E_n^{\mathrm{ctrl}}(g, h, \lambda) = \frac{1}{n} \sum_{i=1}^{n} (g - \lambda h)(\boldsymbol{X}_i) + \lambda \theta \tag{3.3}$$

この推定量についての性質を示す．期待値の線形性と $\boldsymbol{X}_1, \boldsymbol{X}_2, \dots$ が iid であることから直ちに従うため，ここでは証明を省略する．

定理 3.3 式 (3.3) で定義された推定量について，任意の $\lambda \in \mathbb{R}, n \in \mathbb{N}$ に対して以下が成り立つ．

1. 不偏性：$\mathbb{E}[E_n^{\mathrm{ctrl}}(g, h, \lambda)] = \mathbb{E}[g(\boldsymbol{X})]$.
2. 分散の収束性：$\mathbb{V}[E_n^{\mathrm{ctrl}}(g, h, \lambda)] = \dfrac{\mathbb{V}[(g - \lambda h)(\boldsymbol{X})]}{n}$.

この結果から $\mathbb{V}[(g - \lambda h)(\boldsymbol{X})] < \mathbb{V}[g(\boldsymbol{X})]$ となるような関数 h と係数 λ を取れる場合に，同じサンプル数 n に対する分散は（素朴な推定量 (3.1) と比較して）減少することがわかる．ただし，各サンプル点上で関数 g と h を評価する必要があることから計算コストは増加する．

ここで，補助関数 h を固定した上で，$\mathbb{V}[(g - \lambda h)(\boldsymbol{X})]$ が最小となるような係数 λ を求める．

$$\mathbb{V}[(g - \lambda h)(\boldsymbol{X})] = \mathbb{V}[g(\boldsymbol{X})] + \lambda^2 \mathbb{V}[h(\boldsymbol{X})] - 2\lambda \operatorname{Cov}[g(\boldsymbol{X}), h(\boldsymbol{X})]$$

であることは直ちにわかるから，

$$\lambda = \lambda^* := \frac{\operatorname{Cov}[g(\boldsymbol{X}), h(\boldsymbol{X})]}{\mathbb{V}[h(\boldsymbol{X})]}$$

のときに最小となり，その値は

$$\mathbb{V}[(g - \lambda^* h)(\boldsymbol{X})] = \mathbb{V}[g(\boldsymbol{X})] - \frac{(\operatorname{Cov}[g(\boldsymbol{X}), h(\boldsymbol{X})])^2}{\mathbb{V}[h(\boldsymbol{X})]}$$

となる．第二項は非負であるから，$\mathbb{V}[g(\boldsymbol{X})]$ を超えることはない．したがって，最適な λ を選択できる場合には，どんな補助関数 h に対しても制御変量法による推定量の分散が（素朴な推定量 (3.1) と比較して）増加することはない．関数 g と h の 1 回の評価にかかるコストをそれぞれ c_g, c_h とすれば，この理想的な状況における制御変量法による効率は

$$\frac{1}{1 - \rho^2} \times \frac{1}{1 + (c_h / c_g)}, \quad \text{ただし} \quad \rho = \frac{\operatorname{Cov}[g(\boldsymbol{X}), h(\boldsymbol{X})]}{\sqrt{\mathbb{V}[g(\boldsymbol{X})]\mathbb{V}[h(\boldsymbol{X})]}}$$

と与えられる．ここで，ρ は（確率変数 $\boldsymbol{X}$ の下における）g と h の相関係数を表している．

以上から，相関係数が大きいほど大幅な効率改善が期待できるため，補助関数 h としては"関数 g とできるだけ近い概形を持つ"関数を取れるほうがよい．また，当然ではあるが，h として定数関数を選んでしまうと，λ の値に関わらず $\mathbb{V}[(g - \lambda h)(\boldsymbol{X})] = \mathbb{V}[g(\boldsymbol{X})]$ となり，制御変量法を使う利点はない．

係数 λ の調整に関して，λ^* を解析的に求めることは一般に困難である．λ^* の分子 $\mathrm{Cov}[g(\boldsymbol{X}), h(\boldsymbol{X})]$ を求めるには $\mathbb{E}[g(\boldsymbol{X})]$ の値が必要であるが，これを効率的に推定することが問題そのものだからである．一つの対応策として事前計算を追加する方法を述べる．具体的には，$\boldsymbol{X}$ のサンプル列 $\boldsymbol{x}'_1, \boldsymbol{x}'_2, \ldots$ を（$E_n^{\mathrm{ctrl}}(g, h, \lambda)$ の計算に用いるサンプル列 $\boldsymbol{x}_1, \boldsymbol{x}_2, \ldots$ とは別に）生成し，次式に従って推定される値 $\hat{\lambda}^*$ を用いて $E_n^{\mathrm{ctrl}}(g, h, \hat{\lambda}^*)$ を計算するという方法である．

$$\hat{\lambda}^* = \frac{\frac{1}{m}\sum_{i=1}^{m}(g(\boldsymbol{x}'_i) - \overline{g})(h(\boldsymbol{x}'_i) - \overline{h})}{\frac{1}{m}\sum_{i=1}^{m}(h(\boldsymbol{x}'_i) - \overline{h})^2}.$$

ただし

$$\overline{g} = \frac{1}{m}\sum_{i=1}^{m}g(\boldsymbol{x}'_i), \quad \overline{h} = \frac{1}{m}\sum_{i=1}^{m}h(\boldsymbol{x}'_i).$$

ここで，事前計算にかかるコストを抑えるために m は n より十分小さく取る．また，"同じサンプル列を使い回さない"ため，$E_n^{\mathrm{ctrl}}(g, h, \hat{\lambda}^*)$ に対しても定理 3.3 がそのまま適用される．もし $\hat{\lambda}^*$ と $E_n^{\mathrm{ctrl}}(g, h, \hat{\lambda}^*)$ の計算に同じサンプルを用いると，その従属性によって最終的な推定量としての不偏性はなくなることに注意したい．ただし，そこで生じるバイアスは必ずしも大きくないことから，$m = n$ としてすべて同じサンプルを共用すること（すなわち $\boldsymbol{x}'_i = \boldsymbol{x}_i$ と取ること）を否定するわけではない．

ここまで説明した制御変量法の自明な拡張として，補助関数の数を増やす方法がある．$\mathbb{E}[h_\ell(\boldsymbol{X})] = \theta_\ell$ が既知の関数 $h_1, \ldots, h_L$ を取り，等式

$$\mathbb{E}[g(\boldsymbol{X})] = \mathbb{E}\left[\left(g - \sum_{\ell=1}^{L}\lambda_\ell h_\ell\right)(\boldsymbol{X})\right] + \sum_{\ell=1}^{L}\lambda_\ell \theta_\ell$$

に基づいて，右辺の第一項を素朴なモンテカルロ法で推定する．

3.4　重点サンプリング

分散減少法の中でもとりわけ重要な方法の1つがここで触れる**重点サンプリング**（importance sampling）である．この方法では確率変数 $\boldsymbol{X}$ がどの分布

に従うかが重要であるため，$\mathbb{E}[g(\boldsymbol{X})]$ の代わりに $\mathbb{E}_f[g(\boldsymbol{X})]$ と書き，確率変数 $\boldsymbol{X}$ が従う確率分布の密度関数が f であることを明記する．分散についても同様に $\mathbb{V}[g(\boldsymbol{X})]$ の代わりに $\mathbb{V}_f[g(\boldsymbol{X})]$ と書くこととする．

いま，確率変数 $\boldsymbol{X}$ が従う確率密度関数 f とは別の確率密度関数 f_{IS} を取る．ただし，$f_{\mathrm{IS}}(\boldsymbol{x}) = 0$ ならば $g(\boldsymbol{x})f(\boldsymbol{x}) = 0$ であるとする．このとき，$\boldsymbol{X}$ の値域を $\mathcal{A} \subset \mathbb{R}^d$ として，

$$
\begin{aligned}
\mathbb{E}_f[g(\boldsymbol{X})] &= \int_{\mathcal{A}} g(\boldsymbol{x})f(\boldsymbol{x})d\boldsymbol{x} \\
&= \int_{\mathcal{A}} \frac{g(\boldsymbol{x})f(\boldsymbol{x})}{f_{\mathrm{IS}}(\boldsymbol{x})} f_{\mathrm{IS}}(\boldsymbol{x})d\boldsymbol{x} = \mathbb{E}_{f_{\mathrm{IS}}}\left[\frac{g(\boldsymbol{X})f(\boldsymbol{X})}{f_{\mathrm{IS}}(\boldsymbol{X})}\right]
\end{aligned} \tag{3.4}
$$

と変形できる．この最右辺を用いれば，$\boldsymbol{X}_1, \boldsymbol{X}_2, \dots$ を確率密度関数 f_{IS} に従う互いに独立な確率変数列として

$$
E_n^{\mathrm{IS}}(g, f, f_{\mathrm{IS}}) = \frac{1}{n} \sum_{i=1}^{n} \frac{g(\boldsymbol{X}_i)f(\boldsymbol{X}_i)}{f_{\mathrm{IS}}(\boldsymbol{X}_i)} \tag{3.5}
$$

によって元の期待値 $\mathbb{E}_f[g(\boldsymbol{X})]$ を推定することが正当化される．これが重点サンプリングによる推定量であり，確率密度関数 f_{IS} が定める確率分布のことを**重点分布**（importance distribution）と呼ぶ．明らかだが，確率密度関数 f_{IS} からのサンプリングができることに加えて，各点における f と f_{IS} の値を計算できる必要がある．

この推定量についての性質を示す．

定理 3.4 式 (3.5) で定義された推定量について，任意の $n \in \mathbb{N}$ に対して以下が成り立つ．

1. 不偏性：$\mathbb{E}[E_n^{\mathrm{IS}}(g, f, f_{\mathrm{IS}})] = \mathbb{E}_f[g(\boldsymbol{X})]$.

2. 分散の収束性：

$$
\mathbb{V}[E_n^{\mathrm{IS}}(g, f, f_{\mathrm{IS}})] = \frac{1}{n} \left(\mathbb{E}_f\left[\frac{(g(\boldsymbol{X}))^2 f(\boldsymbol{X})}{f_{\mathrm{IS}}(\boldsymbol{X})}\right] - (\mathbb{E}_f[g(\boldsymbol{X})])^2 \right).
$$

証明 不偏性については式 (3.4) から明らかである．分散は $\boldsymbol{X}_1, \boldsymbol{X}_2, \dots$ の独立性から

$$
\begin{aligned}
&\mathbb{V}[E_n^{\mathrm{IS}}(g, f, f_{\mathrm{IS}})] \\
&= \frac{1}{n} \mathbb{V}_{f_{\mathrm{IS}}}\left[\frac{g(\boldsymbol{X})f(\boldsymbol{X})}{f_{\mathrm{IS}}(\boldsymbol{X})}\right] \\
&= \frac{1}{n} \left(\mathbb{E}_{f_{\mathrm{IS}}}\left[\left(\frac{g(\boldsymbol{X})f(\boldsymbol{X})}{f_{\mathrm{IS}}(\boldsymbol{X})}\right)^2\right] - \left(\mathbb{E}_{f_{\mathrm{IS}}}\left[\frac{g(\boldsymbol{X})f(\boldsymbol{X})}{f_{\mathrm{IS}}(\boldsymbol{X})}\right]\right)^2 \right) \\
&= \frac{1}{n} \left(\mathbb{E}_f\left[\frac{(g(\boldsymbol{X}))^2 f(\boldsymbol{X})}{f_{\mathrm{IS}}(\boldsymbol{X})}\right] - (\mathbb{E}_f[g(\boldsymbol{X})])^2 \right)
\end{aligned}
$$

となり，結論を得る． □

3.4 重点サンプリング **55**

素朴な推定量 (3.1) の分散が

$$\mathbb{V}[E_n(g)] = \frac{\mathbb{V}_f[g(\boldsymbol{X})]}{n} = \frac{1}{n}\left(\mathbb{E}_f[(g(\boldsymbol{X}))^2] - (\mathbb{E}_f[g(\boldsymbol{X})])^2\right)$$

であることから,

$$\mathbb{E}_f\left[\frac{(g(\boldsymbol{X}))^2 f(\boldsymbol{X})}{f_{\mathrm{IS}}(\boldsymbol{X})}\right] \leq \mathbb{E}_f[(g(\boldsymbol{X}))^2]$$

ならば,重点サンプリングによる推定量の分散のほうが小さくなる.

一般に,重点サンプリングによる推定量の分散を最小化する重点分布は

$$f_{\mathrm{IS}}^*(\boldsymbol{x}) := \frac{|g(\boldsymbol{x})|f(\boldsymbol{x})}{\mathbb{E}_f[|g(\boldsymbol{X})|]} \tag{3.6}$$

と与えられ,$g > 0$ ならば対応する推定量の分散は n によらず 0 になる.制御変量法では補助関数 h の概形が関数 g に近いことが望ましいように,重点サンプリングでは確率密度関数 f_{IS} の概形が関数 $|g|f$ に近いほど良いといえる.

もし特定の関数 g だけでなく,様々な関数を対象とする場合,g によらない指針として,比 $\omega(\boldsymbol{x}) = f(\boldsymbol{x})/f_{\mathrm{IS}}(\boldsymbol{x})$ に着目することがしばしば有効である.もし f_{IS} として f より裾の軽い確率密度関数を選んでしまうと,領域 $\mathcal{A}$ の外側に向かって $\omega(\boldsymbol{x})$ の値が大きくなる,あるいは場合によっては発散してしまう.簡単に確認できる等式

$$\mathbb{E}_f\left[\frac{(g(\boldsymbol{X}))^2 f(\boldsymbol{X})}{f_{\mathrm{IS}}(\boldsymbol{X})}\right] = \mathbb{E}_f\left[(g(\boldsymbol{X}))^2 \omega(\boldsymbol{x})\right] = \mathbb{E}_{f_{\mathrm{IS}}}\left[(g(\boldsymbol{X})\omega(\boldsymbol{x}))^2\right]$$

から,ω の増大の速さが f や f_{IS} の減衰の速さと適切に釣り合う必要がある.ω の値はおおよそ定数となるよう,f と f_{IS} の裾の厚さが同程度となるように f_{IS} を設定できれば,この問題を回避できる.

注 3.5 重点分布 f_{IS} をどのように取ればよいかに関して,1 つの具体的な方法として**指数的ひねり**(exponential tilting)を挙げる.簡単のため,$\boldsymbol{X}$ を 1 次元確率変数とし,f_{IS} が母数 θ を持つある確率分布族に属していると仮定する.特に指数的ひねりでは,このような分布族として**指数型分布族**(exponential family)を選ぶ.したがって,θ についての既知の関数 g, η と,x についての既知の関数 h, T を用いて

$$f_{\mathrm{IS}}(x \mid \theta) = g(\theta)h(x)\exp\left(\eta(\theta)T(x)\right)$$

と表されるとする.もし,元の確率密度関数 f も同じ指数型分布族に属している場合,その母数を θ_0 とすれば,比 $\omega(x) = f(x)/f_{\mathrm{IS}}(x)$ は

$$\omega(x) = \frac{g(\theta_0)h(x)\exp\left(\eta(\theta_0)T(x)\right)}{g(\theta)h(x)\exp\left(\eta(\theta)T(x)\right)} = \exp((\eta(\theta_0) - \eta(\theta))T(x)) \times \frac{g(\theta_0)}{g(\theta)}$$

と与えられる.大雑把な指針として,$\eta(\theta_0) - \eta(\theta)$ と $T(x)$ の符号が反転するように θ を選べば,ω の発散を防ぐことができる.より具体的な状況に対する

指数的ひねりの応用例についてはのちほど例 3.6 で示す.

3.4.1　自己正規化重点サンプリング

2.3 節冒頭の通り，規格化定数 $Z > 0$ を未知として確率密度関数 f が式 (2.4) のように与えられる状況がしばしばある．なお，Z は

$$Z = \int_{\mathcal{A}} p(\boldsymbol{x}) d\boldsymbol{x}$$

と書けるため，確率変数 $\boldsymbol{X}$ に対する関数 g の期待値は

$$\mathbb{E}_f[g(\boldsymbol{X})] = \int_{\mathcal{A}} g(\boldsymbol{x}) f(\boldsymbol{x}) d\boldsymbol{x} = \frac{\displaystyle\int_{\mathcal{A}} g(\boldsymbol{x}) p(\boldsymbol{x}) d\boldsymbol{x}}{\displaystyle\int_{\mathcal{A}} p(\boldsymbol{x}) d\boldsymbol{x}} \tag{3.7}$$

と書き直せる．いま重点分布 f_{IS} も未知の規格化定数 $W > 0$ について

$$f_{\mathrm{IS}}(\boldsymbol{x}) = \frac{q(\boldsymbol{x})}{W}, \quad \boldsymbol{x} \in \mathcal{A} \subset \mathbb{R}^d$$

の形で与えられるものとする．ただし，関数 g によらず $q(\boldsymbol{x}) = 0$ ならば $p(\boldsymbol{x}) = 0$ であるとする．ここで，式 (3.7) の最右辺について，分子・分母の積分を変換すると

$$\begin{aligned}
\mathbb{E}_f[g(\boldsymbol{X})] &= \frac{\displaystyle\int_{\mathcal{A}} \frac{g(\boldsymbol{x}) p(\boldsymbol{x})}{f_{\mathrm{IS}}(\boldsymbol{x})} f_{\mathrm{IS}}(\boldsymbol{x}) d\boldsymbol{x}}{\displaystyle\int_{\mathcal{A}} \frac{p(\boldsymbol{x})}{f_{\mathrm{IS}}(\boldsymbol{x})} f_{\mathrm{IS}}(\boldsymbol{x}) d\boldsymbol{x}} \\[2mm]
&= \frac{\displaystyle\int_{\mathcal{A}} \frac{g(\boldsymbol{x}) p(\boldsymbol{x})}{q(\boldsymbol{x})} f_{\mathrm{IS}}(\boldsymbol{x}) d\boldsymbol{x}}{\displaystyle\int_{\mathcal{A}} \frac{p(\boldsymbol{x})}{q(\boldsymbol{x})} f_{\mathrm{IS}}(\boldsymbol{x}) d\boldsymbol{x}} = \frac{\mathbb{E}_{f_{\mathrm{IS}}}\left[\dfrac{g(\boldsymbol{X}) p(\boldsymbol{X})}{q(\boldsymbol{X})}\right]}{\mathbb{E}_{f_{\mathrm{IS}}}\left[\dfrac{p(\boldsymbol{X})}{q(\boldsymbol{X})}\right]}
\end{aligned}$$

を得る．もし，重点分布 f_{IS} からのサンプリングができ，比 $w(\boldsymbol{x}) = p(\boldsymbol{x})/q(\boldsymbol{x})$ を各点で計算できるならば，$\boldsymbol{X}_1, \boldsymbol{X}_2, \ldots$ を確率密度関数 f_{IS} に従う互いに独立な確率変数列として

$$\frac{\dfrac{1}{n} \displaystyle\sum_{i=1}^n g(\boldsymbol{X}_i) w(\boldsymbol{X}_i)}{\dfrac{1}{n} \displaystyle\sum_{i=1}^n w(\boldsymbol{X}_i)}$$

によって期待値 $\mathbb{E}_f[g(\boldsymbol{X})]$ を推定することが考えられる．この方法を**自己正規化重点サンプリング**（self-normalized importance sampling）と呼ぶ．この場合の最適な重点分布は

$$q(\boldsymbol{x}) \propto |g(\boldsymbol{x}) - \mathbb{E}_f[g(\boldsymbol{X})]|\, p(\boldsymbol{x})$$

の形で与えられることが知られている[85, Chapter 9].

この推定量では，各関数評価値 $g(\boldsymbol{X}_i)$ に対して重み

$$\tilde{w}_i = \frac{w(\boldsymbol{X}_i)}{\displaystyle\sum_{j=1}^{n} w(\boldsymbol{X}_j)} \in [0,1]$$

が割り当てられることになる（ただし，分母が 0 より大きいことを仮定している）．一致推定量ではあるが，一般に不偏推定量にはならない．有効サンプルサイズの近似として

$$\frac{1}{\displaystyle\sum_{i=1}^{n} (\tilde{w}_i)^2} = \frac{\left(\displaystyle\sum_{i=1}^{n} w(\boldsymbol{X}_i)\right)^2}{\displaystyle\sum_{i=1}^{n} (w(\boldsymbol{X}_i))^2}$$

が用いられることがある．もし $\tilde{w}_1 = \cdots = \tilde{w}_n = 1/n$ となった場合，この近似値は n に等しい．また，ある 1 つの i を除いて $\tilde{w}_i = 0$ となった場合，この近似値は 1 となる．このように，$\tilde{w}_i$ の値のバラつきが小さいほど，有効サンプルサイズは大きくなるといえる．

3.4.2 稀少事象シミュレーション

重点サンプリングがよく用いられる分野として，**稀少事象シミュレーション**（rare event simulation）がある．詳細は [2, Chapter 6], [59, 10 章] に譲るが，以下にその概要と重点サンプリングの例を示す．いま確率変数 $\boldsymbol{X}$ の値域を $\mathcal{A} \subset \mathbb{R}^d$ とし，その部分集合 $\mathcal{S}(\ell) \subset \mathcal{A}$ を考える．ここで，$\ell \in (0,1)$ であり，

$$\mathbb{P}[\boldsymbol{X} \in \mathcal{S}(\ell)] = \ell$$

を満たすものとする．また，ℓ も $\mathcal{S}(\ell)$ も未知であるが，各点 $\boldsymbol{x} \in \mathcal{A}$ に対して $\boldsymbol{x} \in \mathcal{S}(\ell)$ かどうかは判定できるものとする．このとき，事象確率 $\mathbb{P}[\boldsymbol{X} \in \mathcal{S}(\ell)]$ を素朴な推定量

$$E_n(\ell) = \frac{1}{n} \sum_{i=1}^{n} \mathbf{1}_{\boldsymbol{X}_i \in \mathcal{S}(\ell)}, \quad \boldsymbol{X}_1, \boldsymbol{X}_2, \ldots \sim f$$

を用いて推定すると，定理 1.10 より

$$\mathbb{E}[E_n(\ell)] = \ell, \quad \mathbb{V}[E_n(\ell)] = \frac{\ell(1-\ell)}{n}$$

が従う．平均的には $1/\ell$ 個のサンプルにつき 1 つが領域 $\mathcal{S}(\ell)$ に落ちることから，もし ℓ が 10^{-8} のように非常に小さい値を取る場合，すなわち事象 $\boldsymbol{X} \in \mathcal{S}(\ell)$ の生起が稀少である場合，サンプルサイズ n が小さいときにはすべてのサンプル点が領域 $\mathcal{S}(\ell)$ の外に落ちてしまうことがある．そうなると期待

58 第 3 章 分散減少法

値だけでなく，分散の推定値も 0 となってしまい，"意味のない結果" しか得られない．このような問題設定においては，極限 $\ell \to 0$ において相対誤差

$$\frac{\sqrt{\mathbb{V}[E_n(\ell)]}}{\ell} = \sqrt{\frac{1-\ell}{n\ell}}$$

が発散してしまうことが課題であると言える．

ℓ の小ささによらず相対誤差を抑えられれば，目標値の小ささに応じた誤差の範囲で推定できる．そこで，一般の不偏推定量 $\tilde{E}_n(\ell)$ に対して，

$$\limsup_{1/\ell \to \infty} \frac{\mathbb{V}[\tilde{E}_1(\ell)]}{\ell^2}$$

が 0 に等しいとき，あるいは 0 ではないが有界であるとき，それぞれ**消失相対誤差**（vanishing relative error），あるいは**有界相対誤差**（bounded relative error）を持つという．さらに，任意の $\varepsilon > 0$ について

$$\limsup_{1/\ell \to \infty} \frac{\mathbb{V}[\tilde{E}_1(\ell)]}{\ell^{2-\varepsilon}} = 0$$

を満たすとき，**対数的に効率的**（logarithmically efficient）であるという．すでに見た素朴な推定量 $E_n(\ell)$ はいずれの性質も持たない．

一般の重点分布 f_{IS} を用いた重点サンプリングによる推定量は

$$E_n^{\mathrm{IS}}(\ell, f, f_{\mathrm{IS}}) = \frac{1}{n} \sum_{i=1}^{n} \frac{\mathbf{1}_{\boldsymbol{X}_i \in \mathcal{S}(\ell)} f(\boldsymbol{X}_i)}{f_{\mathrm{IS}}(\boldsymbol{X}_i)}, \quad \boldsymbol{X}_1, \boldsymbol{X}_2, \ldots \sim f_{\mathrm{IS}}$$

となる．もし f_{IS} として，$\mathcal{S}(\ell)$ 上でその値が大きく，それ以外の領域で小さくなるような確率密度関数を取れれば，$\boldsymbol{X} \in \mathcal{S}(\ell)$ となる生起確率を上げることができ，素朴な推定量で見られたような問題をある程度解消できると期待される．実際に，式 (3.6) で与えられる最適な重点分布をこの問題に適用すると

$$f_{\mathrm{IS}}^*(\boldsymbol{x}) := \frac{|\mathbf{1}_{\boldsymbol{x} \in \mathcal{S}(\ell)}| f(\boldsymbol{x})}{\mathbb{E}_f[|\mathbf{1}_{\boldsymbol{x} \in \mathcal{S}(\ell)}|]} = \begin{cases} f(\boldsymbol{x})/\ell & \text{if } \boldsymbol{x} \in \mathcal{S}(\ell), \\ 0 & \text{otherwise} \end{cases}$$

となり，すでに述べた通り，指示関数の非負性を考えれば，最適な重点分布を用いた重点サンプリングによる推定量の分散は n によらず 0 になる．したがって，稀少事象シミュレーションの文脈としては，この推定量は消失相対誤差（以上に良い性質）を持つといえる．

当然ながら，最適な重点分布を用いることは現実的ではないため，対数的に効率的な推定量を構成する例を示す．

例 3.6 1 次元確率変数 X が母数 $\lambda_0 = 1$ の指数分布に従うとすると，その確率密度関数は $x \geq 0$ に対して $f(x) = e^{-x}$ と与えられる．このとき任意の $\ell \in (0, 1)$ に対して，$\mathbb{P}_f[X \geq \log(1/\ell)] = \ell$ が成り立つ．いま $\log(1/\ell)$ の値だけが既知であるとして，事象確率 $\mathbb{P}_f[X \geq \log(1/\ell)]$ を求めたい．

3.4 重点サンプリング **59**

重点分布として母数 $\lambda \in (0,2)$ の指数分布を考えると，$f_{\mathrm{IS}}(x) = \lambda e^{-\lambda x}$ がその確率密度関数である．f も f_{IS} も同じ指数分布族に属していることから，注 3.5 で述べた指数的ひねりそのものである．定理 3.4 より重点サンプリングによる推定量（$n = 1$）の分散は上から

$$\mathbb{V}[E_1^{\mathrm{IS}}(\ell, f, f_{\mathrm{IS}})] \leq \mathbb{E}_f\left[\mathbf{1}_{X \geq \log(1/\ell)} \frac{f(X)}{f_{\mathrm{IS}}(X)}\right]$$
$$= \int_{\log(1/\ell)}^{\infty} \frac{1}{\lambda} e^{-(2-\lambda)x} dx = \frac{1}{\lambda(2-\lambda)} e^{-(2-\lambda)\log(1/\ell)}$$

と抑えられる．ここで，$\ell < 1/e$ として，$\lambda = \lambda^* := 1/\log(1/\ell)$ と取ると，$0 < \lambda^* < 1$ を満たし，

$$\mathbb{V}[E_1^{\mathrm{IS}}(\ell, f, f_{\mathrm{IS}})] \leq \frac{1}{\lambda^*(2-\lambda^*)} e^{-(2-\lambda^*)\log(1/\ell)}$$
$$= \frac{e\ell^2 \log(1/\ell)}{2 - 1/\log(1/\ell)} \leq e\ell^2 \log(1/\ell)$$

となるから，任意の $\varepsilon > 0$ について

$$\limsup_{1/\ell \to \infty} \frac{\mathbb{V}[E_n^{\mathrm{IS}}(\ell, f, f_{\mathrm{IS}})]}{\ell^{2-\varepsilon}} \leq \limsup_{1/\ell \to \infty} \frac{e\log(1/\ell)}{(1/\ell)^{\varepsilon}} = 0$$

が成り立つ．よって，母数 $\lambda = \lambda^*$ の指数分布を重点分布とする推定量は対数的に効率的であることがわかる．

3.5 層化サンプリング

サンプル点の一様分布性に着目することによって分散減少を図る方法があり，その代表的な方法の 1 つが**層化サンプリング**（stratified sampling）である．まず，確率変数 $\boldsymbol{X}$ の値域 $\mathcal{A}$ の分割 $\mathcal{A}_1, \ldots, \mathcal{A}_M$ を考える．すなわち，

$$\mathcal{A}_1 \cup \cdots \cup \mathcal{A}_M = \mathcal{A}$$

であり，$1 \leq i \neq j \leq M$ なるすべての組 (i, j) に対して

$$\mathcal{A}_i \cap \mathcal{A}_j = \emptyset$$

となるように領域を分ける．ここで，確率密度関数 f の下で $\boldsymbol{X} \in \mathcal{A}_j$ となる確率を p_j と書く，すなわち $p_j = \mathbb{P}[\boldsymbol{X} \in \mathcal{A}_j] \geq 0$ とする．分割の性質から

$$\sum_{j=1}^{M} p_j = 1 \quad \text{および} \quad \mathbb{P}[\boldsymbol{X} \in (\mathcal{A}_i \cap \mathcal{A}_j)] = 0$$

である．本節では簡単のために $p_j > 0$ と仮定する．さらに，$\boldsymbol{X} \in \mathcal{A}_j$ という条件の下での条件付き確率密度関数を

$$f_j(\boldsymbol{x}) = \frac{f(\boldsymbol{x})}{\mathbb{P}[\boldsymbol{X} \in \mathcal{A}_j]} = \frac{f(\boldsymbol{x})}{p_j}, \quad \boldsymbol{x} \in \mathcal{A}_j$$

と書く．このとき，期待値 $\mathbb{E}[g(\boldsymbol{X})]$ について以下を得る．

$$\begin{aligned}
\mathbb{E}[g(\boldsymbol{X})] &= \int_{\mathcal{A}} g(\boldsymbol{x}) f(\boldsymbol{x}) d\boldsymbol{x} = \int_{\mathcal{A}_1 \cup \cdots \cup \mathcal{A}_M} g(\boldsymbol{x}) f(\boldsymbol{x}) d\boldsymbol{x} \\
&= \sum_{j=1}^{M} \int_{\mathcal{A}_j} g(\boldsymbol{x}) f(\boldsymbol{x}) d\boldsymbol{x} = \sum_{j=1}^{M} p_j \int_{\mathcal{A}_j} g(\boldsymbol{x}) f_j(\boldsymbol{x}) d\boldsymbol{x} \\
&= \sum_{j=1}^{M} p_j \mathbb{E}_j[g(\boldsymbol{X})].
\end{aligned} \tag{3.8}$$

ただし，$\mathbb{E}_j[g(\boldsymbol{X})]$ は $\boldsymbol{X} \in \mathcal{A}_j$ という条件の下での条件付き期待値を表す．

いま，すべての $j = 1, \ldots, M$ に対して，p_j が既知であり，条件付き確率密度関数 f_j に従う互いに独立なサンプル列 $\boldsymbol{x}_j^{(1)}, \boldsymbol{x}_j^{(2)}, \ldots$ が生成できるとする．式 (3.8) の最右辺に現れる条件付き期待値を独立に推定することによって得られるのが層化サンプリングによる推定量であり，具体的な形としては

$$E_{n_1, \ldots, n_M}^{\mathrm{str}}(g) = \sum_{j=1}^{M} \frac{p_j}{n_j} \sum_{i=1}^{n_j} g(\boldsymbol{X}_j^{(i)}) \tag{3.9}$$

と与えられる．ここで，$\boldsymbol{X}_j^{(1)}, \boldsymbol{X}_j^{(2)}, \ldots$ は確率密度関数 f_j に従う互いに独立な確率変数列である．

この推定量についての性質を示す．期待値の線形性および確率変数列 $\boldsymbol{X}_j^{(1)}, \boldsymbol{X}_j^{(2)}, \ldots$ の独立性から直ちに従うため，ここでは証明を省略する．

定理 3.7 式 (3.9) で定義された推定量について，任意の $n_1, \ldots, n_M \in \mathbb{N}$ に対して以下が成り立つ．

1. 不偏性：$\mathbb{E}[E_{n_1, \ldots, n_M}^{\mathrm{str}}(g)] = \mathbb{E}[g(\boldsymbol{X})]$.
2. 分散の収束性：$\mathbb{V}[E_{n_1, \ldots, n_M}^{\mathrm{str}}(g)] = \sum_{j=1}^{M} p_j^2 \dfrac{\mathbb{V}_j[g(\boldsymbol{X})]}{n_j}$.

　　ただし，$\mathbb{V}_j[g(\boldsymbol{X})]$ は $\boldsymbol{X} \in \mathcal{A}_j$ という条件の下での条件付き分散を表す．

推定量 (3.9) の関数評価回数は $n = n_1 + \cdots + n_M$ であり，これを固定した上で分散 $\mathbb{V}[E_{n_1, \ldots, n_M}^{\mathrm{str}}(g)]$ が最小になるようなサンプルサイズ $n_1, \ldots, n_M$ の配分について考える．$n_1, \ldots, n_M$ が実数を取ることを許すと，次の一般論が成り立つ（定理中の c_j は 4 章で使う，計算コストを表す定数である）．

定理 3.8 $C > 0$, $c_1, \ldots, c_M \geq 0$, $V_1, \ldots, V_M \geq 0$ を実数とし，$V = (\sqrt{c_1 V_1} + \cdots + \sqrt{c_M V_M})^2$ とおく．このとき

$$\frac{V_1}{n_1} + \cdots + \frac{V_M}{n_M} \leq C \tag{3.10}$$

を満たすような実数 $n_1, \ldots, n_M > 0$ について

3.5　層化サンプリング　**61**

$$c_1 n_1 + \cdots + c_M n_M \geq V C^{-1} \tag{3.11}$$

が成り立つ．さらに (3.10) の下で (3.11) の等号が成り立つ必要十分条件は各 $j = 1, \ldots, M$ について $n_j = \sqrt{V V_j / c_j} \, C^{-1}$ となることである．

証明 コーシー–シュワルツの不等式より

$$C \sum_{j=1}^{M} c_j n_j \geq \left(\sum_{j=1}^{M} \frac{V_j}{n_j} \right) \left(\sum_{j=1}^{M} c_j n_j \right) \geq \left(\sum_{j=1}^{M} \sqrt{c_j V_j} \right)^2 = V \quad (3.12)$$

なので，両辺を C で割れば (3.11) が示される．

(3.12) の等号成立条件は，(3.10) の等号が成り立ち，さらにコーシー–シュワルツの不等式の等号成立条件

$$c_1 n_1 : \cdots : c_M n_M = \frac{V_1}{n_1} : \cdots : \frac{V_M}{n_M}$$

が成り立つことである．この式から $n_j = r \sqrt{V_j / c_j}$ となる定数 r の存在がわかる．この式を (3.10) に代入すれば $r = \sqrt{V} C^{-1}$ となる．よって (3.12) の等号が成り立つ必要十分条件は $n_j = \sqrt{V V_j / c_j} \, C^{-1}$ である． $\square$

この定理で $c_1 = \cdots = c_M = 1$, $C = n/V$ とすれば，最適な $n_1, \ldots, n_M$ は

$$n_j = n_j^* := n p_j \sqrt{\mathbb{V}_j[g(\boldsymbol{X})]} \bigg/ \sum_{j=1}^{M} p_j \sqrt{\mathbb{V}_j[g(\boldsymbol{X})]}$$

と求められる．また，このときの推定量の分散は

$$\mathbb{V}[E_{n_1^*, \ldots, n_M^*}^{\mathrm{str}}(g)] = \frac{1}{n} \left(\sum_{j=1}^{M} p_j \sqrt{\mathbb{V}_j[g(\boldsymbol{X})]} \right)^2$$

となる．素朴な推定量 (3.1) の分散 $\mathbb{V}[E_n(g)] = \mathbb{V}[g(\boldsymbol{X})]/n$ との大小関係を比較するために，コーシー–シュワルツの不等式を 2 回用いると

$$
\begin{aligned}
\left(\sum_{j=1}^{M} p_j \sqrt{\mathbb{V}_j[g(\boldsymbol{X})]} \right)^2 &\leq \left(\sum_{j=1}^{M} p_j \right) \left(\sum_{j=1}^{M} p_j \mathbb{V}_j[g(\boldsymbol{X})] \right) \\
&= \sum_{j=1}^{M} p_j \mathbb{V}_j[g(\boldsymbol{X})] \tag{3.13} \\
&= \mathbb{E}[(g(\boldsymbol{X}))^2] - \sum_{j=1}^{M} p_j \left(\mathbb{E}_j[g(\boldsymbol{X})] \right)^2 \\
&\leq \mathbb{E}[(g(\boldsymbol{X}))^2] - \frac{\left(\displaystyle\sum_{j=1}^{M} p_j \mathbb{E}_j[g(\boldsymbol{X})] \right)^2}{\displaystyle\sum_{j=1}^{M} p_j}
\end{aligned}
$$

$$= \mathbb{E}[(g(\boldsymbol{X}))^2] - (\mathbb{E}[g(\boldsymbol{X})])^2 = \mathbb{V}[g(\boldsymbol{X})]$$

となるから，$\mathbb{V}[E^{\mathrm{str}}_{n_1^*,\ldots,n_M^*}(g)] \leq \mathbb{V}[E_n(g)]$ であり，最適なサンプルサイズの配分の下では分散が増加することはない．

　以上の結果を適用するためには，すべての条件付き分散 $\mathbb{V}_j[g(\boldsymbol{X})]$ が既知である必要があり現実的ではない．そこで，サンプルサイズの配分を

$$n_j = n_j^{**} := np_j$$

としてみる．この場合，推定量 (3.9) は

$$E^{\mathrm{str}}_{n_1^{**},\ldots,n_M^{**}}(g) = \frac{1}{n}\sum_{j=1}^{M}\sum_{i=1}^{n_j} g(\boldsymbol{X}_j^{(i)})$$

と簡略化され，その分散は定理 3.7 より

$$\mathbb{V}[E^{\mathrm{str}}_{n_1^{**},\ldots,n_M^{**}}(g)] = \frac{1}{n}\sum_{j=1}^{M} p_j \mathbb{V}_j[g(\boldsymbol{X})]$$

となる．これは式 (3.13) を n で除したものと一致するから，明らかに $\mathbb{V}[E^{\mathrm{str}}_{n_1^*,\ldots,n_M^*}(g)] \leq \mathbb{V}[E^{\mathrm{str}}_{n_1^{**},\ldots,n_M^{**}}(g)] \leq \mathbb{V}[E_n(g)]$ が従う．

注 3.9　層化サンプリングと関連する分散減少法に**条件付きモンテカルロ法**（conditional Monte Carlo: CMC）がある．確率変数 $\boldsymbol{X}$ と従属な確率変数 Z を考える．Z が与えられたときの条件付き期待値を $\mathbb{E}[g(\boldsymbol{X}) \mid Z]$ を書くと，期待値 $\mathbb{E}[g(\boldsymbol{X})]$ は $\mathbb{E}[\mathbb{E}[g(\boldsymbol{X}) \mid Z]]$ に等しい．ここで，外側の期待値は Z について取る．もし条件付き期待値を正確に計算できるならば，$Z_1, Z_2, \ldots$ を Z の iid コピーとして

$$\frac{1}{n}\sum_{i=1}^{n} \mathbb{E}[g(\boldsymbol{X}) \mid Z_i]$$

によって $\mathbb{E}[g(\boldsymbol{X})]$ を推定するのが CMC である．この不偏推定量の分散は，素朴な推定量 (3.1) の分散以下になることが示せる[85, Section 8.7]．

　CMC による推定量とは対称的に，層化サンプリングでは（条件付き期待値は未知であるが）外側の期待値は正確に計算できるという性質を用いている．具体的には，確率 p_j で $Z = j$ となるような離散変数を Z とし，$\mathbb{E}[g(\boldsymbol{X}) \mid Z = j] = \mathbb{E}_j[g(\boldsymbol{X})]$ と読み替えればよい．

3.6　ラテン超方格サンプリング

　層化サンプリングと同様に，サンプル点の一様分布性に着目することによって分散減少を図る別の方法として**ラテン超方格サンプリング**（Latin hypercube sampling: LHS）がある[75].

1次元確率変数 X に対する層化サンプリングの適用を考える．前節で見た通り，領域 $\mathcal{A} \subset \mathbb{R}$ を互いに重なり合わない M 個の区間に分割するが，この分割数 M をサンプルサイズ n に合わせたらどうなるだろうか．簡単のため，$p_1 = \cdots = p_n = 1/n$ となるような分割 $\mathcal{A}_1, \ldots, \mathcal{A}_n$ を考え，各領域にちょうど1サンプルずつ配分すると，定理 3.7 から有界な関数 g に対して

$$
\begin{aligned}
\mathbb{V}[E_{1,\ldots,1}^{\mathrm{str}}(g)] &= \frac{1}{n^2} \sum_{j=1}^{n} \mathbb{V}_j[g(X)] \\
&= \frac{1}{n^2} \sum_{j=1}^{n} \int_{\mathcal{A}_j} \left(g(x) - \mathbb{E}_j[g(X)] \right)^2 f_j(x) dx \\
&\leq \frac{1}{n^2} \sum_{j=1}^{n} \sup_{x,y \in \mathcal{A}_j} |g(x) - g(y)|^2
\end{aligned}
$$

が成り立つ．ここで，例えば X が一様分布 $U[0,1)$ に従う確率変数であり，各領域を $\mathcal{A}_j = [(j-1)/n, j/n)$ と取ると，ヘルダー連続な関数 g に対して

$$
\mathbb{V}[E_{1,\ldots,1}^{\mathrm{str}}(g)] \leq \frac{C}{n^2} \sum_{j=1}^{n} \sup_{x,y \in \mathcal{A}_j} |x-y|^{2\alpha} = \frac{C}{n^{1+2\alpha}}
$$

を満たす $C, \alpha > 0$ が存在する．これまでの分散減少法と大きく異なる点として，n を増加させたときの分散の収束オーダーが改善されている．

しかし，この結果を高次元の場合に拡張することは容易ではない．もし確率変数 $X_1, \ldots, X_d$ が互いに独立で，それぞれの値域 $\mathcal{A}_j$ を n 個の区間 $\mathcal{A}_{j,1}, \ldots, \mathcal{A}_{j,n}$ に分割したとしても，ベクトル値確率変数 $\boldsymbol{X} = (X_1, \ldots, X_d)$ の値域 $\mathcal{A} = \prod_{j=1}^{d} \mathcal{A}_j$ の分割としては n^d 個の領域を考えることになる．したがって，すべての領域に1サンプルずつ配分するだけでも，次元 d に対して指数的に大きいサンプルサイズが必要になってしまう．

そのため，せめてサンプル点集合の（任意の座標への）1次元射影だけは上記のような均等分布性を持つように設計されたのが LHS である．確率密度関数 f_j を持つある1次元確率変数 X_j に着目する．先ほどと同様に，$p_{j,1} = \cdots = p_{j,n} = 1/n$ となるような分割 $\mathcal{A}_{j,1}, \ldots, \mathcal{A}_{j,n}$ を考える．このような分割に対する最も単純な構成として，

$$
\mathcal{A}_{j,i} = \left[F_j^{-1} \left(\frac{i-1}{n} \right), F_j^{-1} \left(\frac{i}{n} \right) \right), \quad i = 1, \ldots, n
$$

が挙げられる．ここで，F_j^{-1} は f_j の累積分布関数 F_j の逆関数である．なお，端点の扱いについては確率分布に応じて適切に読み替えてほしい．

逆関数法が使える場合，各区間 $\mathcal{A}_{j,i}$ 上の条件付き確率分布に従う確率変数 $X_{j,i}$ は，$U_{j,i} \sim U[0,1)$ に対して

$$
X_{j,i} = F_j^{-1} \left(\frac{i-1+U_{j,i}}{n} \right)
$$

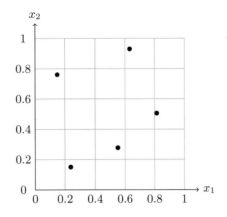

図 3.1　ラテン超方格サンプリングの例.

と定めることができる.このようにして,1 次元確率変数 X_j に対する分割数 $M = n$ の層化サンプリングができる.これを各変数 $X_1, \ldots, X_d$ に対して行うと,それぞれ互いに異なる区間を値域に持つ確率変数集合 $\{X_{j,1}, \ldots, X_{j,n}\}$ が得られる.ここで,もし可能なすべての組合せ

$$\{(X_{1,i_1}, \ldots, X_{d,i_d}) \mid (i_1, \ldots, i_d) \in \{1, \ldots, n\}^d\}$$

を考えると関数評価点が n^d 個となり,次元 d に対して指数的に増大してしまうのであった.また,単に $\{(X_{1,i}, \ldots, X_{d,i}) \mid i \in \{1, \ldots, n\}\}$ とすると,全体の領域 $\mathcal{A}$ 上の"対角線上"にしか点が分布しないことは明らかである.

そこで,各座標 $j = 1, \ldots, d$ に対して $(1, \ldots, n)$ の独立かつランダムな置換 $(\pi_{j,1}, \ldots, \pi_{j,n})$ を取って,

$$\{(X_{1,\pi_{1,i}}, \ldots, X_{d,\pi_{d,i}}) \mid i \in \{1, \ldots, n\}\}$$

を考えるのが LHS であり,推定量は

$$E_n^{\text{LHS}}(g) = \frac{1}{n} \sum_{i=1}^{n} g(X_{1,\pi_{1,i}}, \ldots, X_{d,\pi_{d,i}}) \tag{3.14}$$

と与えられる.$d = 2$ で X_1, X_2 ともに一様分布 $U[0,1]$ に従う場合の例 ($n = 5$) を図 3.1 に示す.各座標への射影は $M = n$ の層化サンプリングになっていることがわかる.

この推定量の性質を示すために,**分散分析**(analysis of variance: ANOVA)分解について説明する.**ANOVA 分解**とは多変数関数 g を以下のように展開する方法の 1 つである.

$$g(\boldsymbol{x}) = g_\emptyset + \sum_{j=1}^{d} g_j(x_j) + \sum_{1 \leq i < j \leq d} g_{i,j}(x_i, x_j) + \cdots = \sum_{u \subset \{1, \ldots, d\}} g_u(\boldsymbol{x}_u).$$

ただし,$\boldsymbol{x}_u = (x_j)_{j \in u}$ であり,それぞれの関数 g_u は以下のように条件付き期

待値を用いて再帰的に定められる.

$$g_\emptyset = \mathbb{E}[g(\boldsymbol{X})]$$

$$g_j(x_j) = \mathbb{E}[g(\boldsymbol{X}) \,|\, X_j = x_j] - g_\emptyset$$

$$g_{i,j}(x_i, x_j) = \mathbb{E}[g(\boldsymbol{X}) \,|\, X_i = x_i, X_j = x_j] - g_i(x_i) - g_j(x_j) - g_\emptyset$$

$$\vdots$$

すわなち,$g_\emptyset = \mathbb{E}[g(\boldsymbol{X})]$ として,非空集合 $u \subset \{1, \ldots, d\}$ に対して,

$$g_u(\boldsymbol{x}_u) = \mathbb{E}[g(\boldsymbol{X}) \,|\, \boldsymbol{X}_u = \boldsymbol{x}_u] - \sum_{v \subsetneq u} g_v(\boldsymbol{x}_v)$$

$$= \mathbb{E}\left[g(\boldsymbol{X}) - \sum_{v \subsetneq u} g_v(\boldsymbol{X}_v) \,\middle|\, \boldsymbol{X}_u = \boldsymbol{x}_u \right]$$

と与えられる.この ANOVA 分解に関する重要な性質を示す.

補題 3.10 ベクトル値確率変数 $\boldsymbol{X} = (X_1, \ldots, X_d)$ がすべて互いに独立であると仮定する.このとき $\mathbb{V}[g(\boldsymbol{X})] < \infty$ を満たす多変数関数 g の ANOVA 分解について以下が成り立つ.

1. すべての非空集合 $u \subset \{1, \ldots, d\}$ について,任意の元 $j \in u$ および点 $\boldsymbol{X}_{u \setminus \{j\}} = \boldsymbol{x}_{u \setminus \{j\}}$ に対して $\mathbb{E}[g_u(\boldsymbol{X}_u) \,|\, \boldsymbol{X}_{u \setminus \{j\}} = \boldsymbol{x}_{u \setminus \{j\}}] = 0$.
2. すべての互いに異なる部分集合のペア $u, v \subset \{1, \ldots, d\}$ に対して $\mathbb{E}[g_u(\boldsymbol{X}_u) g_v(\boldsymbol{X}_v)] = 0$.
3. $\mathbb{V}[g(\boldsymbol{X})] = \displaystyle\sum_{\emptyset \neq u \subset \{1, \ldots, d\}} \mathbb{V}[g_u(\boldsymbol{X}_u)]$.

証明 帰納法を用いて 1 つ目の性質を示す.まず u の要素数が 1 のとき,任意の $j = 1, \ldots, d$ に対して

$$\mathbb{E}[g_j(X_j)] = \mathbb{E}\left[\mathbb{E}[g(\boldsymbol{X}) \,|\, X_j]\right] - g_\emptyset = \mathbb{E}[g(\boldsymbol{X})] - \mathbb{E}[g(\boldsymbol{X})] = 0$$

が成り立つ.u の要素数を 2 以上とし,任意の部分集合 $v \subsetneq u$ に対して,その任意の元 $j \in v$ および点 $\boldsymbol{X}_{v \setminus \{j\}} = \boldsymbol{x}_{v \setminus \{j\}}$ で $\mathbb{E}[g_v(\boldsymbol{X}_v) \,|\, \boldsymbol{X}_{v \setminus \{j\}} = \boldsymbol{x}_{v \setminus \{j\}}] = 0$ が成り立つと仮定する.このとき,任意の元 $j \in u$ および点 $\boldsymbol{X}_{u \setminus \{j\}} = \boldsymbol{x}_{u \setminus \{j\}}$ に対して,

$$\mathbb{E}[g_u(\boldsymbol{X}_u) \,|\, \boldsymbol{X}_{u \setminus \{j\}} = \boldsymbol{x}_{u \setminus \{j\}}]$$

$$= \mathbb{E}\left[g(\boldsymbol{X}) - \sum_{v \subsetneq u} g_v(\boldsymbol{X}_v) \,\middle|\, \boldsymbol{X}_{u \setminus \{j\}} = \boldsymbol{x}_{u \setminus \{j\}} \right]$$

$$= \mathbb{E}\left[g(\boldsymbol{X}) - \sum_{v \subset u \setminus \{j\}} g_v(\boldsymbol{X}_v) - \sum_{\substack{v \subsetneq u \\ j \in v}} g_v(\boldsymbol{X}_v) \,\middle|\, \boldsymbol{X}_{u \setminus \{j\}} = \boldsymbol{x}_{u \setminus \{j\}} \right]$$

$$= \mathbb{E}\left[g(\boldsymbol{X}) - \sum_{v \subsetneq u \setminus \{j\}} g_v(\boldsymbol{X}_v) \,\middle|\, \boldsymbol{X}_{u \setminus \{j\}} = \boldsymbol{x}_{u \setminus \{j\}}\right] - g_{u \setminus \{j\}}(\boldsymbol{x}_{u \setminus \{j\}})$$

$$= g_{u \setminus \{j\}}(\boldsymbol{x}_{u \setminus \{j\}}) - g_{u \setminus \{j\}}(\boldsymbol{x}_{u \setminus \{j\}}) = 0$$

が成り立つことから，1つ目の性質が示された．

2つ目の性質を示す．$u \neq v$ なので，$j \in u$ かつ $j \notin v$，あるいは $j \in v$ かつ $j \notin u$ を満たすような元 $j \in \{1, \ldots, d\}$ が存在する．一般性を失うことなく，$j \in u$ かつ $j \notin v$ とすると，確率変数の独立性および1つ目の性質から

$$\mathbb{E}[g_u(\boldsymbol{X}_u) g_v(\boldsymbol{X}_v)] = \mathbb{E}[\mathbb{E}[g_u(\boldsymbol{X}_u) g_v(\boldsymbol{X}_v) \mid \boldsymbol{X}_{(u \cup v) \setminus \{j\}}]]$$

$$= \mathbb{E}[\mathbb{E}[g_u(\boldsymbol{X}_u) \mid \boldsymbol{X}_{u \setminus \{j\}}] g_v(\boldsymbol{X}_v)] = 0$$

を得る．この結果を用いることによって，

$$\mathbb{V}[g(\boldsymbol{X})] = \mathbb{E}[(g(\boldsymbol{X}))^2] - (\mathbb{E}[g(\boldsymbol{X})])^2$$

$$= \mathbb{E}\left[\sum_{u,v \subset \{1, \ldots, d\}} g_u(\boldsymbol{X}_u) g_v(\boldsymbol{X}_v)\right] - (g_\emptyset)^2$$

$$= \sum_{\emptyset \neq u \{1, \ldots, d\}} \mathbb{E}[(g_u(\boldsymbol{X}_u))^2] = \sum_{\emptyset \neq u \subset \{1, \ldots, d\}} \mathbb{V}[g_u(\boldsymbol{X}_u)]$$

となり，3つ目の性質が示される． $\qquad\square$

3つ目の性質から明らかな通り，ANOVA 分解によって全体の分散を個々の関数の分散の和として展開できる．LHS が持つ1次元射影の均等分布性を踏まえると，ANOVA 分解の1変数関数部分に対しては有効であると期待できる．一方で，2次元以上の射影に対する均等分布性は見ていないため，2変数以上の多変数関数については素朴な推定量 (3.1) と同程度であると考えられる．これを定量的に示したのが以下の定理である[100]．証明は省略する．

定理 3.11 $d(g_j(x)/f_j(x))/dx$ がすべての $j = 1, \ldots, d$ に対して有界であるとする．このとき，式 (3.14) で定義された推定量について，任意の $n \in \mathbb{N}$ に対して以下が成り立つ．

1. 不偏性：$\mathbb{E}[E_n^{\mathrm{LHS}}(g)] = \mathbb{E}[g(\boldsymbol{X})]$．
2. 分散の収束性：$\mathbb{V}[E_n^{\mathrm{LHS}}(g)] = o\left(\dfrac{1}{n}\right) + \dfrac{1}{n} \displaystyle\sum_{\substack{\emptyset \neq u \subset \{1, \ldots, d\} \\ |u| \geq 2}} \mathbb{V}[g_u(\boldsymbol{X}_u)]$．

    ただし，$f(x) = o(g(x))$ は $\lim_{x \to \infty} |f(x)/g(x)| = 0$ を表す．

このように ANOVA 分解において1変数関数による全体の分散への寄与が大きいほど，LHS による推定量は（素朴な推定量 (3.1) と比べて）有効である．

3.6　ラテン超方格サンプリング　**67**

第 4 章
マルチレベルモンテカルロ法

確率変数 Y の期待値 $\mathbb{E}[Y]$ を推定するときに，Y 自体を正確に評価できないことがある．もし Y に対する近似列 $Y_0, Y_1, Y_2, \ldots$ が取れる場合に，添え字 ℓ の増加とともに Y_ℓ を評価するのにかかるコストも増加する一方で，（適切な意味で）Y_ℓ が Y に収束するならば，**マルチレベルモンテカルロ法**（multilevel Monte Carlo: MLMC）と呼ばれる方法が有効である．ここでは，近年様々な分野への応用が進んでいる MLMC について，その理論を中心にまとめる．

4.1 バイアス・バリアンス分解

ある確率空間上 (Ω, Σ, μ) の確率変数 Y を考える．また，同じ確率空間上の確率変数列 $Y_0, Y_1, Y_2, \ldots$ があるとする．これらは

$$\lim_{\ell \to \infty} \mathbb{E}[Y_\ell] = \mathbb{E}[Y] \tag{4.1}$$

という意味において Y の近似列を与えるものとする．ここで，任意の $\omega \in \Omega$ に対して $Y(\omega)$ を正確に計算できないが，$Y_\ell(\omega)$ は計算可能であり，ℓ の増加とともに計算コストも増加するような状況において，期待値 $\mathbb{E}[Y]$ を推定したい．

最も単純な方法として，ある $L \in \{0, 1, 2, \ldots\}$ を固定した上で，Y_L の iid コピー $Y_L^{(1)}, Y_L^{(2)}, \ldots$ を取って，

$$E_{L,n} := \frac{1}{n} \sum_{i=1}^{n} Y_L^{(i)} \tag{4.2}$$

をその推定量とする方法が考えられる．しかし，この推定量は $\mathbb{E}[Y_L]$ に対する不偏推定量であって，$\mathbb{E}[Y]$ に対する不偏推定量ではない．誤差を測る尺度として平均二乗誤差を考えると，1.3.1 節で説明したバイアス・バリアンス分解

$$\mathbb{E}[(E_{L,n} - \mathbb{E}[Y])^2] = \mathbb{V}[E_{L,n}] + (\mathbb{E}[Y_L - Y])^2 = \frac{\mathbb{V}[Y_L]}{n} + (\mathbb{E}[Y_L - Y])^2$$

が成り立つ．ここで，最右辺の第二項はサンプルサイズ n によらず存在する誤差（バイアスの二乗），第一項は推定量 $E_{L,n}$ の分散である．

　もし L を固定してサンプルサイズ n を増やすと，推定量の分散は減少するがバイアスは変わらない．一方で，サンプルサイズ n を固定して L を増やすと，バイアスは減少すると期待できるが（$\mathbb{V}[Y_L] \approx \mathbb{V}[Y]$ と仮定すれば）推定量の分散はほぼ変わらない．したがって，平均二乗誤差を減少させるためには，L も n も同時に増加させる必要があるが，どちらを増加させても全体の計算コストは増大する．そこで，$\varepsilon > 0$ を要求する精度として，平均二乗誤差が ε^2 以下となるような L, n の中で計算コスト最小化を考える．定量的な議論のため，3 つの仮定を導入する．

仮定 4.1　任意の $\ell \in \{0, 1, \ldots\}$ に対して，

$$|\mathbb{E}[Y_\ell - Y]| \leq c_1 2^{-\alpha\ell}$$

が成り立つような定数 $\alpha, c_1 > 0$ が存在する．

仮定 4.2　任意の $\ell \in \{0, 1, \ldots\}$ に対して，

$$\mathbb{V}[Y_\ell] \leq c_2 \mathbb{V}[Y]$$

が成り立つような定数 $c_2 \geq 1$ が存在する．

仮定 4.3　$Y_\ell(\omega)$ の評価にかかるコストを $C_\ell(\omega)$ とし，その期待値を

$$\overline{C}_\ell := \int_\Omega C_\ell(\omega)\, d\mu(\omega)$$

と書く．このとき，任意の $\ell \in \{0, 1, \ldots\}$ に対して，

$$\overline{C}_\ell \leq c_3 2^{\gamma\ell}$$

が成り立つような定数 $\gamma, c_3 > 0$ が存在する．

　これらはそれぞれバイアス，分散，計算コストに対する仮定である．以上の仮定の下で次のような定理が成り立つ．

定理 4.4　精度 $0 < \varepsilon < 1$ について，推定量 (4.2) が $\mathbb{E}[(E_{L,n} - \mathbb{E}[Y])^2] \leq \varepsilon^2$ を満たすとする．仮定 4.1–4.3 の下でその計算コストの期待値が

$$n\overline{C}_L \leq C\varepsilon^{-2-\gamma/\alpha}$$

で上から抑えられるような L, n および ε によらない定数 $C > 0$ が存在する．

証明　バイアス・バリアンス分解より

$$\frac{\mathbb{V}[Y_L]}{n} \leq \frac{\varepsilon^2}{2}, \quad (\mathbb{E}[Y_L - Y])^2 \leq \frac{\varepsilon^2}{2}$$

の2つを満たせば，平均二乗誤差 $\mathbb{E}[(E_{L,n} - \mathbb{E}[Y])^2]$ は ε^2 以下となる．

仮定 4.2 より，1つ目の条件は $n \geq 2c_2\mathbb{V}[Y]\varepsilon^{-2}$ を満たせば十分であり，n が整数であることから，$n = \lceil 2c_2\mathbb{V}[Y]\varepsilon^{-2} \rceil$ と取る．また，仮定 4.1 より，2つ目の条件は $c_1^2 2^{-2\alpha L} \leq \varepsilon^2/2$ を満たせば十分であり，$L \geq \log_2(\sqrt{2}c_1\varepsilon^{-1})/\alpha$ を得る．L は整数であるから，$L = \lceil \log_2(\sqrt{2}c_1\varepsilon^{-1})/\alpha \rceil$ と取る．

推定量 $E_{L,n}$ の計算に必要なコストの期待値は $n\overline{C}_L$ であり，仮定 4.3 より

$$
\begin{aligned}
n\overline{C}_L &\leq \lceil 2c_2\mathbb{V}[Y]\varepsilon^{-2} \rceil \times c_3 2^{\gamma L} \\
&\leq \left(2c_2\mathbb{V}[Y]\varepsilon^{-2} + 1 \right) \times c_3 2^{\gamma(\log_2(\sqrt{2}c_1\varepsilon^{-1})/\alpha)+1} \\
&\leq (2c_2\mathbb{V}[Y] + 1)\varepsilon^{-2} \times 2c_3 \left(\sqrt{2}c_1\varepsilon^{-1} \right)^{\gamma/\alpha} \\
&= 2^{\gamma/(2\alpha)+1} c_1^{\gamma/\alpha}(2c_2\mathbb{V}[Y] + 1)c_3 \times \varepsilon^{-2-\gamma/\alpha}
\end{aligned}
$$

によって上から抑えられる．この上界のうち $\varepsilon^{-2-\gamma/\alpha}$ に掛かる係数部分は ε に依存しないから，

$$
C = 2^{\gamma/(2\alpha)+1} c_1^{\gamma/\alpha}(2c_2\mathbb{V}[Y] + 1)c_3
$$

とおくことによって結論を得る． $\qquad\qquad\qquad\qquad\qquad\qquad\qquad\qquad\square$

確率変数 Y の実現値を有限なコスト c で正確に計算できる場合には，精度 $0 < \varepsilon < 1$ を達成するのに必要な計算コストは $c\lceil \varepsilon^{-2}\mathbb{V}[Y] \rceil \leq c(\mathbb{V}[Y] + 1)\varepsilon^{-2}$ で上から抑えられる．したがって，近似列 $Y_0, Y_1, Y_2, \ldots$ のみが計算可能な場合に，単純な推定量 (4.2) を用いて期待値 $\mathbb{E}[Y]$ を推定すると，必要な計算コストの（ε についての）オーダーが $\varepsilon^{-2-\gamma/\alpha}$ に増大してしまうことを意味している．このオーダーの改善を目指すのが MLMC である．

4.2　制御変量法の一般化としての2レベルモンテカルロ法

ここではいったん "確率変数 Y の近似列 $Y_0, Y_1, Y_2, \ldots$ がうんぬん" という設定を忘れて，同じ確率空間上 (Ω, Σ, μ) の確率変数 Y, Z があるときに，期待値 $\mathbb{E}[Y]$ を推定する問題について考える．ただし，Z の実現値を計算するコスト c_Z のほうが Y の実現値を計算するコスト c_Y よりも小さいとする．

3.3 節では分散減少法の1つである制御変量法を紹介した．最も単純な設定として $\lambda = 1$ に限ると，

$$
\mathbb{E}[Y] = \mathbb{E}[Y - Z] + \mathbb{E}[Z] \tag{4.3}
$$

という等式に加えて，$\mathbb{E}[Z]$ が既知であるという条件の下で

$$
E_n^{\mathrm{ctrl}}(Y, Z) = \frac{1}{n} \sum_{i=1}^{n} \left(Y(\omega^{(i)}) - Z(\omega^{(i)}) \right) + \mathbb{E}[Z]
$$

を推定量とするのが制御変量法であった．ただし，$\omega^{(1)}, \ldots, \omega^{(n)}$ は確率分布 μ に従う $\omega \in \Omega$ の iid サンプルである．

ここで $\mathbb{E}[Z]$ が未知であるとする．等式 (4.3) の最右辺に現れる 2 項について，それぞれサンプルサイズ n_1, n_2 の素朴な推定量を考えることにより

$$E_{n_1,n_2}^{2\text{LMC}}(Y, Z) = \frac{1}{n_1} \sum_{i_1=1}^{n_1} \left(Y(\omega^{(i_1,1)}) - Z(\omega^{(i_1,1)}) \right) + \frac{1}{n_2} \sum_{i_2=1}^{n_2} Z(\omega^{(i_2,2)})$$

(4.4)

を $\mathbb{E}[Y]$ の推定量とできる．ただし，$(\omega^{(i,1)})_i$ および $(\omega^{(i,2)})_i$ はすべて確率分布 μ に従う $\omega \in \Omega$ の iid サンプルである．ここで重要なのは 2 項 $\mathbb{E}[Y-Z], \mathbb{E}[Z]$ を独立に推定している点にある．以下では式 (4.4) を用いた推定方法を **2 レベルモンテカルロ法** と呼び，**2LMC**（2-level Monte Carlo）と記す．

この推定量についての性質を示す．期待値の線形性と $(\omega^{(i,1)})_i$ および $(\omega^{(i,2)})_i$ が iid であることから直ちに従うため，ここでは証明を省略する．

定理 4.5 式 (4.4) で定義された推定量について，任意の $n_1, n_2 \in \mathbb{N}$ に対して以下が成り立つ．

1. 不偏性：$\mathbb{E}[E_{n_1,n_2}^{2\text{LMC}}(Y, Z)] = \mathbb{E}[Y]$.
2. 分散の収束性：$\mathbb{V}[E_{n_1,n_2}^{2\text{LMC}}(Y, Z)] = \dfrac{\mathbb{V}[Y-Z]}{n_1} + \dfrac{\mathbb{V}[Z]}{n_2}$. ただし，

$$\mathbb{V}[Y - Z] = \int_\Omega \left(Y(\omega) - Z(\omega) \right)^2 \, \mathrm{d}\mu(\omega) - \left(\mathbb{E}[Y - Z] \right)^2.$$

もし $\mathbb{V}[Y-Z] \ll \mathbb{V}[Z]$ となるような確率変数 Z を取れれば，推定量の分散に現れる 2 項は $n_1 \ll n_2$ とすることによってバランスする．$c_Z < c_Y$ という仮定を踏まえれば，分散を ε^2 以下にするのに必要な計算量は 2LMC のほうが単純なモンテカルロ推定量

$$E_n(Y) = \frac{1}{n} \sum_{i=1}^n Y(\omega^{(i)})$$

よりも小さくできると考えられる．これをより定量的に示す．

n_1, n_2 とも擬似的に実数として扱い，推定量の分散が ε^2 となるような n_1, n_2 の組に対して推定量の計算コストを最小化する．定理 3.8 から，計算コストは

$$n_1 = n_1^* = \frac{\sqrt{(c_Y + c_Z)\mathbb{V}[Y-Z]} + \sqrt{c_Z \mathbb{V}[Z]}}{\varepsilon^2} \sqrt{\frac{\mathbb{V}[Y-Z]}{c_Y + c_Z}},$$

$$n_2 = n_2^* = \frac{\sqrt{(c_Y + c_Z)\mathbb{V}[Y-Z]} + \sqrt{c_Z \mathbb{V}[Z]}}{\varepsilon^2} \sqrt{\frac{\mathbb{V}[Z]}{c_Z}}$$

のときに最小となり，計算コストの最小値は

$$(c_Y + c_Z)n_1^* + c_Z n_2^* = \varepsilon^{-2} \left(\sqrt{(c_Y + c_Z)\mathbb{V}[Y-Z]} + \sqrt{c_Z \mathbb{V}[Z]} \right)^2$$

4.2　制御変量法の一般化としての 2 レベルモンテカルロ法　**71**

となることがわかる．一方で，単純なモンテカルロ推定量 $E_n(Y)$ の分散が ε^2 となるような n は $n^* = \varepsilon^{-2}\mathbb{V}[Y]$ であり，必要な計算コストは

$$c_Y n^* = \varepsilon^{-2} c_Y \mathbb{V}[Y]$$

となる．ここで，$Y \approx Z$ ならば $\mathbb{V}[Y - Z] \ll \mathbb{V}[Z]$ かつ $\mathbb{V}[Y] \approx \mathbb{V}[Z]$ であり，計算コストの最小値の比を見れば，

$$\frac{c_Y n^*}{(c_Y + c_Z)n_1^* + c_Z n_2^*} = \frac{c_Y \mathbb{V}[Y]}{\left(\sqrt{(c_Y + c_Z)\mathbb{V}[Y - Z]} + \sqrt{c_Z \mathbb{V}[Z]}\right)^2}$$

$$\geq \frac{c_Y \mathbb{V}[Y]}{4 \max\left((c_Y + c_Z)\mathbb{V}[Y - Z], c_Z \mathbb{V}[Z]\right)}$$

となることから，$\mathbb{V}[Y]/\mathbb{V}[Y - Z]$ と c_Y/c_Z の小さいほうの値に比例する程度の効率改善が期待できる．

4.3 マルチレベルモンテカルロ法

ハインリッヒ[49]およびジャイルズ[30]による MLMC は 2LMC の自然な拡張として捉えられる．繰り返しになるが，確率空間上 (Ω, Σ, μ) の確率変数 Y およびその近似列 $Y_0, Y_1, Y_2, \ldots$ があるとき，通常のモンテカルロ法では，ある $L \in \{0, 1, 2, \ldots\}$ を固定して

$$\mathbb{E}[Y] \approx \mathbb{E}[Y_L] \approx E_{L,n} := \frac{1}{n}\sum_{i=1}^{n} Y_L(\omega^{(i)})$$

と推定するのであった．2LMC では，前節における Y, Z をそれぞれ Y_L, Y_{L-1} で置き換えた

$$\mathbb{E}[Y] \approx \mathbb{E}[Y_L] = \mathbb{E}[Y_L - Y_{L-1}] + \mathbb{E}[Y_{L-1}]$$

$$\approx \frac{1}{n_1}\sum_{i_1=1}^{n_1}\left(Y_L(\omega^{(i_1,1)}) - Y_{L-1}(\omega^{(i_1,1)})\right) + \frac{1}{n_2}\sum_{i_2=1}^{n_2} Y_{L-1}(\omega^{(i_2,2)})$$

によって $\mathbb{E}[Y]$ を推定する．式 (4.1) が成り立つとき，特に L が大きいときには Y_{L-1} は Y_L の良い近似を与えると考えられる（これはのちほど仮定として適切な形で与える）．また，仮定 4.3 より，計算コストは Y_{L-1} のほうが Y_L より小さい（正確には，小さい値で上から抑えられている）ため，同じ精度を達成するのに必要な全体の計算コストは $E_{L,n}$ よりも小さくできると期待できる．このように，計算コストの小さい確率変数の期待値計算に多くのサンプルサイズを"押し付ける"ことによって全体の計算コストを低減させる．

2LMC における $\mathbb{E}[Y_{L-1}]$ の推定に分解 $\mathbb{E}[Y_{L-1} - Y_{L-2}] + \mathbb{E}[Y_{L-2}]$ に基づく 2LMC を用い，その $\mathbb{E}[Y_{L-2}]$ の推定に分解 $\mathbb{E}[Y_{L-2} - Y_{L-3}] + \mathbb{E}[Y_{L-3}]$ に基づく 2LMC を用い，ということを繰り返して得られるのが MLMC 推定量

である．すなわち，畳み込み和

$$\mathbb{E}[Y_L] = \mathbb{E}[Y_0] + \sum_{\ell=1}^{L} \mathbb{E}[Y_\ell - Y_{\ell-1}] = \sum_{\ell=0}^{L} \mathbb{E}[Y_\ell - Y_{\ell-1}]$$

の各項を独立に推定する．

$$E_{L,n_0,\dots,n_L}^{\mathrm{MLMC}} = \sum_{\ell=0}^{L} \frac{1}{n_\ell} \sum_{i_\ell=1}^{n_\ell} \left(Y_\ell(\omega^{(i_\ell,\ell)}) - Y_{\ell-1}(\omega^{(i_\ell,\ell)}) \right).$$

ただし，$Y_{-1} \equiv 0$ であり，$(\omega^{(i,\ell)})_{i,\ell}$ はすべて確率分布 μ に従う $\omega \in \Omega$ の iid サンプルである．あるいは，より一般に $\mathbb{E}[Y_\ell - Y_{\ell-1}] = \mathbb{E}[\Delta Y_\ell]$ を満たすような "差分" 確率変数の列 $\Delta Y_0, \Delta Y_1, \Delta Y_2, \dots$ を取れるならば，

$$\mathbb{E}[Y_L] = \sum_{\ell=0}^{L} \mathbb{E}[\Delta Y_\ell]$$

に基づいて

$$E_{L,n_0,\dots,n_L}^{\mathrm{MLMC}} = \sum_{\ell=0}^{L} \frac{1}{n_\ell} \sum_{i_\ell=1}^{n_\ell} \Delta Y_\ell(\omega^{(i_\ell,\ell)}) \tag{4.5}$$

によって $\mathbb{E}[Y]$ を推定する．

　それでは L や各サンプルサイズ $n_0, n_1, \dots, n_L$ をどのように決めればよいのだろうか．この疑問に対して以下の補題が 1 つの指針を与える．

補題 4.6 式 (4.5) で定義された推定量について，任意の $L, n_0, n_1, \dots, n_L \in \mathbb{N}$ に対して以下が成り立つ．

$$\mathbb{E}\left[(E_{L,n_0,\dots,n_L}^{\mathrm{MLMC}} - \mathbb{E}[Y])^2 \right] = \sum_{\ell=0}^{L} \frac{\mathbb{V}[\Delta Y_\ell]}{n_\ell} + (\mathbb{E}[Y_L - Y])^2.$$

証明 $\mathbb{E}[E_{L,n_0,\dots,n_L}^{\mathrm{MLMC}}] = \mathbb{E}[Y_L]$ であるから，4.1 節の議論に従えば，

$$\mathbb{E}\left[(E_{L,n_0,\dots,n_L}^{\mathrm{MLMC}} - \mathbb{E}[Y])^2 \right] = \mathbb{E}\left[(E_{L,n_0,\dots,n_L}^{\mathrm{MLMC}} - \mathbb{E}[Y_L] + \mathbb{E}[Y_L] - \mathbb{E}[Y])^2 \right]$$
$$= \mathbb{E}\left[(E_{L,n_0,\dots,n_L}^{\mathrm{MLMC}} - \mathbb{E}[Y_L])^2 \right] + (\mathbb{E}[Y_L - Y])^2$$

が成り立つ．$(\omega^{(i,\ell)})_{i,\ell}$ の独立性によって，最右辺の第一項は

$$\mathbb{E}\left[(E_{L,n_0,\dots,n_L}^{\mathrm{MLMC}} - \mathbb{E}[Y_L])^2 \right]$$
$$= \mathbb{E}\left[\left(\sum_{\ell=0}^{L} \frac{1}{n_\ell} \sum_{i_\ell=1}^{n_\ell} \left(\Delta Y_\ell(\omega^{(i_\ell,\ell)}) - \mathbb{E}[\Delta Y_\ell] \right) \right)^2 \right]$$
$$= \sum_{\ell=0}^{L} \frac{1}{n_\ell^2} \sum_{i_\ell=1}^{n_\ell} \mathbb{E}\left[\left(\Delta Y_\ell(\omega^{(i_\ell,\ell)}) - \mathbb{E}[\Delta Y_\ell] \right)^2 \right] = \sum_{\ell=0}^{L} \frac{\mathbb{V}[\Delta Y_\ell]}{n_\ell}$$

と変形できることから，求める等式が得られる． □

4.3 マルチレベルモンテカルロ法 **73**

このようにバイアス $|\mathbb{E}[Y_L - Y]|$ が存在するため，平均二乗誤差が ε^2 以下となるためには，その大きさに応じて L を適切に決める必要がある．これは 4.1 節で単純な推定量 (4.2) に対して議論した通り，仮定 4.1 から定めることができる．また，前章で見た通り，サンプルサイズ $n_0, n_1, \ldots, n_L$ の配分には定理 3.8 による議論が有効である．精度 ε に対する必要な計算コストのオーダーを議論する上で，差分確率変数の分散の減衰の速さが重要となる．ここでは，仮定 4.2 の代わりに以下の仮定を考える．

仮定 4.7 任意の $\ell \in \{0, 1, \ldots\}$ に対して，

$$\mathbb{V}[\Delta Y_\ell] \le c_2 2^{-\beta \ell}$$

が成り立つような定数 $\beta, c_2 > 0$ が存在する．

また，計算コストに対する仮定 4.3 を以下で置き換える．

仮定 4.8 $\Delta Y_\ell(\omega)$ の評価にかかるコストを $C_{\Delta,\ell}(\omega)$ とし，その期待値を

$$\overline{C}_{\Delta,\ell} := \int_\Omega C_{\Delta,\ell}(\omega)\, d\mu(\omega)$$

と書く．このとき，任意の $\ell \in \{0, 1, \ldots\}$ に対して，

$$\overline{C}_{\Delta,\ell} \le c_3 2^{\gamma \ell}$$

が成り立つような定数 $\gamma, c_3 > 0$ が存在する．

以下の結果は "MLMC の基本定理" とも言えるものであり，精度 ε に対する必要な計算コストのオーダーを示している．

定理 4.9 精度 $0 < \varepsilon < 1$ について，推定量 (4.5) が $\mathbb{E}[(E_{L,n_0,\ldots,n_L}^{\mathrm{MLMC}} - \mathbb{E}[Y])^2] \le \varepsilon^2$ を満たすとする．仮定 4.1, 4.7, 4.8 および $\alpha \ge \min(\beta, \gamma)/2$ の下でその計算コストの期待値が

$$\begin{cases} c_4 \varepsilon^{-2} & \text{if } \beta > \gamma, \\ c_4 \varepsilon^{-2}(\max(\log_2 \varepsilon^{-1}, 1))^2 & \text{if } \beta = \gamma, \\ c_4 \varepsilon^{-2-(\gamma-\beta)/\alpha} & \text{if } \beta < \gamma \end{cases}$$

で上から抑えられるような $L, n_0, n_1, \ldots, n_L$ および ε によらない定数 $c_4 > 0$ が存在する．

証明 補題 4.6 から，推定量 (4.5) について $\mathbb{E}[(E_{L,n_0,\ldots,n_L}^{\mathrm{MLMC}} - \mathbb{E}[Y])^2] \le \varepsilon^2$ が成り立つためには

$$\sum_{\ell=0}^{L} \frac{\mathbb{V}[\Delta Y_\ell]}{n_\ell} \le \frac{\varepsilon^2}{2}, \quad (\mathbb{E}[Y_L - Y])^2 \le \frac{\varepsilon^2}{2}$$

74 第 4 章 マルチレベルモンテカルロ法

を満たせば十分である．仮定 4.1 より，2 つ目の条件は $c_1^2 2^{-2\alpha L} \le \varepsilon^2/2$ のときに成り立つから，$L \ge \log_2(\sqrt{2}c_1\varepsilon^{-1})/\alpha$ を得る．ただし L は整数であることから，$L = \lceil \log_2(\sqrt{2}c_1\varepsilon^{-1})/\alpha \rceil$ と取る．

また，1 つ目の条件が成り立つような $n_0, n_1, \ldots, n_L$ の中で計算コストの期待値の最小化を考える．定理 3.8 より，各 n_j を実数値に緩和すれば

$$n_j = n_j^* := \frac{2}{\varepsilon^2} \sqrt{\frac{\mathbb{V}[\Delta Y_j]}{\overline{C}_{\Delta,j}}} \sum_{\ell=0}^{L} \sqrt{\overline{C}_{\Delta,\ell} \mathbb{V}[\Delta Y_\ell]}, \quad j = 0, 1, \ldots, L$$

がその解となる．ここでも $n_0, n_1, \ldots, n_L$ が自然数であることに注意して，1 つ目の条件 $\sum_{\ell=0}^{L} \mathbb{V}[\Delta Y_\ell]/n_j \le \varepsilon^2/2$ を満たすように $n_j = \lceil n_j^* \rceil$ と取る．以上の $L, n_0, n_1, \ldots, n_L$ に対する結果に基づいて，計算コストの期待値を評価する．

$\beta > \gamma$ の場合：

仮定 4.7–4.8 より

$$\sum_{\ell=0}^{L} \sqrt{\overline{C}_{\Delta,\ell} \mathbb{V}[\Delta Y_\ell]} \le \sqrt{c_2 c_3} \sum_{\ell=0}^{\infty} 2^{-(\beta-\gamma)\ell/2} = \frac{\sqrt{c_2 c_3}}{1 - 2^{-(\beta-\gamma)/2}} =: \tilde{c}_1$$

であることから，$\alpha \ge \gamma/2$ に注意すれば，計算コストの期待値は

$$
\begin{aligned}
\sum_{\ell=0}^{L} \lceil n_\ell^* \rceil \overline{C}_{\Delta,\ell} &\le \sum_{\ell=0}^{L} (n_\ell^* + 1) \overline{C}_{\Delta,\ell} = \sum_{\ell=0}^{L} n_\ell^* \overline{C}_{\Delta,\ell} + \sum_{\ell=0}^{L} \overline{C}_{\Delta,\ell} \\
&\le \frac{2}{\varepsilon^2} \left(\sum_{\ell=0}^{L} \sqrt{\overline{C}_{\Delta,\ell} \mathbb{V}[\Delta Y_\ell]} \right)^2 + c_3 \sum_{\ell=0}^{L} 2^{\gamma\ell} \\
&\le \frac{2\tilde{c}_1^2}{\varepsilon^2} + c_3 \frac{2^{\gamma(L+1)} - 1}{2^\gamma - 1} \\
&\le \frac{2\tilde{c}_1^2}{\varepsilon^2} + c_3 \frac{2^{\gamma(\log_2(\sqrt{2}c_1\varepsilon^{-1})/\alpha + 2)}}{2^\gamma - 1} \\
&= \frac{2\tilde{c}_1^2}{\varepsilon^2} + \frac{c_1^{\gamma/\alpha} c_3 2^{2\gamma + \gamma/(2\alpha)}}{\varepsilon^{\gamma/\alpha}(2^\gamma - 1)} \\
&\le \frac{1}{\varepsilon^2} \left(2\tilde{c}_1^2 + \tilde{\tilde{c}} \right), \quad \text{ただし，} \tilde{\tilde{c}} = \frac{c_1^{\gamma/\alpha} c_3 2^{2\gamma + \gamma/(2\alpha)}}{2^\gamma - 1}
\end{aligned}
$$

と上から抑えられ，係数 $2\tilde{c}_1^2 + \tilde{\tilde{c}}$ は ε に依存しないことから，$\beta > \gamma$ の場合が示される．

$\beta = \gamma$ の場合：

同様の議論によって，

$$
\begin{aligned}
\sum_{\ell=0}^{L} \sqrt{\overline{C}_{\Delta,\ell} \mathbb{V}[\Delta Y_\ell]} &\le \sqrt{c_2 c_3} \sum_{\ell=0}^{L} 1 = \sqrt{c_2 c_3}(L+1) \\
&\le \sqrt{c_2 c_3} \left(\frac{\log_2(\sqrt{2}c_1\varepsilon^{-1})}{\alpha} + 2 \right) \\
&= \frac{\sqrt{c_2 c_3}}{\alpha} \left(\log_2 \varepsilon^{-1} + \log_2(2^{2\alpha + 1/2} c_1) \right)
\end{aligned}
$$

4.3 マルチレベルモンテカルロ法 **75**

$$\leq \frac{\sqrt{c_2 c_3}}{\alpha}\left(1 + \log_2(2^{2\alpha+1/2}c_1)\right)\max(\log_2 \varepsilon^{-1}, 1)$$
$$=: \tilde{c}_2 \max(\log_2 \varepsilon^{-1}, 1)$$

であることから，計算コストの期待値は

$$\sum_{\ell=0}^{L}\lceil n_\ell^*\rceil \overline{C}_{\Delta,\ell} \leq \frac{2}{\varepsilon^2}\left(\sum_{\ell=0}^{L}\sqrt{\overline{C}_{\Delta,\ell}\mathbb{V}[\Delta Y_\ell]}\right)^2 + c_3\sum_{\ell=0}^{L}2^{\gamma\ell}$$
$$\leq \frac{2\tilde{c}_2^2}{\varepsilon^2}(\max(\log_2 \varepsilon^{-1}, 1))^2 + \frac{\tilde{\tilde{c}}}{\varepsilon^2}$$
$$\leq \frac{(\max(\log_2 \varepsilon^{-1}, 1))^2}{\varepsilon^2}\left(2\tilde{c}_2^2 + \tilde{\tilde{c}}\right)$$

と上から抑えられ，係数 $2\tilde{c}_2^2 + \tilde{\tilde{c}}$ は ε に依存しないことから，$\beta = \gamma$ の場合が示される．

$\beta < \gamma$ の場合：

ここでも同様に，

$$\sum_{\ell=0}^{L}\sqrt{\overline{C}_{\Delta,\ell}\mathbb{V}[\Delta Y_\ell]} \leq \sqrt{c_2 c_3}\sum_{\ell=0}^{L}2^{(\gamma-\beta)\ell/2} = \sqrt{c_2 c_3}\frac{2^{(\gamma-\beta)L/2} - 1}{2^{(\gamma-\beta)/2} - 1}$$
$$\leq \frac{\sqrt{c_2 c_3}}{2^{(\gamma-\beta)/2} - 1}2^{(\gamma-\beta)(\log_2(\sqrt{2}c_1\varepsilon^{-1})/\alpha+1)/2}$$
$$= \frac{2^{(\gamma-\beta)/2}\sqrt{c_2 c_3}}{2^{(\gamma-\beta)/2} - 1}\left(\sqrt{2}c_1\varepsilon^{-1}\right)^{(\gamma-\beta)/(2\alpha)}$$
$$=: \tilde{c}_3\varepsilon^{-(\gamma-\beta)/(2\alpha)}$$

であることから，計算コストの期待値は

$$\sum_{\ell=0}^{L}\lceil n_\ell^*\rceil \overline{C}_{\Delta,\ell} \leq \frac{2}{\varepsilon^2}\left(\sum_{\ell=0}^{L}\sqrt{\overline{C}_{\Delta,\ell}\mathbb{V}[\Delta Y_\ell]}\right)^2 + c_3\sum_{\ell=0}^{L}2^{\gamma\ell}$$
$$\leq \frac{2\tilde{c}_3^2}{\varepsilon^2}\varepsilon^{-(\gamma-\beta)/\alpha} + \frac{\tilde{\tilde{c}}}{\varepsilon^{\gamma/\alpha}}$$
$$\leq \frac{1}{\varepsilon^{2+(\gamma-\beta)/\alpha}}\left(2\tilde{c}_3^2 + \tilde{\tilde{c}}\right)$$

と上から抑えられる．ここで，2 行目から 3 行目にかけて第 2 項の指数部に対して $2 - \beta/\alpha \geq 0$ を用いた．係数 $2\tilde{c}_3^2 + \tilde{\tilde{c}}$ は ε に依存しないことから，$\beta < \gamma$ の場合が示される． $\square$

単純な推定量 (4.2) に対する定理 4.4 を思い出すと，精度 ε に対しては計算コストは $\varepsilon^{-2-\gamma/\alpha}$ のオーダーで増加するのだった．したがって，β, γ の大小関係によらず，MLMC の推定量のほうが精度 ε に対する計算コストの増加が緩やかであり，ε が 0 に近づくほど MLMC のほうが効率的であるといえる．また，$\beta > \gamma$ の場合にはそのオーダーが ε^{-2} であり，（本章の重要な設定である）Y が評価できない状況にもかかわらず，Y の計算コストが有限な場合の通

76 第 4 章 マルチレベルモンテカルロ法

常のモンテカルロ法と同等のオーダーが達成できることを意味している.

また,証明からも明らかな通り,各レベル ℓ に対するサンプルサイズ n_ℓ は $\sqrt{\mathbb{V}[\Delta Y_\ell]/\overline{C}_{\Delta,\ell}}$ に比例するように配分するのが最適であることがわかる.計算コストの面では,レベル ℓ に対して $n_\ell\overline{C}_{\Delta,\ell} \propto \sqrt{\overline{C}_{\Delta,\ell}\mathbb{V}[\Delta Y_\ell]} \propto 2^{-(\beta-\gamma)\ell/2}$ がかかることになる.$\beta > \gamma$ の場合には,レベル ℓ が大きくなるにつれて割く計算コストを指数的に減少させることができ,全体として効率的な推定が可能になるといえる.

ただし,仮定 4.1, 4.7, 4.8 を満たすような定数 $\alpha, \beta, \gamma, c_1, c_2, c_3$ の値が既知であることは稀であり,定理 4.9 の結果をそのまま実装に用いることは一般には困難である.定理 4.9 はあくまで "理想的な状況では MLMC は効率的である" ことを主張しているだけであり,非構成的な結果である.したがって,実用に際しては [31, Algorithm 1] に示されるようなヒューリスティックなアルゴリズムに頼る必要があることに注意されたい.

4.4　乱択化マルチレベルモンテカルロ法

マルチレベルモンテカルロ法による推定量は $\mathbb{E}[Y_L]$ に対する不偏推定量であり,$\mathbb{E}[Y]$ からのバイアスを減少させるためには L を大きくする必要がある.ここでは,マルチレベルモンテカルロ法による推定量にある乱択化を加えることによって,$\mathbb{E}[Y]$ の不偏推定量を構成できることを示す.

仮定 4.7 よりも少し強い仮定を考える.

仮定 4.10　任意の $\ell \in \{0, 1, \ldots\}$ に対して,

$$\mathbb{E}[(\Delta Y_\ell)^2] \leq c_2 2^{-\beta\ell}$$

が成り立つような定数 $\beta, c_2 > 0$ が存在する.

ヘルダーの不等式を用いれば,

$$\mathbb{E}[|\Delta Y_\ell|] \leq \left(\mathbb{E}[(\Delta Y_\ell)^2]\right)^{1/2} \leq \sqrt{c_2}2^{-\beta\ell/2}$$

が成り立つ.ここで,目標とする値 $\mathbb{E}[Y]$ について以下の等式を得る.

$$\mathbb{E}[Y] = \lim_{L\to\infty}\mathbb{E}[Y_L] = \lim_{L\to\infty}\sum_{\ell=0}^{L}\mathbb{E}[\Delta Y_\ell] = \sum_{\ell=0}^{\infty}\mathbb{E}[\Delta Y_\ell]$$

仮定 4.10 の下では最右辺の級数は絶対収束する.さらに,$p_0+p_1+\cdots=1$ を満たす数列 $p_0, p_1, \ldots > 0$ に対して,$\tau \in \{0, 1, \ldots\}$ を $\mathbb{P}[\tau = \ell] = p_\ell$, $\ell = 0, 1, \ldots$ となる離散確率変数とすれば

$$\mathbb{E}[Y] = \sum_{\ell=0}^{\infty}p_\ell\frac{\mathbb{E}[\Delta Y_\ell]}{p_\ell} = \mathbb{E}_\tau\left[\frac{\mathbb{E}[\Delta Y_\tau \mid \tau]}{p_\tau}\right] = \mathbb{E}_{\omega,\tau}\left[\frac{\Delta Y_\tau(\omega)}{p_\tau}\right] \quad (4.6)$$

を得る．ここで，どの確率変数についての期待値を取っているのかを下付き添え字で表した．最後の等式は条件付期待値に関する**塔性**（tower property）から従う．式 (4.6) から，$\omega^{(1)}, \ldots, \omega^{(n)}$ を確率分布 μ に従う $\omega \in \Omega$ の iid コピー，$\tau^{(1)}, \ldots, \tau^{(n)}$ を $p_0, p_1, \ldots > 0$ によって定まる離散確率分布に従う $\tau \in \{0, 1, \ldots\}$ の iid コピーとして，

$$E_n^{\mathrm{RMLMC}} = \frac{1}{n} \sum_{i=1}^{n} \frac{\Delta Y_{\tau^{(i)}}(\omega^{(i)})}{p_{\tau^{(i)}}} \tag{4.7}$$

は $\mathbb{E}[Y]$ の不偏推定量となることがわかる[88]．この方法を**乱択化マルチレベルモンテカルロ法**（randomized MLMC: RMLMC）と呼ぶ．

適切な選択確率 $p_0, p_1, \ldots > 0$ を決めるために，この推定量の 1 サンプルあたりの計算コストの期待値と分散について考える．これらはそれぞれ

$$\sum_{\ell=0}^{\infty} p_\ell \overline{C}_{\Delta, \ell}, \quad \sum_{\ell=0}^{\infty} \frac{\mathbb{E}[(\Delta Y_\ell)^2]}{p_\ell} - (\mathbb{E}[Y])^2$$

と与えられる．仮定 4.8 および 4.10 から，それぞれの級数が有界であるためには，p_ℓ が ℓ について $2^{-\gamma \ell}$ より速く減衰し，$2^{-\beta \ell}$ より遅く減衰することが要求される．したがって，$\beta \leq \gamma$ の場合には計算コストの期待値と分散の両方が有限になるような選択確率 $p_0, p_1, \ldots > 0$ を取ることはできない．

そこで $\beta > \gamma$ の場合について，$p_\ell \propto 2^{-(\beta+\gamma)\ell/2}$ となるように選択確率を選べば，計算コストの期待値，分散ともに有限となる．さらに，分散を固定した上で計算コストの期待値の最小化を考えると，これまでの定理 3.8 による議論がそのまま適用でき，

$$p_\ell = \sqrt{\mathbb{E}[(\Delta Y_\ell)^2]/\overline{C}_{\Delta, \ell}} \Big/ \sum_{j=0}^{\infty} \sqrt{\mathbb{E}[(\Delta Y_j)^2]/\overline{C}_{\Delta, j}}$$

が最適な選択確率であることがわかる．また，対応する計算コストの期待値と分散は

$$\sum_{\ell=0}^{\infty} \sqrt{\mathbb{E}[(\Delta Y_\ell)^2]\overline{C}_{\Delta, \ell}} \Big/ \sum_{j=0}^{\infty} \sqrt{\mathbb{E}[(\Delta Y_j)^2]/\overline{C}_{\Delta, j}} \,,$$

および

$$\left(\sum_{\ell=0}^{\infty} \sqrt{\mathbb{E}[(\Delta Y_\ell)^2]\overline{C}_{\Delta, \ell}} \right) \left(\sum_{j=0}^{\infty} \sqrt{\mathbb{E}[(\Delta Y_j)^2]/\overline{C}_{\Delta, j}} \right) - (\mathbb{E}[Y])^2 \tag{4.8}$$

となる．式 (4.7) で与えられる推定量について，各サンプルの独立性によって，その分散は式 (4.8) の量を n で割った値に等しい．したがって，$\mathbb{E}[(E_n^{\mathrm{RMLMC}} - \mathbb{E}[Y])^2] \leq \varepsilon^2$ を満たすために必要な計算コストの期待値のオーダーは ε^{-2} である．MLMC の基本定理 4.9 における $\beta > \gamma$ の場合と（オーダーの意味では）一致したまま，不偏性を得られることになる．

4.5 入れ子型期待値推定への応用

本章の最後に MLMC の応用例として，**入れ子型期待値**（nested expectation）の推定問題を考える．その他の応用についてはジャイルズによる総説論文[31]あるいはホームページ[*1)]を参考にされたい．

入れ子型期待値とは，文字通り期待値が入れ子になっているものであり，

$$\mathbb{E}_U\left[f\left(\mathbb{E}_V[g(U,V)]\right)\right]$$

のような形で書き表される量のことを指す．ただし，U,V は互いに独立な確率変数とし（それぞれの次元を d_u, d_v とする），$g\colon \mathbb{R}^{d_u+d_v} \to \mathbb{R}^{d_g}$, $f\colon \mathbb{R}^{d_g} \to \mathbb{R}$ は任意の入力に対して単位コストで計算できるような写像とする．ここで，$\mathbb{E}_V[g(U,V)]$ は U を固定して V のみについて期待値を取る操作を表す．

したがって，U を入力確率変数とする

$$Y = f\left(\mathbb{E}_V[g(U,V)]\right)$$

を考えると，$\mathbb{E}[Y]$ が求めたい値となる．もし $\mathbb{E}_V[g(U,V)]$ を正確に計算できるならば，Y の iid サンプルを生成できるため，通常のモンテカルロ法を使って $\mathbb{E}[Y]$ を推定できる．しかし，$\mathbb{E}_V[g(U,V)]$ が未知である場合，何かしらの方法を使って推定する必要がある．最も素朴な方法は $\mathbb{E}_V[g(U,V)]$ をモンテカルロ法で推定する方法であり，その推定量は

$$\frac{1}{n}\sum_{i=1}^{n} f\left(\frac{1}{m}\sum_{j=1}^{m} g(U^{(i)}, V^{(i,j)})\right) \tag{4.9}$$

と与えられる．ここで，$(U^{(i)})_i$ は確率変数 U の iid コピー，$(V^{(i,j)})_{i,j}$ は確率変数 V の iid コピーである．すなわち，内側と外側の期待値をそれぞれサンプルサイズ m,n のモンテカルロ法で近似するだけであり，ここではこの方法を**入れ子型モンテカルロ法**（nested Monte Carlo）と呼ぶ．

極限 $m \to \infty$ を考えると，大数の法則によって確率 1 で

$$\lim_{m\to\infty} f\left(\frac{1}{m}\sum_{j=1}^{m} g(U^{(i)}, V^{(i,j)})\right) = Y$$

となることから，m の大きさを様々に変えることによって Y の近似列を構成できることがわかる．そこで，仮定 4.8 にあわせるために，

$$Y_\ell := f\left(\frac{1}{m_0 2^\ell}\sum_{j=1}^{m_0 2^\ell} g(U, V^{(j)})\right) \tag{4.10}$$

と定める．m_0 は Y_0 に用いるサンプルサイズであり，任意の自然数で固定し

[*1)] https://people.maths.ox.ac.uk/gilesm/mlmc_community.html

てよい．差分確率変数 ΔY_ℓ としては，$Y_{\ell-1}$ と Y_ℓ の評価に同一の V の iid コピーを共有することによって得られる

$$\Delta Y_\ell = f\left(\frac{1}{m_0 2^\ell}\sum_{j=1}^{m_0 2^\ell} g(U, V^{(j)})\right) - f\left(\frac{1}{m_0 2^{\ell-1}}\sum_{j=1}^{m_0 2^{\ell-1}} g(U, V^{(j)})\right)$$

が素朴な定義である．同じサンプルを用いたとしても，期待値の線形性によって $\mathbb{E}[\Delta Y_\ell] = \mathbb{E}[Y_\ell] - \mathbb{E}[Y_{\ell-1}]$ が保証されることは明らかである．

しかし，この定義では Y_ℓ を計算するために用いる $m_0 2^\ell$ 個の V のサンプルのうち，半分しか"再利用"していない．残る半分も共有する方法として

$$\Delta Y_\ell = f\left(\frac{1}{m_0 2^\ell}\sum_{j=1}^{m_0 2^\ell} g(U, V^{(j)})\right) - \frac{1}{2}f\left(\frac{1}{m_0 2^{\ell-1}}\sum_{j=1}^{m_0 2^{\ell-1}} g(U, V^{(j)})\right)$$
$$- \frac{1}{2}f\left(\frac{1}{m_0 2^{\ell-1}}\sum_{j=m_0 2^{\ell-1}+1}^{m_0 2^\ell} g(U, V^{(j)})\right) \tag{4.11}$$

が考えられる．この定義でも $\mathbb{E}[\Delta Y_\ell] = \mathbb{E}[Y_\ell] - \mathbb{E}[Y_{\ell-1}]$ は保証される．いずれの場合であっても，仮定 4.8 は $\gamma = 1$ で成り立つ．残る仮定 4.1 および 4.7 について，式 (4.11) の場合に対して，f が滑らかな場合に対する達成可能な α, β の値を以下に示す．

定理 4.11 f がすべての変数について可微分であり，偏導関数がヘルダー連続性を満たすとする．すなわち，ある定数 $\lambda > 0, 0 < \rho < 1$ が存在して，任意の $\boldsymbol{x}, \boldsymbol{y} \in \mathbb{R}^{d_g}$ に対して

$$\|\nabla f(\boldsymbol{x}) - \nabla f(\boldsymbol{y})\|_2 \le \lambda\|\boldsymbol{x} - \boldsymbol{y}\|_2^\rho$$

が成り立つとする．さらに同じ定数 ρ に対して，$\mathbb{E}\left[\|g(U, V)\|_2^{2+2\rho}\right] < \infty$ であるとする．このとき，式 (4.10) で定義される確率変数列 $Y_0, Y_1, \ldots$ および，式 (4.11) で定義される差分確率変数列 $\Delta Y_0, \Delta Y_1, \ldots$ はそれぞれ仮定 4.1 および仮定 4.7 を $\alpha = (1+\rho)/2, \beta = 1 + \rho$ で満たす．

この定理を示すために以下の補題が重要である．マーシンキウィッツ–ジグムント不等式[12, Section 10.3]から直ちに導出できるため，証明は割愛する．

補題 4.12 X を期待値が 0 の 1 次元確率変数とする．$X^{(1)}, X^{(2)}, \ldots, X^{(n)}$ をその iid コピーとし，これらの平均を $\overline{X}_n = (X^{(1)} + \cdots + X^{(n)})/n$ と書く．このとき，$\mathbb{E}[|X|^p] < \infty$ となる $p > 2$ が存在するとき，p のみに依存する定数 C_p が存在して，以下が成り立つ．

$$\mathbb{E}\left[|\overline{X}_n|^p\right] \le C_p \frac{\mathbb{E}[|X|^p]}{n^{p/2}}.$$

定理 4.11 の証明 この証明では表記の簡略化のために，式 (4.11) に現れる 3

つの算術平均をそれぞれ

$$\overline{g} = \frac{1}{m_0 2^\ell} \sum_{j=1}^{m_0 2^\ell} g(U, V^{(j)}),$$

$$\overline{g}^{(a)} = \frac{1}{m_0 2^{\ell-1}} \sum_{j=1}^{m_0 2^{\ell-1}} g(U, V^{(j)}),$$

$$\overline{g}^{(b)} = \frac{1}{m_0 2^{\ell-1}} \sum_{j=m_0 2^{\ell-1}+1}^{m_0 2^\ell} g(U, V^{(j)})$$

と書く．このとき，$\overline{g} = (\overline{g}^{(a)} + \overline{g}^{(b)})/2$ が成り立つことに注意されたい．$g^* = \mathbb{E}_V[g(U,V)]$ として，差分確率変数 ΔY_ℓ の各項に対して平均値の定理を用いることによって

$$
\begin{aligned}
\Delta Y_\ell &= f(\overline{g}) - \frac{1}{2} f(\overline{g}^{(a)}) - \frac{1}{2} f(\overline{g}^{(b)}) \\
&= f(g^*) + \nabla f((1-c)g^* + c\overline{g}) \cdot (g^* - \overline{g}) \\
&\quad - \frac{1}{2} f(g^*) - \frac{1}{2} \nabla f((1-c^{(a)})g^* + c^{(a)}\overline{g}^{(a)}) \cdot (g^* - \overline{g}^{(a)}) \\
&\quad - \frac{1}{2} f(g^*) - \frac{1}{2} \nabla f((1-c^{(b)})g^* + c^{(b)}\overline{g}^{(b)}) \cdot (g^* - \overline{g}^{(b)}) \\
&= (\nabla f((1-c)g^* + c\overline{g}) - \nabla f(g^*)) \cdot (g^* - \overline{g}) \\
&\quad - \frac{1}{2} \left(\nabla f((1-c^{(a)})g^* + c^{(a)}\overline{g}^{(a)}) - \nabla f(g^*) \right) \cdot (g^* - \overline{g}^{(a)}) \\
&\quad - \frac{1}{2} \left(\nabla f((1-c^{(b)})g^* + c^{(b)}\overline{g}^{(b)}) - \nabla f(g^*) \right) \cdot (g^* - \overline{g}^{(b)})
\end{aligned}
$$

を満たすような $c, c^{(a)}, c^{(b)} \in [0,1]$ の存在がわかる．ここで，最後の等号を導くために $\overline{g} = (\overline{g}^{(a)} + \overline{g}^{(b)})/2$ を用いた．

したがって，イェンセンの不等式および ∇f のヘルダー連続性を用いると，ΔY_ℓ の分散は

$$
\begin{aligned}
\mathbb{V}[\Delta Y_\ell] &\leq \mathbb{E}[(\Delta Y_\ell)^2] \\
&\leq \mathbb{E}\left[((\nabla f((1-c)g^* + c\overline{g}) - \nabla f(g^*)) \cdot (g^* - \overline{g}))^2 \right] \\
&\quad + \frac{1}{2}\mathbb{E}\left[\left(\left(\nabla f((1-c^{(a)})g^* + c^{(a)}\overline{g}^{(a)}) - \nabla f(g^*) \right) \cdot (g^* - \overline{g}^{(a)}) \right)^2 \right] \\
&\quad + \frac{1}{2}\mathbb{E}\left[\left(\left(\nabla f((1-c^{(b)})g^* + c^{(b)}\overline{g}^{(b)}) - \nabla f(g^*) \right) \cdot (g^* - \overline{g}^{(b)}) \right)^2 \right] \\
&\leq \mathbb{E}\left[\|\nabla f((1-c)g^* + c\overline{g}) - \nabla f(g^*)\|_2^2 \|g^* - \overline{g}\|_2^2 \right] \\
&\quad + \frac{1}{2}\mathbb{E}\left[\left\|\nabla f((1-c^{(a)})g^* + c^{(a)}\overline{g}^{(a)}) - \nabla f(g^*)\right\|_2^2 \left\|g^* - \overline{g}^{(a)}\right\|_2^2 \right] \\
&\quad + \frac{1}{2}\mathbb{E}\left[\left\|\nabla f((1-c^{(b)})g^* + c^{(b)}\overline{g}^{(b)}) - \nabla f(g^*)\right\|_2^2 \left\|g^* - \overline{g}^{(b)}\right\|_2^2 \right] \\
&\leq \lambda^{2\rho}\mathbb{E}\left[\|g^* - \overline{g}\|_2^{2+2\rho} \right]
\end{aligned}
$$

$$+ \frac{\lambda^{2\rho}}{2} \mathbb{E}\left[\left\|g^* - \overline{g}^{(a)}\right\|_2^{2+2\rho}\right] + \frac{\lambda^{2\rho}}{2} \mathbb{E}\left[\left\|g^* - \overline{g}^{(b)}\right\|_2^{2+2\rho}\right]$$

と上から抑えられる．ここで，期待値の塔性および補題 4.12 を用いることによって，V' を V の iid コピーとして

$$\mathbb{E}\left[\|g^* - \overline{g}\|_2^{2+2\rho}\right] = \mathbb{E}_U\left[\mathbb{E}\left[\|g^* - \overline{g}\|_2^{2+2\rho} \mid U\right]\right]$$

$$\leq \mathbb{E}_U\left[C_{2+2\rho} \frac{\mathbb{E}_V\left[\|\mathbb{E}_{V'}[g(U,V')] - g(U,V)\|_2^{2+2\rho} \mid U\right]}{(M_0 2^\ell)^{1+\rho}}\right]$$

$$= \frac{C_{2+2\rho}}{(M_0 2^\ell)^{1+\rho}} \mathbb{E}_{U,V}\left[\|\mathbb{E}_{V'}[g(U,V')] - g(U,V)\|_2^{2+2\rho}\right]$$

$$\leq \frac{2^{1+2\rho} C_{2+2\rho}}{(M_0 2^\ell)^{1+\rho}} \mathbb{E}\left[\|g(U,V)\|_2^{2+2\rho}\right]$$

を得る．$\overline{g}^{(a)}$ および $\overline{g}^{(b)}$ に対しても同様の議論が成り立つから，

$$\mathbb{V}[\Delta Y_\ell] \leq 2^{1+2\rho} \lambda^{2\rho} C_{2+2\rho} \mathbb{E}\left[\|g(U,V)\|_2^{2+2\rho}\right]$$

$$\times \left(\frac{1}{(M_0 2^\ell)^{1+\rho}} + \frac{1}{(M_0 2^{\ell-1})^{1+\rho}} + \frac{1}{(M_0 2^{\ell-1})^{1+\rho}}\right)$$

$$\leq (2^{2+\rho} + 1) 2^{1+2\rho} \lambda^{2\rho} C_{2+2\rho} \mathbb{E}\left[\|g(U,V)\|_2^{2+2\rho}\right] \frac{1}{(M_0 2^\ell)^{1+\rho}}$$

となり，仮定 4.7 が成り立つような（ℓ によらない）定数

$$c_2 = \frac{(2^{2+\rho} + 1) 2^{1+2\rho} \lambda^{2\rho} C_{2+2\rho} \mathbb{E}\left[\|g(U,V)\|_2^{2+2\rho}\right]}{M_0^{1+\rho}},$$

および $\beta = 1 + \rho$ が示される．

さらに，この上界が分散 $\mathbb{V}[\Delta Y_\ell]$ だけでなく，$\mathbb{E}[(\Delta Y_\ell)^2]$ に対しても成り立つことに注意すれば，上記の定数 c_2 および β を用いて

$$\mathbb{E}[|\Delta Y_\ell|] \leq (\mathbb{E}[|\Delta Y_\ell|^2])^{1/2} \leq \sqrt{c_2} 2^{-\beta\ell/2}$$

を得る．したがって，

$$|\mathbb{E}[Y_\ell - Y]| = \left|\sum_{j=\ell}^{\infty} \mathbb{E}[\Delta Y_j]\right| \leq \sum_{j=\ell}^{\infty} \mathbb{E}[|\Delta Y_j|] \leq \sqrt{c_2} \sum_{j=\ell}^{\infty} 2^{-\beta j/2}$$

$$= \frac{\sqrt{c_2}}{1 - 2^{-\beta/2}} 2^{-\beta\ell/2}$$

となるから，仮定 4.1 が成り立つような（ℓ によらない）定数 $c_1 = \sqrt{c_2}/(1 - 2^{-\beta/2})$ および $\alpha = \beta/2 = (1 + \rho)/2$ が示される． $\square$

この定理から f が滑らかな場合には $\beta = 1 + \rho > 1 = \gamma$ となり，基本定理 4.9 と照らし合わせれば，MLMC による推定量が精度 ε を達成するのに必要な計算コストは $O(\varepsilon^{-2})$ となることがわかる．比較のため，入れ子型モンテカルロ法による計算コストは定理 4.4 から $O(\varepsilon^{-2-1/\alpha})$ と見積もられる．

第 5 章
準モンテカルロ法の理論

　準モンテカルロ法は，乱数を決定的な一様分布列に置き換えることでモンテ
カルロ法の効率の改善を図る手法である．本章では古典的な一様分布論と準モ
ンテカルロ法の理論を扱う．高次元の一様性の測り方としてディスクレパン
シーを定義し，その上界，下界やディスクレパンシーの小さい超一様点列の構
成をまとめる．そしてディスクレパンシーと積分誤差をつなぐコクスマ–ラフ
カの不等式と準モンテカルロ法の漸近的な有用性について述べる．最後に，準
モンテカルロ法の乱択化のアイデアと高次元での有効性を議論する．

5.1　はじめに

5.1.1　準モンテカルロ法とは

　モンテカルロ法は極めて汎用的である．しかし図 5.1 の左を見てもわかる
ように，乱数から得られる点配置は完全に一様ではなく，点が密集する領域
や点が存在しない空白の領域がどうしても生じてしまう．**準モンテカルロ法**
(Quasi-Monte Carlo: QMC) は，乱数列を決定論的な一様性の高い点列に置
き換えることでモンテカルロ法のサンプリング効率の改善を図る手法である．

　一様な点配置とはどのようなものだろうか．素直に考えると，図 5.1 の右の
ような各辺を m 等分してできる小正方形の中心から得られる点配置は一様に
見える．しかし，サンプル点を x 軸や y 軸に射影すると点が重なってしまう．
これでは m^2 個の点があるのに m 種類の値しか取り出せず効率が悪い．つま
り，この点配置は一様とは言い難い．

　もちろん，3.5 節で学んだ層化サンプリングを使えば射影についても優れた
点配置が得られる．しかし一般の s 次元の場合で考えてみよう（なお本章以
降は，QMC の慣例として次元を表す文字として s を用いる）．各辺を m 等分
するとサンプル点の個数は m^s となり，次元について指数的に増えてしまう．
例えば金融工学の応用例で $s = 360$ の場合を考えると，$m = 2$ の計算すら現

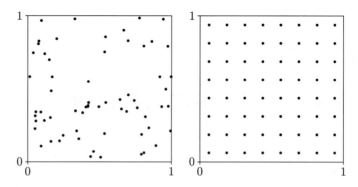

図 5.1 64 点からなるランダム点集合（左）とグリッド点集合（右）.

実的に不可能である．このような，高次元の問題で必要なサンプル点の個数が次元について指数的に増加してしまう問題は**次元の呪い**とも呼ばれる．ご存じの通り，シンプルなモンテカルロ法では典型的な収束オーダーは次元によらず $O(N^{-1/2})$ となる．しかしランダム性に頼らずに高次元の一様性を実現するのは案外と難しいのだ．面白いことに，準モンテカルロ法で使われる一様分布列や超一様点列は中国剰余定理，連分数展開の係数，有限体上の有理式の部分分数分解などの一見実用と無関係な定理を一様性の根拠としている．図 5.2 の具体的な点配置を見れば，ランダム点集合よりも一様に分布していることが確認できるだろう．ちなみにそれぞれ，ソボル点集合（左），一般化ハルトン点集合（中央），格子点集合（右）に，それぞれに合った適切な乱択化を加えた点配置である．グリッドと格子点集合は似ているが，格子点集合は少し傾いているので各軸への射影をとったとき点が重ならないことに注意しよう．

多くの場合，モンテカルロ法では $[0,1]^s$ 上のランダムサンプリングを使い期待値を求める（正規分布など $\mathbb{R}^s$ 上の分布からのサンプリングも，$[0,1]^s$ 上の一様乱数列を変換して得られるのだった）．期待値を求めることは $[0,1]^s$ 上の積分値を求めることに相当する．そこで本書では，$[0,1]^s$ 上の数値積分手法としての準モンテカルロ法を主に議論する．この議論で大事なのは，一様性と積分誤差をつなげるコクスマ–フラウカの不等式である．この不等式により，滑らかな関数の積分誤差は $[0,1]^s$ 上の一様な N 点からなるサンプリングにより $O(N^{-1+\epsilon})$ で収束することが証明できる．これはモンテカルロ法よりも漸近的に優れている，というのが本章のおおまかなストーリーである．

5.6 節では，一様性の高い点集合の一様性を保ったままランダムネスを加えて推定量を得る，乱択化準モンテカルロ法を扱う．性能の良さを保ったまま推定量が得られるという利便性から，実用上はこちらが使われることが多い．これは一種の分散減少法であり，本書の二つのテーマをつなげる存在である．

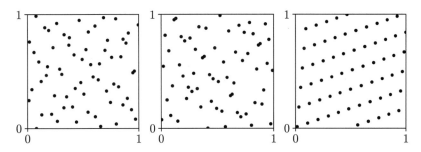

図 5.2 64 点からなるソボル点集合（左），ハルトン点集合（中央），格子点集合（右）.いずれも乱択化されている.

5.1.2 準モンテカルロ法の定式化

ここからは以下の定式化の下で議論を進める.

s 次元単位超立方体上の関数 $f\colon [0,1]^s \to \mathbb{R}$ の積分値を

$$I(f) := \int_0^1 \cdots \int_0^1 f(x_1,\ldots,x_s)\,dx_1\cdots dx_s = \int_{[0,1]^s} f(\bm{x})\,d\bm{x}$$

とする．サンプル点集合 $P = \{\bm{x}_0,\ldots,\bm{x}_{N-1}\} \subset [0,1]^s$ による積分近似値を

$$I(f;P) := \frac{1}{N}\sum_{i=0}^{N-1} f(\bm{x}_i)$$

と定め，（符号付き）積分誤差 $\mathrm{Err}(f;P)$ を

$$\mathrm{Err}(f;P) := I(f;P) - I(f)$$

と定める．積分誤差の絶対値 $|\mathrm{Err}(f;P)|$ を小さくすることが目標である.

これ以降，特に断らずに次の記法を使う．

1. 集合 A の指示関数 χ_A を，$x \in A$ のとき $\chi_A(x) = 1$，そうでないとき $\chi_A(x) = 0$ と定義する.
2. $[0,1]^s$ の元 $\bm{a} = (a_1,\ldots,a_s)$ と $\bm{b} = (b_1,\ldots,b_s)$ に対し，$[\bm{a},\bm{b}) := \prod_{j=1}^s [a_j,b_j)$ と定める．また任意の $1 \leq j \leq s$ に対して $a_j \leq b_j$ を満たすとき，$\bm{a} \leq \bm{b}$ と書く.
3. （可測な）集合 $A \subset [0,1)^s$ の体積を $\mathrm{vol}(A)$ とかく.
4. 集合 $\{1,2,\ldots,s\}$ を $1{:}s$ と表記する.
5. 点列 $\mathcal{S} = (\bm{x}_i)_{i \geq 0}$ に対し，$\mathcal{S}_N := \{\bm{x}_0,\ldots,\bm{x}_{N-1}\}$ を $\mathcal{S}$ の最初の N 点からなる集合と定める.

注 5.1 一様分布の定義では，$[0,1)$ や $[\bm{a},\bm{b})$ のように半開区間が使われることが多い．半開区間を使うメリットに，$[0,1) = [0,1/2) \cup [1/2,1)$ のように半開区間全体を半開区間で分割できることが挙げられる．ただし，乱択化を行うときなど点の座標が 1 になり得る場合は注意を払う必要がある．また，関数の定義域としてはコンパクト集合である $[0,1]^s$ が使われることが多い.

5.1.3 準モンテカルロ法の文献ガイド

ここでは書籍やサーベイとしてまとまった準モンテカルロ法の文献を紹介する．本書の執筆においても大いに参照した．

QMC 全般に関する文献として，手塚による日本語の書籍[112]，筆者らの日本語サーベイ論文[116]，英語のサーベイ論文[20]や初学者のための教科書[66]を挙げる．ニーダーライターのレクチャーノート[81]は，執筆時の 1992 年までの研究がまとまったこの分野の基礎的文献である．格子については [19], [96] が，デジタルネットについては [21] が詳しい．シミュレーションへの応用については [65] を参照のこと．具体的な応用事例について述べられている文献は 9 章のそれぞれの項目で紹介する．

5.2　一様分布列

点集合や点列から定まる分布が一様分布にどれくらい近いかを調べる一様分布論は，ワイル[108] をはじめとして古くから深く研究されてきた．1 次元点列の一様性を次で定義する．

定義 5.2　$\mathcal{S} = (x_0, x_1, \dots) \subset [0, 1)$ を 1 次元の無限点列とする．任意の半開区間 $[a, b) \subset [0, 1)$ に対して

$$\lim_{N \to \infty} \frac{|\mathcal{S}_N \cap [a, b)|}{N} = b - a$$

となるとき，$\mathcal{S}$ は**一様分布列**（uniformly distributed modulo 1）であるという．

この定義を区間の指示関数の積分近似に言い換えると

$$\lim_{N \to \infty} I(\chi_{[a,b)}; \mathcal{S}_N) = b - a$$

となる．つまり，一様分布列は区間の指示関数やその有限和である階段関数の積分値を正しく（いくらでも精度良く）近似できる．実はより強く，一様分布列は一般のリーマン可積分関数の積分値を正しく近似できる！　この定理を示す前に，証明で使うことになる補題を示しておこう．

補題 5.3　無限点列 $\mathcal{S}$ と関数 $f \colon [0, 1] \to \mathbb{R}$ が与えられる．任意の $\epsilon > 0$ に応じて，以下を満たす関数 f_1, f_2 があると仮定する．

- 任意の $x \in [0, 1]$ に対して $f_1(x) \leq f(x) \leq f_2(x)$,
- $I(f_2) - I(f_1) < \epsilon/2$,
- $\lim_{N \to \infty} I(f_1; \mathcal{S}_N) = I(f_1)$,
- $\lim_{N \to \infty} I(f_2; \mathcal{S}_N) = I(f_2)$.

ただし $\mathcal{S}_N$ は $\mathcal{S}$ の最初の N 点である．このとき $\lim_{N \to \infty} I(f; \mathcal{S}_N) = I(f)$

である．つまり，点列 $\mathcal{S}$ により関数 f の積分値を正しく近似できる．

証明 任意の $\epsilon > 0$ を固定する．仮定の条件を満たす f_1, f_2 を取る．仮定の条件より，十分大きな N に対して $|I(f_i; \mathcal{S}_N) - I(f_i)| < \epsilon/2 \; (i = 1, 2)$ となるので，そのような N について以下が成り立つ．

$$I(f; \mathcal{S}_N) - I(f) \leq I(f_2; \mathcal{S}_N) - I(f_1) \leq I(f_2) + \epsilon/2 - I(f_1) \leq \epsilon,$$
$$I(f; \mathcal{S}_N) - I(f) \geq I(f_1; \mathcal{S}_N) - I(f_2) \geq I(f_1) - \epsilon/2 - I(f_2) \geq -\epsilon.$$

よって十分大きな N について $|I(f; \mathcal{S}_N) - I(f)| < \epsilon$ となる．以上より $\lim_{N \to \infty} I(f; \mathcal{S}_N) = I(f)$ である． $\square$

定理 5.4 以下は同値である．

1. $\mathcal{S}$ は一様分布列である．
2. 任意のリーマン可積分関数 $f \colon [0, 1] \to \mathbb{R}$ に対して次が成り立つ．

$$\lim_{N \to \infty} I(f; \mathcal{S}_N) = I(f). \tag{5.1}$$

証明 後者を仮定すると，特に $f = \chi_{[a,b)}$ とおけば前者が示される．

以下，$\mathcal{S}$ が一様分布列であると仮定して後者を示す．任意のリーマン可積分関数 $f \colon [0, 1] \to \mathbb{R}$ を取る．f の可積分性から，$[0, 1]$ の十分細かい分割から定まる階段関数 f_1, f_2 であって補題 5.3 の上二つの条件を満たすものが存在する．$\mathcal{S}$ は一様分布列なので f_1, f_2 は下二つの条件も満たす．よって $\lim_{N \to \infty} I(f; \mathcal{S}_N) = I(f)$ となる． $\square$

一様分布列の判定条件として**ワイルの判定法**が知られている．

定理 5.5（ワイルの判定法（**Weyl's criterion**）） 以下は同値である．

1. $\mathcal{S} = (x_0, x_1, \ldots)$ は一様分布列である．
2. 任意の 0 でない整数 $k \in \mathbb{Z}$ に対して次が成り立つ．

$$\lim_{N \to \infty} \frac{1}{N} \sum_{i=0}^{N-1} e^{2\pi \mathrm{i} k x_i} = 0. \tag{5.2}$$

ここで，i は虚数単位を表す．

証明 まず $\mathcal{S}$ が一様分布列であると仮定する．このとき定理 5.4 を $e^{2\pi \mathrm{i} k x}$ の実部，虚部に対して適用すれば (5.2) が示される．

逆に任意の $k \in \mathbb{Z} \setminus \{0\}$ に対して (5.2) が成り立つと仮定する．任意の区間の指示関数 f について $\lim_{N \to \infty} I(f; \mathcal{S}_N) = I(f)$ を示すのが最終目標である．

まず仮定により，任意の $\exp(2\pi \mathrm{i} k x)$ の有限和はいくらでも精度良く積分近似できる（$k = 0$ のときは定数関数なので正しい積分値が求まる）．

次に f を任意の周期的な連続関数とする．ストーン–ワイエルシュトラスの定理から，任意の周期的な連続関数は $\exp(2\pi \mathrm{i} k x)$ の有限和でいくらでも精度

5.2 一様分布列 **87**

良く一様近似できる．よって補題 5.3 より $\lim_{N \to \infty} I(f; \mathcal{S}_N) = I(f)$ となる．

最後に $f = \chi_{[a,b)}$ を区間の指示関数とする．任意の周期的な連続関数 f_1, f_2 は補題 5.3 の下二つの条件を満たすことを上の段落で示した．さらに補題の上二つの条件を満たすようなものを構成できる．具体的には区間 $[a, b)$ で値 1，$[a - \epsilon, b + \epsilon)$ で値 0 を取るプリン型の連続関数を取ればよい（$a = 0$ または $b = 1$ のときは周期性を満たすように値を補正する）．よって補題 5.3 を適用して $\lim_{N \to \infty} I(f; \mathcal{S}_N) = I(f)$ が示されるので，$\mathcal{S}$ は一様分布列である．　□

ワイルはこの定理を使い，無理数の等差数列の小数部分からなる点列が一様分布列であることを示した．この数列は**ワイル列**と呼ばれる．

定理 5.6　α を無理数とし，数列 $\mathcal{S} = (x_0, x_1, \dots)$ を $x_n = \{\alpha n\}$ で定める．ここで $\{\alpha n\}$ は αn の小数部分を表す．このとき $\mathcal{S}$ は一様分布列である．

証明　いま α は無理数なので，$\exp(2\pi \mathrm{i} k \alpha) \neq 0$ となる．よって等比数列の和の公式から，任意の整数 k に対して次が成り立つ．

$$
\left| \frac{1}{N} \sum_{n=0}^{N-1} \exp(2\pi \mathrm{i} k n \alpha) \right| = \frac{1}{N} \left| \frac{1 - \exp(2\pi \mathrm{i} k N \alpha)}{1 - \exp(2\pi \mathrm{i} k \alpha)} \right|
$$
$$
\leq \frac{1}{N} \frac{2}{|1 - \exp(2\pi \mathrm{i} k \alpha)|} \to 0 \quad (N \to \infty).
$$

よってワイルの判定法（定理 5.5）より点列 $\mathcal{S}$ は一様分布列である．　□

次元が $s > 1$ の場合は，以下のように $[0,1)^s$ 内の一様分布列が定義される．

定義 5.7　無限点列 $\mathcal{S} = (\boldsymbol{x}_i)_{i=0}^{\infty} \subset [0,1)^s$ が以下の同値な条件のどれかを満たすとき，$\mathcal{S}$ は**一様分布列**であるという．

1. 任意の $\boldsymbol{a}, \boldsymbol{b} \in [0,1)^s$, $\boldsymbol{a} \leq \boldsymbol{b}$ に対して次が成り立つ．

$$
\lim_{N \to \infty} \frac{|\mathcal{S}_N \cap [\boldsymbol{a}, \boldsymbol{b})|}{N} = \prod_{j=1}^{s} (b_j - a_j).
$$

2. 任意のリーマン可積分関数 $f : [0,1]^s \to \mathbb{R}$ に対して次が成り立つ．

$$
\lim_{N \to \infty} \frac{1}{N} \sum_{i=0}^{N-1} f(\boldsymbol{x}_i) = \int_{[0,1]^s} f(\boldsymbol{x}) \, d\boldsymbol{x}. \tag{5.3}
$$

3. 任意の $\boldsymbol{k} \in \mathbb{Z}^s \setminus \{\boldsymbol{0}\}$ に対して次が成り立つ．

$$
\lim_{N \to \infty} \frac{1}{N} \sum_{i=0}^{N-1} e^{2\pi \mathrm{i} \boldsymbol{k} \cdot \boldsymbol{x}_i} = 0. \tag{5.4}
$$

ただし $\boldsymbol{k} \cdot \boldsymbol{x} = \sum_{j=1}^{s} k_j x_j$ と定める．

以上の定義の同値性は 1 次元の場合と同様に示される（詳細は省略する）．

5.3 ディスクレパンシーとは

標語的にいえば，この節で導入する種々のディスクレパンシーは有限点集合 P がどれだけ真の一様性から離れているかを表す量である．定義 5.7 で定めた一様性を定量化したものがエクストリームディスクレパンシーである．

定義 5.8 $P \subset [0,1)^s$ を N 点集合とする．P のエクストリームディスクレパンシー $D_N(P)$ を以下で定める．

$$
D_N(P) := \sup_{\boldsymbol{a} \leq \boldsymbol{b}} \left| \frac{|P \cap [\boldsymbol{a}, \boldsymbol{b})|}{N} - \prod_{j=1}^{s} (b_j - a_j) \right|
$$
$$
= \sup_{\boldsymbol{a} \leq \boldsymbol{b}} \left| I(\chi_{[\boldsymbol{a}, \boldsymbol{b})}; P) - I(\chi_{[\boldsymbol{a}, \boldsymbol{b})}) \right|.
$$

定義より，ディスクレパンシーは「P からなる離散分布と一様分布との差」，「直方体の指示関数の積分誤差の最大値」という解析的意味を持つ．

この一様性の定義では，$\boldsymbol{a}, \boldsymbol{b}$ という 2 つの点が動くため解析しづらい．そのため，$\boldsymbol{a} = \boldsymbol{0}$ と固定したスターディスクレパンシーがよく使われる．

定義 5.9 $P \subset [0,1)^s$ を N 点集合とする．P のスターディスクレパンシー $D_N^*(P)$ を以下で定める．

$$
D_N^*(P) := \sup_{\boldsymbol{a} \in [0,1)^s} \left| \frac{|P \cap [\boldsymbol{0}, \boldsymbol{a})|}{N} - \prod_{j=1}^{s} a_j \right|
$$
$$
= \sup_{\boldsymbol{a} \in [0,1)^s} \left| I(\chi_{[\boldsymbol{0}, \boldsymbol{a})}; P) - I(\chi_{[\boldsymbol{0}, \boldsymbol{a})}) \right|.
$$

以下で示す通り，エクストリームディスクレパンシーとスターディスクレパンシーの差は高々 2^s 倍となり，次元が固定されたとき N に関する漸近的な挙動は変わらない．

補題 5.10 $P \subset [0,1)^s$ を N 点集合とするとき，以下が成り立つ．

$$
D_N^*(P) \leq D_N(P) \leq 2^s D_N^*(P).
$$

証明 左側の不等式は定義より明らかである．右側の不等式を，$\boldsymbol{a} = \boldsymbol{0}$ と固定した直方体を 2^s 個組み合せて一般の直方体を作るというアイデアで証明する．任意の $\boldsymbol{a} \leq \boldsymbol{b}$ を取る．集合 u について，$\boldsymbol{a}_u$ は $|u|$ 個の整数の組 $(a_j)_{j \in u}$ を表し，$-u$ は u の補集合を表すとする．このとき包除原理より

$$
\left| \frac{|P \cap [\boldsymbol{a}, \boldsymbol{b})|}{N} - \prod_{j=1}^{s} (b_j - a_j) \right|
$$
$$
= \left| \sum_{u \subset 1:s} (-1)^{|u|} \left(\frac{|P \cap [\boldsymbol{0}, (\boldsymbol{a}_{-u}, \boldsymbol{b}_u))|}{N} - \prod_{j \in -u} a_j \prod_{j \in u} b_j \right) \right|
$$

$$\leq \sum_{u \subset 1:s} \left| \frac{|P \cap [\mathbf{0}, (\mathbf{a}_{-u}, \mathbf{b}_u))|}{N} - \prod_{j \in -u} a_j \prod_{j \in u} b_j \right|$$

$$\leq 2^s D_N^*(P)$$

が成り立つ. 最左辺の $\mathbf{a}, \mathbf{b}$ は任意だったので, 示すべき不等式が成り立つ. $\square$

以下で示すように, 点列 $\mathcal{S}$ が一様分布列であることとディスクレパンシーが 0 に収束することは同値である. ディスクレパンシーが 0 に収束することを示すためには, $\chi_{[\mathbf{0},\mathbf{a})}$ の積分誤差が $\mathbf{a}$ に関して一様に収束することを示さなければならない. そのためにまず, 「離散的な点でのディスクレパンシーだけ調べても問題ない」という補題を示す.

補題 5.11 $\mathbf{u} = (u_j)_{1 \leq j \leq s} \in [0,1]^s$, $\mathbf{v} = (v_j)_{1 \leq j \leq s} \in [0,1]^s$ は各 j に対して $|u_j - v_j| \leq \delta$ を満たすとする. このとき次が成り立つ.

$$\left| \prod_{j=1}^s u_j - \prod_{j=1}^s v_j \right| \leq 1 - (1-\delta)^s \leq s\delta.$$

証明 左側の不等式を証明する. $\prod_j u_j \geq \prod_j v_j$ と仮定してよく, このとき

$$0 \leq \prod_{j=1}^s u_j - \prod_{j=1}^s v_j \leq \prod_{j=1}^s u_j - \prod_{j=1}^s \max(u_j - \delta, 0) \tag{5.5}$$

が成り立つ. ここで $0 \leq A \leq B$ について $u_j B - \max(u_j - \delta, 0) A \leq B - (1-\delta)A$ を使うと, 各変数 u_j が 1 のとき (5.5) の最右辺の値が最大となり, その値は $1 - (1-\delta)^s$ となる. よって示された.

続いて右側の不等式を示す. 平均値の定理を関数 $f(x) = x^s$ に適用すると, ある $1 - \delta < t < 1$ が存在して, $1^s - (1-\delta)^s = \delta s t^{s-1}$ となる. 右辺は δs 以下なので, 右側の不等式が示された. $\square$

系 5.12 $p_1, \ldots, p_s$ を正整数とする. $p := \min(p_1, \ldots, p_s)$ とおき, 各次元を p_j 等分して作る離散的なメッシュ Γ を

$$\Gamma = \left\{ \left(\frac{c_1}{p_1}, \ldots, \frac{c_s}{p_s} \right) \,\middle|\, c_j \text{ は } 0 \leq c_j \leq p_j \text{ を満たす整数} \right\}$$

と定める. また $P \subset [0,1)^s$ を N 点集合とする. このとき

$$D_N^*(P) \leq \frac{s}{p} + \max_{\mathbf{c} \in \Gamma} |I(\chi_{[\mathbf{0},\mathbf{c})}; P) - I(\chi_{[\mathbf{0},\mathbf{c})})|.$$

証明 任意の $\mathbf{a} \in [0,1)^s$ を取り, $c_j/p_j \leq a_j < (c_j + 1)/p_j$ を満たす整数 c_j を取る. $\mathbf{c} = (c_j/p_j)_{j=1}^s$, $\mathbf{c}' = ((c_j + 1)/p_j)_{j=1}^s$ とおく. 補題 5.11 より

$$I(\chi_{[\mathbf{0},\mathbf{a})}; P) - I(\chi_{[\mathbf{0},\mathbf{a})}) \leq I(\chi_{[\mathbf{0},\mathbf{c}')}; P) - I(\chi_{[\mathbf{0},\mathbf{c})})$$

$$\leq I(\chi_{[\mathbf{0},\mathbf{c'})}; P) - I(\chi_{[\mathbf{0},\mathbf{c'})}) + \frac{s}{p}$$

となり，同様の論証により下側からも

$$I(\chi_{[\mathbf{0},\mathbf{c})}; P) - I(\chi_{[\mathbf{0},\mathbf{c})}) - \frac{s}{p} \leq I(\chi_{[\mathbf{0},\mathbf{a})}; P) - I(\chi_{[\mathbf{0},\mathbf{a})})$$

と評価できる．よって

$$|I(\chi_{[\mathbf{0},\mathbf{a})}; P) - I(\chi_{[\mathbf{0},\mathbf{a})})| \leq \frac{s}{p} + \max_{\mathbf{c} \in \Gamma} |I(\chi_{[\mathbf{0},\mathbf{c})}; P) - I(\chi_{[\mathbf{0},\mathbf{c})})|$$

となる．この式の $\mathbf{a}$ に関する sup をとり，示すべき式を得る． $\square$

定理 5.13 $\mathcal{S} \subset [0,1)^s$ を無限点列とするとき，以下は同値である．

1. $\mathcal{S}$ は一様分布列である．
2. $\lim_{N \to \infty} D_N^*(\mathcal{S}_N) = 0$.

証明 後者から前者は，一様分布列とディスクレパンシーの定義より明らか．

以下，$\mathcal{S}$ が一様分布列であることを仮定する．まず任意の正整数 m, N をとって固定し，$\Gamma = \{0, 1/m, \ldots, (m-1)/m, 1\}^s$ とおく．系 5.12 より，

$$D_N^*(\mathcal{S}_N) \leq \frac{s}{m} + \max_{\mathbf{c} \in \Gamma} |I(\chi_{[\mathbf{0},\mathbf{c})}; \mathcal{S}_N) - I(\chi_{[\mathbf{0},\mathbf{c})})| \tag{5.6}$$

となる．$\mathcal{S}$ は一様分布列なので，各 $\mathbf{c} \in \Gamma$ について $|I(\chi_{[\mathbf{0},\mathbf{c})}; \mathcal{S}_N) - I(\chi_{[\mathbf{0},\mathbf{c})})| \to 0 \, (N \to \infty)$ となる．よって (5.6) について $N \to \infty$ とすることで，

$$\lim_{N \to \infty} D_N^*(\mathcal{S}_N) \leq \frac{s}{m}$$

となる（Γ が有限集合であることを使っている）．ここで m は任意の整数だったので，$\lim_{N \to \infty} D_N^*(\mathcal{S}_N) = 0$ が示される． $\square$

ここから様々な種類のディスクレパンシーを定義する．**局所ディスクレパンシー関数** (local discrepancy function) $\Delta_P : [0,1]^s \to \mathbb{R}$ を次のように定める．

$$\Delta_P(\mathbf{y}) := \frac{|P \cap [\mathbf{0}, \mathbf{y}]|}{N} - \prod_{j=1}^{s} y_j = \mathrm{Err}(\chi_{[\mathbf{0},\mathbf{y})}; P). \tag{5.7}$$

定義 5.14 $P \subset [0,1)^s$ を N 点集合とする．このとき $1 \leq p \leq \infty$ に対して P の **L_p ディスクレパンシー**を以下で定める．

$$L_{p,N}(P) := \|\Delta_P\|_p = \left(\int_{[0,1]^s} |\Delta_P(\mathbf{y})|^p \, d\mathbf{y} \right)^{1/p}.$$

定義よりスターディスクレパンシーは Δ_P の sup ノルムと一致するので，L_∞ ディスクレパンシーとみなせる．

スターディスクレパンシーの計算は NP 困難であることが知られている[35]．一方で，**ウォーノックの公式** (Warnock's formula) により L_2 ディスクレパ

5.3 ディスクレパンシーとは **91**

ンシーは $O(sN^2)$ で計算できる.

定理 5.15 $P = \{\boldsymbol{x}_0, \ldots, \boldsymbol{x}_{N-1}\} \subset [0,1]^s$ とし,各点 $\boldsymbol{x}_k$ の座標を $\boldsymbol{x}_k = (x_{k,1}, \ldots, x_{k,s})$ とする.このとき次が成り立つ.

$$L_{2,N}(P)^2 = \frac{1}{3^s} - \frac{2}{N} \sum_{k=0}^{N-1} \prod_{j=1}^{s} \left(\frac{1 - x_{k,j}^2}{2} \right)$$
$$+ \frac{1}{N^2} \sum_{k,k'=0}^{N-1} \prod_{j=1}^{s} (1 - \max(x_{k,j}, x_{k',j})).$$

証明 定義通りに L_2 ディスクレパンシーを計算する.

$$L_{2,N}(P)^2 = \|\Delta_P\|_2^2 = \int_{[0,1]^s} \left(\prod_{j=1}^{s} y_j - \frac{|P \cap [\boldsymbol{0}, \boldsymbol{y})|}{N} \right)^2 d\boldsymbol{y}$$
$$= \int_{[0,1]^s} \left(\prod_{j=1}^{s} y_j^2 - \frac{2}{N} \prod_{j=1}^{s} y_j |P \cap [\boldsymbol{0}, \boldsymbol{y})| + \frac{|P \cap [\boldsymbol{0}, \boldsymbol{y})|^2}{N^2} \right) d\boldsymbol{y}$$

の各項の積分を計算すればよい.第 1 項の計算は容易である.第 2, 3 項は

$$|P \cap [\boldsymbol{0}, \boldsymbol{y})| = \sum_{k=0}^{N-1} \chi_{[0,\boldsymbol{y})}(\boldsymbol{x}_k) = \sum_{k=0}^{N-1} \chi_{(\boldsymbol{x}_k, \boldsymbol{1})}(\boldsymbol{y}) = \sum_{k=0}^{N-1} \prod_{j=1}^{s} \chi_{(x_{k,j},1)}(y_j)$$

を使って計算する.より具体的には,第 2 項は

$$\int_{[0,1]^s} \prod_{j=1}^{s} y_j |P \cap [\boldsymbol{0}, \boldsymbol{y})| \, d\boldsymbol{y} = \int_{[0,1]^s} \sum_{k=0}^{N-1} \prod_{j=1}^{s} y_j \chi_{(x_{k,j},1)}(y_j) \, d\boldsymbol{y}$$
$$= \sum_{k=0}^{N-1} \prod_{j=1}^{s} \int_{x_{k,j}}^{1} y_j \, dy_j = \sum_{k=0}^{N-1} \prod_{j=1}^{s} \left(\frac{1 - x_{k,j}^2}{2} \right)$$

のように計算できる.第 3 項も $\chi_{(p,1)}(y)\chi_{(q,1)}(y) = \chi_{(\max(p,q),1)}(y)$ を使えば同様に計算できる(詳細は省略する). $\square$

なお,より漸近的に高速な計算量 $O(N(\log N)^{s-1})$ で L_2 ディスクレパンシーを計算するアルゴリズムが知られている[48].

注 5.16 テスト領域の取り方に応じて,様々なディスクレパンシーが定義される.集合 $A \subset [0,1)^s$ に対し,$\mathrm{vol}(A)$ をルベーグ測度による A の体積とする."テスト領域の集合"$\mathcal{A}$ を,$[0,1)^s$ の部分集合を元に持つ集合とする.このとき,N 点集合 $P \subset [0,1)^s$ の $\mathcal{A}$ におけるディスクレパンシーを

$$D_{\mathcal{A}}(P) := \sup_{A \in \mathcal{A}} \left| \frac{|A \cap P|}{N} - \mathrm{vol}(A) \right|.$$

と定める.例えば $\mathcal{A}$ を「辺が各軸に平行な直方体すべて」とすればエクストリームディスクレパンシー,「辺が各軸に平行な直方体で左下隅を原点とする

92 第 5 章 準モンテカルロ法の理論

ものすべて」とすればスターディスクレパンシーが得られる．他の $\mathcal{A}$ としては，例えば傾いた長方形全体，凸集合全体などが考えられている[70]．テスト集合の取り方によって最小のディスクレパンシーの値のオーダーの振舞いが大きく変わるのが興味深い．

5.4　ディスクレパンシーの上界と下界

　有限点集合や点列は，その有限性により一様分布とは完全に一致しない．つまりディスクレパンシーの下界は，どう点集合の構成を工夫しても避けられない非一様性を表す．これは**分布の非一様性の理論**（irregularity of distribution）として調べられてきた．この下界が，知られている一様な点集合や点列から得られるディスクレパンシーの上界と一致するかはとても重要な問題である．この章では現在知られている結果の概要をまとめる．なお $s-1$ 次元点列 $\mathcal{S}$ が与えられたとき，そこから同等のディスクレパンシーを持つ s 次元点集合が作れる（補題 5.17）．よって s 次元点集合のディスクレパンシーのオーダーは $s-1$ 次元点列のオーダーと同等以下である．

補題 5.17　$\mathcal{S} = (\boldsymbol{x}_n)_{n \geq 0}$ を $[0,1)^s$ 内の点列とする．また，N を正整数として $\boldsymbol{x}'_n = (\boldsymbol{x}_n, n/N)$ とおき，$P = (\boldsymbol{x}'_0, \ldots, \boldsymbol{x}'_{N-1})$ を $s+1$ 次元空間内の N 点集合とする．このとき次が成り立つ．

$$ND_N^*(P) \leq \max_{1 \leq M \leq N} MD_M^*(\mathcal{S}_M) + 1.$$

証明　任意の $J' = \prod_{j=1}^{s+1}[0, u_j) = J \times [0, u_{s+1})$ を取る．$(\boldsymbol{x}_n, n/N) \in J' \iff \boldsymbol{x}_n \in J$ かつ $n < Nu_{s+1}$ なので，$M < Nu_{s+1}+1 \leq M+1$ となる整数 M を取ると，$|P \cap J'| = |\mathcal{S}_M \cap J|$ である．よって区間 J の体積を $\lambda(J)$ とおくと

$$\left| |P \cap J'| - N\lambda(J') \right| \leq \left| |\mathcal{S}_M \cap J| - M\lambda(J) \right| + |M\lambda(J) - N\lambda(J')|$$

である．ここで右辺の第一項は $MD_M^*(M)$ 以下である．また $Nu_{s+1} \leq M < Nu_{s+1}+1$ および $\lambda(J') = u_{s+1}\lambda(J)$ を使うと，第二項は

$$0 \leq M\lambda(J) - N\lambda(J') \leq (Nu_{s+1}+1)\lambda(J) - Nu_{s+1}\lambda(J) \leq 1.$$

と評価できる．これを合わせて示したい式を得る．　　　　　　　　　　□

5.4.1　結果の概要

　ディスクレパンシーの上界や下界について，また以下で紹介する結果の具体的な文献についてはサーベイ論文[7]を参照のこと．

　$1 < p < \infty$ のときは，s 次元の N 点集合に関する L_p ディスクレパンシー

の上界と下界は $N^{-1}(\log N)^{(s-1)/2}$ のオーダーで一致している.

$p = \infty$, つまりスターディスクレパンシーについては, $s = 2$ のときは上界と下界のオーダーは $N^{-1}\log N$ で一致している. 一方 $s \geq 3$ のときは, 上界は $N^{-1}(\log N)^{s-1}$ のオーダーであるが下界は $(\log N)^{(s-1)/2+\delta_k}/N$ (ただし $0 < \delta_k < 1/2$) のオーダーである. つまり上界と下界が $\log N$ の指数部分について一致していない. その指数の決定は, この分野の長年の未解決問題であり "great open problem" とも呼ばれている. Small ball inequality など他分野との関連もあり, 真のオーダーの予想は人それぞれである.

$p = 1$ はもう一つのエッジケースであり, $s \geq 3$ のとき既存の上界と下界のオーダーは一致していない (詳細は省略する).

5.4.2 ディスクレパンシーの下界に関する研究の歴史

1900 年代前半では, 主に 1 次元点列のディスクレパンシーの定量的な評価が調べられてきた. 例えばクロネッカー列 $\mathcal{S} = (\{n\sqrt{2}\})_{n\geq 0}$ が $D_N^*(\mathcal{S}_N) \in O(\log N/N)$ を満たすことは知られていた (ここで実数 v の小数部分を $\{v\}$ と書く). ファン・デル・コルプトは, いまで言うファン・デル・コルプト列が $D_N^*(\mathcal{S}_N) \in O(\log N/N)$ を満たすことを示し,「最初の N 点のディスクレパンシーが常に C/N 以下となるような $[0,1]$ 内の無限点列は存在するか?」という問題を提起した. この問題は 1945 年に否定的に解決され, 1949 年には, 任意の無限点列 $\mathcal{S}$ が与えられたとき $D_N^*(\mathcal{S}_N) \geq c\log\log N/\log\log\log N$ となる N が無限に存在することが示された. この下界を大きく改善したのがロス (Roth) である. ロスは s 次元 N 点集合の L_2 ディスクレパンシーの下界が $N^{-1}(\log N)^{(s-1)/2}$ のオーダーで下から評価できることを示した. 特に L_2 ディスクレパンシーはスターディスクレパンシー以下なので, 2 次元点集合や 1 次元点列のスターディスクレパンシーの下界が $N^{-1}(\log N)^{1/2}$ のオーダーで下から評価できる. 1972 年, シュミットは任意の 1 次元点列 $\mathcal{S}$ に対し $D_N^*(\mathcal{S}_N) > c\log N/N$ となる N が無限に存在することを示した. この結果により, 1 次元点列 (2 次元点集合) についてはオーダーの上界と下界が一致した. シュミットは 1977 年に, 一般の $1 < p < \infty$ について s 次元点集合の L_p ディスクレパンシーの下界が $(\log N)^{(s-1)/2}$ のオーダーであることを示した. 近年の著しい結果としては, s 次元点集合のスターディスクレパンシーの下界として $D_N^*(P) \geq C(\log N)^{(s-1)/2+\delta_s}/N$ $(0 < \delta_s < 1/2)$ が示された.

5.4.3 ロスの定理

ここではロスによるディスクレパンシーの下界の評価[94]を詳しく説明する. 証明は技巧的なので, 事実だけを把握して先のページに進んでも構わない.

定理 5.18 $[0,1]^s$ 内の任意の N 点集合 P に対して

$$D_N^*(P) \geq L_{2,N}(P) \geq c_s(\log N)^{(s-1)/2}/N$$

である．また $[0,1]^s$ 内の任意の無限点列 $\mathcal{S} = (\boldsymbol{x}_0, \boldsymbol{x}_1, \dots)$ について，

$$D_N^*(\mathcal{S}_N) \geq L_{2,N}(\mathcal{S}_N) \geq c_s(\log N)^{s/2}/N$$

を満たす N が無限に存在する．

証明 $D(\boldsymbol{x}) = -N\Delta_P(\boldsymbol{x})$ とおく．任意の関数 $F \colon [0,1]^s \to \mathbb{R}$ に対して

$$\int_{[0,1]^s} F(\boldsymbol{x})D(\boldsymbol{x})\,d\boldsymbol{x} \leq \left(\int_{[0,1]^s} F(\boldsymbol{x})^2\,d\boldsymbol{x}\right)^{1/2} \left(\int_{[0,1]^s} D(\boldsymbol{x})^2\,d\boldsymbol{x}\right)^{1/2}$$

が成り立つ．ここで $\int_{[0,1]^s} D(\boldsymbol{x})^2\,d\boldsymbol{x} = (NL_{2,N}(P))^2$ に注意すると，

$$L_{2,N}(P) \geq \frac{1}{N}\int_{[0,1]^s} F(\boldsymbol{x})D(\boldsymbol{x})\,d\boldsymbol{x} \Big/ \left(\int_{[0,1]^s} F(\boldsymbol{x})^2\,d\boldsymbol{x}\right)^{1/2} \tag{5.8}$$

がわかる．良い下界を得るには，ノルムが小さく D との内積が大きい $F(\boldsymbol{x})$ が欲しい．ロスは $F(\boldsymbol{x})$ として（L_2 内積の意味で）互いに直交するたくさんのハール関数の和を採用した．

整数 $k \geq 0$, $0 \leq a < 2^k$ に対し，1 次元の**ハール関数** $\psi_{k,a}(x)$ を

$$\psi_{k,a}(x) = \begin{cases} 1 & a/2^k \leq x < a/2^k + 1/2^{k+1}, \\ -1 & a/2^k + 1/2^{k+1} \leq x < (a+1)/2^k, \\ 0 & \text{otherwise} \end{cases}$$

と定める．s 次元のハール関数は，1 次元のハール関数の積

$$\boldsymbol{\psi}_{\boldsymbol{k},\boldsymbol{a}}(\boldsymbol{x}) = \prod_{j=1}^s \psi_{k_j,a_j}(x_j)$$

として定める．ここでハール関数について次が成り立つ（証明は省略する）．
- $\int_{[0,1]^s} \boldsymbol{\psi}_{\boldsymbol{k},\boldsymbol{a}}(\boldsymbol{x})^2\,d\boldsymbol{x} = 2^{-\sum_{j=1}^s k_j}$,
- $(\boldsymbol{k},\boldsymbol{a}) \neq (\boldsymbol{k}',\boldsymbol{a}')$ ならば $\int_{[0,1]^s} \boldsymbol{\psi}_{\boldsymbol{k},\boldsymbol{a}}(\boldsymbol{x})\boldsymbol{\psi}_{\boldsymbol{k}',\boldsymbol{a}'}(\boldsymbol{x})\,d\boldsymbol{x} = 0$（ハール関数の直交性）．

以下簡単のため $s = 2$ の点集合の場合に証明する．$s \geq 3$ の点集合の場合は概要のみ示し，点列の場合は証明を省略する．$2^{m-1} < 2|P| \leq 2^m$ を満たす m を取る．正方形 $[0,1]^2$ の横を 2^k 等分，縦を 2^{m-k} 等分すれば，横 2^{-k}，縦 2^{-m+k} の長方形が計 2^m 個できる．そのうち集合 P の点を含まない長方形上でのハール関数の和を考える．つまり $A_k = \{(a,b) \in \mathbb{Z}^2 \mid 0 \leq a < 2^k, 0 \leq b < 2^{m-k}, ([a/2^k,(a+1)/2^k] \times [b/2^{m-k},(b+1)/2^{m-k}]) \cap P = \emptyset\}$ とおき，

$$F(x,y) = \sum_{k=0}^m \sum_{(a,b) \in A_k} \boldsymbol{\psi}_{(k,m-k),(a,b)}(x,y)$$

と定める．すると $|A_k| \le 2^m$ が成り立つので，

$$\int_{[0,1]^2} F(x,y)^2 \, dx\,dy = \int_{[0,1]^2} \sum_{k=0}^{m} \sum_{(a,b)\in A_k} \boldsymbol{\psi}_{(k,m-k),(a,b)}(x,y)^2 \, dx\,dy$$
$$= \sum_{k=0}^{m} \frac{|A_k|}{2^m} \le m+1$$

である．一方で $R_{a,b}^k = [a/2^k, a/2^k+1/2^{k+1}] \times [b/2^{m-k}, b/2^{m-k}+1/2^{m-k+1}]$ とおくと，

$$\int_{[0,1]^2} \boldsymbol{\psi}_{(k,m-k),(a,b)}(x,y) D(x,y) \, dx\,dy$$
$$= \int_{R_{a,b}^k} (D(x,y) - D(x',y) - D(x,y') + D(x',y')) \, dx\,dy$$

である．ただし $x' = x + 2^{-k-1}$, $y' = y + 2^{-m+k-1}$ と定める．ここで

$$(D(x,y) - D(x',y) - D(x,y') + D(x',y')) = N|R_{a,b}^k| - |P \cap R_{a,b}^k|$$
$$= \frac{N}{2^{m+2}} - 0$$

が各 $(x,y) \in R_{a,b}^k$ に対して成り立つので，求める積分値は

$$\int_{[0,1]^2} \boldsymbol{\psi}_{(k,m-k),(a,b)}(x,y) D(x,y) \, dx\,dy = \int_{R_{a,b}^k} \frac{N}{2^{m+2}} \, dx\,dy = \frac{N}{2^{2m+4}}$$

となる．よって $2^{m-1} \le 2^m - |P| \le |A_k|$ より

$$\int_{[0,1]^2} F(x,y) D(x,y) \, dx\,dy \ge \sum_{k=0}^{m} \frac{|A_k| N}{2^{2m+4}} \ge \frac{N(m+1)}{2^{m+5}}$$

である．よって (5.8) より，オーダーが等しいことを表す記号 $\approx$ を使うと

$$L_{2,N}(P) \ge \frac{1}{N} \frac{N(m+1)/2^{m+5}}{(m+1)^{1/2}} \approx \frac{\sqrt{\log N}}{N}$$

がわかる．よって $s=2$ の場合に主張が示された．

s が一般のときは概要のみ説明する．$s=2$ のときと同様に，$F(\boldsymbol{x})$ を P の点を含まない体積 2^{-m} の直方体上のハール関数の和と定めたい．$\sum k_j = m$ を満たす非負整数の組 $\boldsymbol{k} = (k_1, \ldots, k_s)$ に対して各辺の長さが 2^{-k_j} となるような直方体を考え，その直方体上のハール関数を考える．そのような $\boldsymbol{k}$ の種類数は $\binom{m+s-1}{s-1} \approx m^{s-1}$ 通りなので，$s=2$ のときと同様の計算により

$$\int_{[0,1]^s} F(\boldsymbol{x})^2 d\boldsymbol{x} \approx m^{s-1}, \qquad \int_{[0,1]^s} F(\boldsymbol{x}) D(\boldsymbol{x}) d\boldsymbol{x} \gg m^{s-1}$$

となり，$L_{2,N}(P) \gg (\log N)^{(s-1)/2}/N$ がわかる． $\qquad\square$

5.4.4 ディスクレパンシーの上界

L_p ディスクレパンシー（$1 < p < \infty$）が最良オーダー $O((\log N)^{(s-1)/2}/N)$ で減少する s 次元点集合や $s-1$ 次元点列の構成として，ダベンポート（$s = p = 2$），チェン（存在証明），チェン–スクリガノフ，ディック，ディック–ピリッシャマーなどが知られている（具体的な文献は [7], [39] を参照のこと）．

一方，スターディスクレパンシーが漸近的に $O((\log N)^{s-1}/N)$ で減少する s 次元点集合や $O((\log N)^s/N)$ で減少する s 次元点列の構成として

- 1 次元のファン・デル・コルプト列（5.4.5 節），
- ハルトン列（5.4.6 節），
- 1 次元の良いクロネッカー列（5.4.7 節），
- 良いフロロフ格子（7.6 節），
- ソボル列やニーダーライター列などのデジタル列（8.3 節）

などが知られている．またわずかにオーダーは悪化するが，スターディスクレパンシーが漸近的に $O((\log N)^s/N)$ で減少する格子もコンピュータにより探索できる（7.2 節）．厳密な定義ではないが，このようにスターディスクレパンシーがこの程度のオーダー，つまり $O(N^{-1+\epsilon})$ で収束するような点列を**超一様点列**（low-discrepancy sequence）といい，そのような点集合を**超一様点集合**（low-discrepancy point set）という．ここでは古典的な最初の三つの点列を紹介し，そのディスクレパンシーの上界を求める．

準備として，1 次元点集合のスターディスクレパンシーを正確に求めよう．

補題 5.19 $0 \le x_0 \le \cdots \le x_{N-1} \le 1$ とする．このとき，$P = \{x_0, \ldots, x_{N-1}\}$ のスターディスクレパンシーは次の式で計算できる．

$$D_N^*(P) = \frac{1}{2N} + \max_{0 \le i < N} \left| x_i - \frac{2i+1}{2N} \right|.$$

証明 局所ディスクレパンシー関数 $\Delta(x) = \Delta_P(x)$ のグラフは「各 x_i でジャンプのある傾き -1 の線分」なので，$|\Delta(x)|$ の最大値は「ジャンプのある部分」のどこかで取る．端点では $\Delta(0) = \Delta(1) = 0$ で最大値は取らないので，

$$D_N^*(P) = \max_{0 \le i < N} \max \left(\left| x_i - \frac{i}{N} \right|, \left| x_i - \frac{i+1}{N} \right| \right) \tag{5.9}$$

である．ここで公式 $\max(|a-b|, |a+b|) = |a| + |b|$ に $a = x_i - (2i+1)/2N$，$b = 1/2N$ を代入して (5.9) に適用すればよい． $\square$

特に N を固定したとき，N 点を均等に取ればそのディスクレパンシーは $1/2N$ となり，特にオーダーは $O(1/N)$ である．一方で点列の場合は N ごとに点を取り替えることはできない．その分オーダーが悪化してしまうと捉えることができる．次の補題は点列のディスクレパンシーの解析に使われる．

補題 5.20 $P_1, \ldots, P_m \subset [0,1)^s$ を有限点集合とし，$P := \bigcup_{i=1}^m P_i$ とおく．

また，$N_i := |P_i|$，$N := |P|$ とおく．このとき次が成り立つ．

$$D_N^*(P) \leq \sum_{i=1}^{m} \frac{N_i}{N} D_{N_i}^*(P_i).$$

証明 定義式 (5.7) と三角不等式より，任意の $\boldsymbol{x}$ に対して

$$|\Delta_P(\boldsymbol{x})| = \left| \sum_{i=1}^{m} \frac{N_i}{N} \Delta_{P_i}(\boldsymbol{x}) \right| \leq \sum_{i=1}^{m} \frac{N_i}{N} |\Delta_{P_i}(\boldsymbol{x})|$$

である．この式の $\boldsymbol{x}$ に関する sup を取ればよい． □

5.4.5 ファン・デル・コルプト列

整数 $b \geq 2$ を固定する．非負整数 n の b 進展開を $n = n_0 + n_1 b + n_2 b^2 + \cdots$ とする（ただし $0 \leq n_i \leq b-1$）．このとき有限個を除いて $n_i = 0$ となる．整数の b 進表記を b 進小数に読み替える**基数逆関数**（radical inverse function）$\Phi_b : \mathbb{N} \to [0,1)$ を

$$\Phi_b(n) = \sum_{i=0}^{\infty} n_i b^{-(i+1)} = n_0 b^{-1} + n_1 b^{-2} + n_2 b^{-3} + \cdots \tag{5.10}$$

と定める．1 次元点列 $(\Phi_b(n))_{n=0}^{\infty}$ を b 進**ファン・デル・コルプト列**（van der Corput sequence）という．

定理 5.21 $\mathcal{S}$ がファン・デル・コルプト列のとき $D_N^*(\mathcal{S}_N) \leq (b-1)(\lfloor \log_b N \rfloor + 1)/N$ である．特に $D_N^*(\mathcal{S}_N) \in O(\log N / N)$ であり，$\mathcal{S}$ は超一様点列である．

証明 $N = \sum_{i=0}^{m} c_i b^i$ と b 進展開する．$0 \leq i \leq m$, $0 \leq j < c_i$ に対して

$$P_{i,j} = \{x_C, \ldots, x_{C+b^i-1}\}, \quad \text{ただし } C = \sum_{i'=i+1}^{m} c_{i'} b^{i'} + j b^i$$

と定める（直感的には，前から順にできるだけ大きい b ベキの点集合を取っていく）．ファン・デル・コルプト列の定義より，各 $0 \leq c < b^i$ について区間 $[c/b^i, (c+1)/b^i)$ 内に $P_{i,j}$ のうちちょうど 1 点が含まれる．よって補題 5.19 より $D_{b^i}^*(P_{i,j}) \leq 1/b^i$ である．ここで補題 5.20 より，

$$D_N^*(\mathcal{S}_N) \leq \sum_{i=0}^{m} \sum_{j=1}^{c_i-1} \frac{b^i}{N} D_{b^i}^*(P_{i,j}) \leq \sum_{i=0}^{m} \sum_{j=1}^{c_i-1} \frac{b^i}{N} \times \frac{1}{b^i} \leq \frac{(m+1)(b-1)}{N}$$

である．$m = \lfloor \log_b N \rfloor$ なので，主張が示された． □

ファン・デル・コルプト列を補題 5.17 のように点集合にしたものが**ハンマースレー点集合**である．同補題により，そのスターディスクレパンシーは $O(\log N / N)$ で減少する．

98　第 5 章　準モンテカルロ法の理論

定義 5.22 (x_n) をファン・デル・コルプト列としたとき，$\boldsymbol{x}_n := (x_n, n/N)$ として得られる 2 次元点集合 $\{\boldsymbol{x}_n\}_{n=0}^{N-1}$ をハンマースレー点集合という．

5.4.6 ハルトン列

定義 5.23 ([44]) $b_1, \ldots, b_s$ を，どの 2 数も互いに素となるような 2 以上の正整数とする．n 番目の点が

$$\boldsymbol{x}_n := (\Phi_{b_1}(n), \ldots, \Phi_{b_s}(n)) \tag{5.11}$$

となる s 次元点列 $(\boldsymbol{x}_n)_{n=0}^{\infty}$ をハルトン列 (Halton sequence) という．

実用上は，b_j として素数を小さい順に取る．$s = 1$ のときのハルトン列はファン・デル・コルプト列である．ハルトン列は超一様点列である．

定理 5.24 点列 $\mathcal{S} = (\boldsymbol{x}_n)$ を，定義 5.23 で定まるハルトン列とする．このとき任意の $N \geq 1$ に対し

$$D_N^*(\mathcal{S}_N) \leq \frac{s}{N} + \frac{1}{N}\prod_{j=1}^{s}(b_j - 1)(1 + \log_{b_j} N)$$

となる．特に $D_N^*(\mathcal{S}_N) \in O((\log N)^s/N)$ である．

証明 ここでは各 $1 \leq j \leq s$ について e_j を正整数とし，$0 \leq c_j < b_j^{e_j}$ とする．

Case 1 : $E = \prod_{j=1}^{n}[c_j b_j^{-e_j}, (c_j + 1)b_j^{-e_j})$ の場合

まず 1 次元のときを考える．$\mathrm{rev}(c)$ を，「c の b 進展開列をひっくり返して得られる整数」とする．例えば $b = 2$ のとき，$6 = 110_{(2)}$ をひっくり返すと $011_{(2)} = 3$ となるので $\mathrm{rev}(6) = 3$ である．このとき次が成り立つ．

$\Phi_b(n) \in [cb^{-e}, (c+1)b^{-e})$

$\iff \Phi_b(n)$ の b 進小数展開の上位 e 桁が cb^{-e} に確定

$\iff n$ の b 進展開の下位 e 桁が $\mathrm{rev}(c)$ に確定

$\iff n$ を b^e で割った余りが $\mathrm{rev}(c)$ になる．

これを一般化すると，s 次元のときは次が成り立つ．

$\boldsymbol{x}_n \in E \iff$ 各 j について n を $b_j^{e_j}$ で割った余りが $\mathrm{rev}(c_j)$ になる．

ここで $M := \prod b_j^{e_j}$ とおく．仮定より各 b_j は互いに素なので，中国剰余定理により M 個の連続する整数について各 $b_j^{e_j}$ で割った余りの組は相異なる．よって $N = qM + r$ なる q, r を取ると，$|\mathcal{S}_N \cap E|$ は q か $q+1$ に等しい．いずれにしても，$\lambda(E)$ を E の体積とすれば次が成り立ち，所望の不等式を得る．

$$\left| \frac{|\mathcal{S}_N \cap E|}{N} - \lambda(E) \right| = \left| \frac{q \ \text{か} \ q+1}{N} - \frac{1}{M} \right| \leq \frac{1}{N}. \tag{5.12}$$

Case 2：$E = \prod_{j=1}^{s}[0, c_j b_j^{-e_j})$ の場合

まず 1 次元の区間 $E = [0, cb^{-e})$ について考える．幅 $b^{-e'}$ となるできるだけ大きい区間を順に切り出していけば，Case 1 の形の区間だけで E を分割できる．ここで整数 $1 \leq k \leq e$ に対して幅 b^{-k} の区間は最大 $b-1$ 個しか使わないので，最大で $(b-1)e$ 個の区間を使う．

$E = \prod_{j=1}^{s}[0, c_j b_j^{-e_j})$ については，各次元ごとに上記のように区間を分割していけば，Case 1 の形の直方体は高々 $\prod_{j=1}^{s}(b_j - 1)e_j$ 個を使って E を分割できる．よって (5.12) より次が成り立ち，所望の不等式を得る．

$$
\begin{aligned}
\left| \frac{|\mathcal{S}_N \cap E|}{N} - \lambda(E) \right| &\leq \left| \sum_{E':\, E \text{ を分割する直方体}} \left(\frac{|\mathcal{S}_N \cap E'|}{N} - \lambda(E') \right) \right| \\
&\leq \sum_{E':\, E \text{ を分割する直方体}} \left| \frac{|\mathcal{S}_N \cap E'|}{N} - \lambda(E') \right| \\
&\leq \frac{1}{N} \prod_{j=1}^{s}(b_j - 1)e_j.
\end{aligned}
\tag{5.13}
$$

Case 3：$E = \prod_{j=1}^{s}[0, a_j)$ の場合

各 b_j に対して，$b_j^{m_j} \leq N < b_j^{m_j+1}$ となる m_j を取り，$p_j = b_j^{m_j+1}$ とする．$\Gamma := \{(c_1/p_1, \ldots, c_s/p_s)\}$ としたとき，$(c_j) = \boldsymbol{c} \in \Gamma$ として，$E = \prod[0, c_j)$ については (5.13) が適用できる．よって p_j に対して系 5.12 を適用すると，

$$
\begin{aligned}
D_N^*(\mathcal{S}_N) &\leq \frac{s}{\min_j p_j} + \max_{\boldsymbol{c} \in \Gamma} |I(\chi_{[\boldsymbol{0},\boldsymbol{c})}; \mathcal{S}_N) - I(\chi_{[\boldsymbol{0},\boldsymbol{c})})| \\
&\leq \frac{s}{N} + \frac{1}{N} \prod_{j=1}^{s}(b_j - 1)(m_j + 1) \\
&\leq \frac{s}{N} + \frac{1}{N} \prod_{j=1}^{s}(b_j - 1)(1 + \log_{b_j} N)
\end{aligned}
$$

が成り立つ．これが示したい式であった． $\square$

なお定理 5.24 の証明 Case 2 において，各次元について区間 $[0, c_j b_j^{-e_j})$ と $[c_j b_j^{-e_j}, 1)$ のうち少なく覆えるほうを選ぶことで評価をおよそ 2^{-s} 倍改善できる．さらなる改善についてはアタナソフ[3]を参照のこと．

ここからハルトン列の実用上の注意点を述べる．N が十分に大きくない限り，ハルトン列の高次元での一様性は非常に悪い．例としてハルトン列の 17, 18 次元目への射影となる 2 次元点列 $\boldsymbol{x}_n = (\Phi_{59}(n), \Phi_{61}(n))$ を考える（59, 61 はそれぞれ 17 番目，18 番目の素数である）．点列の最初の 1000 点をプロットしたものが図 5.3（左）である．残念なことに，帯状に点が集中してしまっている．この一様性の悪さを避けるために様々な手法が提案されている．$b_1, \ldots, b_s$ と異なる固定された素数 L に対して，とびとびの（leaped）ハルトン列 $(\boldsymbol{x}_{nL})_{n=0}^{\infty}$ を使うと一様性が良くなる場合がある．また**一般化ハルト**

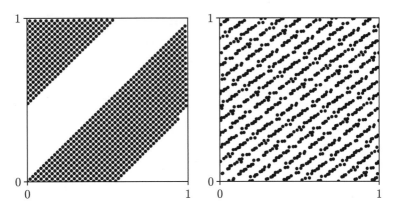

図 5.3 ハルトン列の最初の 1000 点についての 17 次元目と 18 次元目の射影（左）およびライブラリ QMCPy による一般化ハルトン列の射影（右）．

ン列（generalized Halton sequence）は，基数逆関数 (5.10) の定義中で n_i を $\{0,1,\ldots,b-1\}$ の置換 $\sigma_{b,i}(n_i)$ に置き換えたもので定まるハルトン列である．フォーレは 1 次元のディスクレパンシーが小さくなるような単純で具体的な置換 σ_b を提案した[25]．オーエンはランダムネスを持つハルトン列を R 言語で実装した[86]．9.1.3 節で紹介する MATLAB や Python のライブラリでも一般化ハルトン列が実装されている．QMCPy というライブラリのデフォルトの一般化ハルトン列のプロットを図 5.3（右）に示した．図を見れば一様性の良し悪しは一目瞭然だろう．いずれにせよ，実用上はこのような工夫が適切に実装されたライブラリを使おう．

5.4.7 クロネッカー列

実数 v の小数部分を $\{v\}$ と書くことにする．$\boldsymbol{\alpha} := (\alpha_1, \ldots, \alpha_s) \in \mathbb{R}^s$ とする．n 番目の点が

$$\boldsymbol{x}_n := n\boldsymbol{\alpha} = (\{\alpha_1 n\}, \ldots, \{\alpha_s n\})$$

となるような点列 $(\boldsymbol{x}_n)_{n=0}^{\infty}$ を**クロネッカー列**という．ワイルの判定法（定義 5.7）を使うとクロネッカー列が一様分布列となる必要十分条件は $1, \alpha_1, \ldots, \alpha_s$ が $\mathbb{Q}$ 上代数的独立となることである．2 次元以上のクロネッカー列のディスクレパンシーの解析は，ディオファントス近似と大きく関わる難しい問題である．ほとんどすべてのクロネッカー列はほぼ最良オーダーである（が最良オーダーでない）ことが知られている[5]．

定理 5.25 ほとんどすべての $\boldsymbol{\alpha} \in [0,1)^s$ に対し，$\boldsymbol{\alpha}$ から作られる s 次元のクロネッカー列 $\mathcal{S}$ のディスクレパンシーは

$$D_N^*(\mathcal{S}_N) \in O\left(\frac{(\log N)^s (\log \log N)^{1+\epsilon}}{N}\right)$$

を満たす．ここで ϵ は任意の正の数である．

一方で，ほとんどすべての $\boldsymbol{\alpha} \in [0,1)^s$ に対し，$\boldsymbol{\alpha}$ から作られる s 次元のクロネッカー列 $\mathcal{S}$ のディスクレパンシーは，無限個の N について

$$D_N^*(\mathcal{S}_N) \geq C(\boldsymbol{\alpha})(\log N)^s \log\log N / N$$

を満たす．ここで $C(\boldsymbol{\alpha})$ は $\boldsymbol{\alpha}$ から定まる定数である．

この定理から，ほとんどのクロネッカー列のディスクレパンシーのオーダーは既存の最良の点列のオーダーから $\log\log N$ 程度だけ悪化している．しかし最良オーダーを達成するクロネッカー列の存在は否定されていない．実際 $s = 1$ のときは，無理数 α の連分数展開に現れる数との関連が知られており，特に α が二次無理数のとき最良オーダー $O(\log N / N)$ を達成する．一方で $s \geq 2$ のとき，最良オーダーを達成する $\boldsymbol{\alpha}$ は見つかっていない．

5.4.8 指数和とディスクレパンシー

ここではディスクレパンシーの上界と指数和を結び付けるワイルの判定法の定量化を紹介する．まず，$\boldsymbol{h} \in \mathbb{Z}^s$ に対して

$$\rho(\boldsymbol{h}) := \prod_{j=1}^{s} \max(1, |h_j|) = \prod_{h_j \neq 0} |h_j| \tag{5.14}$$

と定める．この定義をもとに，**エルデシュ–テュラーン–コクスマの不等式**（Erdős–Turán–Koksma inequality）を紹介する．証明は本書の程度を超えるので [22] を参照のこと．

定理 5.26 $P = \{\boldsymbol{x}_0, \boldsymbol{x}_1, \ldots, \boldsymbol{x}_{N-1}\} \subset [0,1)^s$ とする．このときある正定数 c_s が存在し，任意の正整数 H に対して次が成り立つ．

$$D_N^*(P) \leq c_s \left(\frac{1}{H+1} + \sum_{0 < \|\boldsymbol{h}\|_\infty \leq H} \frac{1}{\rho(\boldsymbol{h})} \left| \frac{1}{N} \sum_{i=0}^{N-1} \exp(2\pi\mathrm{i}\boldsymbol{h} \cdot \boldsymbol{x}_i) \right| \right).$$

関連する定理として，各点 $\boldsymbol{x}_i$ が分母 M の有理数の組として表されるときに適用可能なニーダーライターの不等式を紹介する．今後取り扱う格子やデジタルネットに対して適用できる．証明は [66, Thm 2.30] に譲る．

定理 5.27 $M \geq 2$ を整数とする．$h \in \mathbb{Z}$ に対して関数 $r(h, M)$ を $r(0, M) = 1, r(h, M) = \sin(\pi|h|/M)$（ただし $h \neq 0$）と定める．$\boldsymbol{h} \in \mathbb{Z}^s$ に対しては $r(\boldsymbol{h}, M) = \prod_{j=1}^{s} r(h_j, M)$ と定める．ここで $P = \{\boldsymbol{x}_0, \boldsymbol{x}_1, \ldots, \boldsymbol{x}_{N-1}\} \subset [0,1)^s$ の各座標は分母 M の有理数であるとする．つまり各 $0 \leq i < N$ について $\boldsymbol{x}_i = \{\boldsymbol{y}_i/M\}$ なる $\boldsymbol{y}_i \in \mathbb{Z}^s$ が存在すると仮定する（ただし実数 v の小数部分を $\{v\}$ と表す）．このとき

$$D_N^*(P) \le 1 - \left(1 - \frac{1}{M}\right)^s + \sum_{\boldsymbol{h} \in C_s^*(M)} \frac{1}{r(\boldsymbol{h}, M)} \left| \frac{1}{N} \sum_{i=0}^{N-1} \exp\left(\frac{2\pi\mathbf{i}\boldsymbol{h} \cdot \boldsymbol{y}_i}{M}\right) \right|$$

である．ここで $C_s^*(M) := \left(\prod_{j=1}^s ([-M/2, M/2] \cap \mathbb{Z})\right) \setminus \{\boldsymbol{0}\}$ である．

なお，定理の右辺の第二項は $(1 - 1/M)^s \ge 1 - s/M$ と評価できる．また，$0 \le t \le 1/2$ に対して $\sin(\pi t) \ge 2t$ であることを使うと $r(h, N) \ge 2\max(1, |h|)$ と評価できる．よって定理 5.27 と同じ仮定の下，次が成り立つ．

$$D_N^*(P) \le \frac{s}{M} + \sum_{\boldsymbol{h} \in C_s^*(M)} \frac{1}{2\rho(\boldsymbol{h})} \left| \frac{1}{N} \sum_{i=0}^{N-1} \exp\left(\frac{2\pi\mathbf{i}\boldsymbol{h} \cdot \boldsymbol{y}_i}{M}\right) \right|. \qquad (5.15)$$

5.5 コクスマ–ラフカの不等式

ここまで，一様分布列が積分値を正しく近似すること，スターディスクレパンシーが一様分布列や点集合の「非一様度」の定量化であること，またディスクレパンシーの小さい超一様点列があることを紹介してきた．ここでは積分誤差とスターディスクレパンシーの値をより直接的に結び付ける**コクスマ–ラフカの不等式**（Koksma–Hlawka inequality）[52], [57] を紹介する．

5.5.1 1 次元の場合

定義 5.28 $0 = x_0 < x_1 < \cdots < x_N = 1$ を満たす $(x_i)_{i=0}^N$ を $[0, 1]$ の分割という．関数 $f \colon [0, 1) \to \mathbb{R}$ の**全変動** $V(f)$ を

$$V(f) := \sup_{(x_i)_{0 \le i \le N} \colon [0, 1] \text{ の分割}} \sum_{i=1}^N |f(x_i) - f(x_{i-1})|$$

と定める．$V(f) < \infty$ となる関数 f を**有界変動**という．

特に f が C^1 級のとき有界変動となり，その全変動は

$$V(f) = \int_0^1 |f'(x)| \, dx$$

と表されることが知られている．コクスマは次の不等式を証明した．

定理 5.29（コクスマの不等式） $f \colon [0, 1] \to \mathbb{R}$ を有界変動関数とする．このとき任意の N 点集合 $P \subset [0, 1)^s$ に対して次が成立する．

$$|\mathrm{Err}(f; P)| \le V(f) D_N^*(P).$$

証明 ここでは $f \in C^1([0, 1])$ と仮定して証明する（一般の場合は，以下の証明中で導関数を積分する代わりにアーベルの総和公式を使う（差分の和分を取る）と証明できる）．仮定から次の式が成り立つ．

5.5 コクスマ–ラフカの不等式 **103**

$$f(x) = f(1) - \int_x^1 f'(t)\,dt = f(1) - \int_0^1 f'(t)\chi_{[x,1]}(t)\,dt$$
$$= f(1) - \int_0^1 f'(t)\chi_{[0,t]}(x)\,dt. \tag{5.16}$$

特に両辺に $\mathrm{Err}(-;P)$ を作用させると

$$\mathrm{Err}(f;P) = \mathrm{Err}(f(1);P) - \int_0^1 f'(t)\,\mathrm{Err}(\chi_{[0,t]}(x);P)\,dt$$
$$= 0 - \int_0^1 f'(t)\,\mathrm{Err}(\chi_{[0,t]}(x);P)\,dt$$
$$= -\int_0^1 f'(t)\Delta_P(t)\,dt \tag{5.17}$$

となる（フビニの定理を使い Err と積分を交換した）．この式の絶対値を取り，

$$|\mathrm{Err}(f;P)| \le \sup_{0 \le t \le 1} |\Delta_P(t)| \int_0^1 |f'(t)|\,dt = D_N^*(P)V(f)$$

となる．よってコクスマの不等式が得られた． □

5.5.2　多次元の場合

多次元のコクスマ–ラフカの不等式を記述するためには，まず多次元の全変動を定義する必要がある．準備として，直方体 $R = \prod_{j=1}^s [a_j, b_j]$ に対し，$c(\boldsymbol{k})$ を $k_j = b_j$ となる j の個数として，

$$\Delta(f, R) := \sum_{\boldsymbol{k} = (k_j) \in \prod_{j=1}^s \{a_j, b_j\}} (-1)^{c(\boldsymbol{k})} f(\boldsymbol{k})$$

と定める（直感的には，直方体 R の各頂点の交代和を取る．つまり，隣接頂点の重みが異なるように ± 1 の重みを定めて足し合わせる）．さらに各次元 $1 \le j \le s$ について $0 = x_0^{(j)} < x_1^{(j)} < \cdots < x_{m_j}^{(j)} = 1$ という分割を取ったとき，$[0,1]^s$ は以下のような小直方体により分割される．

$$R_{c_1,\ldots,c_s} = \prod_{j=1}^s [x_{c_j}^{(j)}, x_{c_{j+1}}^{(j)}] \qquad (0 \le c_j < m_j).$$

上記の小直方体を集めた分割を $\mathcal{Y}$ としたとき，$\mathcal{Y}$ に関する変動を

$$V_{\mathcal{Y}}(f, [0,1]^s) = \sum_{c_1=0}^{m_1-1} \cdots \sum_{c_s=0}^{m_s-1} |\Delta(f, R_{c_1,\ldots,c_s})|.$$

と定める．このとき s 次元の二種類の全変動を次のように定める．

定義 5.30 関数 $f \colon [0,1]^s \to \mathbb{R}$ の**ビタリの全変動**（Vitali variation）を

$$V_{\mathrm{IT}}(f) := \sup_{\mathcal{Y}} V_{\mathcal{Y}}(f, [0,1]^s)$$

と定める．ここで $\mathcal{Y}$ は上記のように定まる $[0,1]^s$ の分割すべてを走る．

定義 5.31 任意の空でない部分集合 $u \subset 1{:}s$ に対し $F_u := 1^{|-u|} \times [0,1]^{|u|}$ と定める．これは立方体 $[0,1]^s$ の s 個の変数のうち u に属さない変数を 1 に固定してできる $|u|$ 次元の立方体である．関数 $f\colon [0,1]^s \to \mathbb{R}$ の**ハーディー–クラウゼの全変動**（Hardy–Krause variation）を次で定める．

$$V_{\mathrm{HK}}(f) := \sum_{\emptyset \ne u \subset 1{:}s} V_{\mathrm{IT}}(f|_{F_u}).$$

十分滑らかな関数は有界変動関数である．$\partial\boldsymbol{x} = \partial\boldsymbol{x}_1 \cdots \partial\boldsymbol{x}_s$ および $\partial\boldsymbol{x}_u = \prod_{j \in u} \partial\boldsymbol{x}_j$ と定める．このときビタリの全変動は

$$V_{\mathrm{IT}}(f) = \int_{[0,1]^s} \left| \frac{\partial^s f}{\partial\boldsymbol{x}}(\boldsymbol{x}) \right| d\boldsymbol{x}$$

となる．ハーディー–クラウゼの全変動は，上式と定義 5.31 を使うと

$$V_{\mathrm{HK}}(f) = \sum_{\emptyset \ne u \subset 1{:}s} \int_{[0,1]^{|u|}} \left| \frac{\partial^{|u|} f}{\partial\boldsymbol{x}_u}(\boldsymbol{x}_u, \mathbf{1}_{-u}) \right| d\boldsymbol{x}_u \tag{5.18}$$

と表示できる．この全変動によりコクスマ–ラフカの不等式が記述できる．証明は，関数が十分滑らかなときに限って 5.5.3 節や 6.3 節で行う．

定理 5.32（コクスマ–ラフカの不等式）　任意の有界変動関数 $f\colon [0,1]^s \to \mathbb{R}$ と任意の N 点集合 $P \subset [0,1)^s$ に対して次が成立する：

$$|\operatorname{Err}(f; P)| \le V_{\mathrm{HK}}(f) D_N^*(P).$$

コクスマ–ラフカの不等式により，積分誤差を「関数の穏やかさ」と「点集合の一様性」という二つの要因に分離できる．つまり $D_N^*(P)$ を小さくすれば積分誤差（の上界）の小ささが保証される．よってコクスマ–ラフカの不等式は QMC における重要な不等式である．

一方で，全変動やスターディスクレパンシーの数値計算は数値積分と同程度以上に難しいので，この不等式から数値的な積分誤差の評価を導くのは難しい．あくまでも理論的な誤差評価不等式とみなすのが妥当である．加えて，この不等式は $[0,1]^s$ という領域の特殊性（直積であること，変数の軸があること）を存分に使っている．例えば，$[0,1]^2$ 上の 3 点 $(0,0),(1,0),(1,1)$ を結ぶ三角形領域を T とすると，指示関数 χ_T の全変動は無限大になってしまう．このように，この不等式は「傾いた不連続面を持つ関数」に対してしばしば無力である．

超一様点集合とコクスマ–ラフカの不等式を組み合わせると次がわかる．

定理 5.33　N 点集合 P は 5.4.4 節で紹介した超一様点集合のいずれかとする．このとき任意の有界変動関数 f に対して次が成り立つ．

$$|\mathrm{Err}(f;P)| \in O(N^{-1+\varepsilon}) \quad (\text{ここで } \varepsilon > 0 \text{ は任意の実数}).$$

すなわち，超一様点集合もしくは超一様点列による QMC の積分誤差は $O(N^{-1+\varepsilon})$ で収束する．これはモンテカルロ法の積分誤差 $O(1/\sqrt{N})$ よりも漸近的に高速である．以上が QMC の古典理論である．

5.5.3　s 次元のコクスマ–ラフカの不等式の証明

ここでは滑らかな関数に対しコクスマ–ラフカの不等式（定理 5.32）の証明を与える．まず式 (5.17) の s 次元版（ラフカ–ザレンバの恒等式）を示す（この定理は 6.3 節で，別方針で再証明される）．

定理 5.34（ラフカ–ザレンバの恒等式）　$f\colon [0,1]^s \to \mathbb{R}$ が十分滑らか（式に現れる偏微分がすべて連続）なとき，積分誤差 $\mathrm{Err}(f;P) = I(f;P) - I(f)$ に関する次の等式が成り立つ．ここで Δ_P は式 (5.7) で定義される局所ディスクレパンシー関数である．

$$\mathrm{Err}(f;P) = \sum_{\emptyset \neq u \subset 1:s} (-1)^{|u|} \int_{[0,1]^{|u|}} \frac{\partial^{|u|} f}{\partial \boldsymbol{x}_u}(\boldsymbol{x}_u, \boldsymbol{1}_{-u}) \Delta_P(\boldsymbol{x}_u, \boldsymbol{1}_{-u}) \, d\boldsymbol{x}.$$

証明　$s = 1$ の場合と同様に，関数を局所ディスクレパンシー関数で展開し，式 (5.17) のように両辺に $\mathrm{Err}(-;P)$ を作用させることで証明する．

まず関数の展開を求める．愚直な計算により，各 $u \subset 1{:}s$ に対して

$$\int_{[\boldsymbol{x}_u, \boldsymbol{1}]} \frac{\partial^{|u|} f(\boldsymbol{t}_u, \boldsymbol{1}_{-u})}{\partial \boldsymbol{t}_u} \, d\boldsymbol{t}_u = \sum_{v \subset u} (-1)^{|v|} f(\boldsymbol{x}_v, \boldsymbol{1}_{-v})$$

が成り立つ（$u = \emptyset$ のときも $f(\boldsymbol{1}) = f(\boldsymbol{1})$ として成り立つ）．u に関して交代和を取る（$\sum_{u \subset 1:s}(-1)^{|u|}$ を両辺に付ける）と，右辺は

$$\sum_{u \subset 1:s} (-1)^{|u|} \sum_{v \subset u} (-1)^{|v|} f(\boldsymbol{x}_v, \boldsymbol{1}_{-v}) = \sum_{v \subset 1:s} (-1)^{|v|} f(\boldsymbol{x}_v, \boldsymbol{1}_{-v}) \sum_{u \supset v} (-1)^{|u|}$$

が成り立ち，$v = 1{:}s$ 以外の項は 0 となり $f(\boldsymbol{x})$ のみが残る．よって

$$\begin{aligned}
f(\boldsymbol{x}) &= \sum_{u \subset 1:s} (-1)^{|u|} \int_{[\boldsymbol{x}_u, \boldsymbol{1}]} \frac{\partial^{|u|} f}{\partial \boldsymbol{t}_u}(\boldsymbol{t}_u, \boldsymbol{1}_{-u}) \, d\boldsymbol{t}_u \\
&= \sum_{u \subset 1:s} (-1)^{|u|} \int_{[0,1]^{|u|}} \frac{\partial^{|u|} f}{\partial \boldsymbol{t}_u}(\boldsymbol{t}_u, \boldsymbol{1}_{-u}) \chi_{[\boldsymbol{x}_u, \boldsymbol{1}_u]}(\boldsymbol{t}_u) \, d\boldsymbol{t}_u \\
&= \sum_{u \subset 1:s} (-1)^{|u|} \int_{[0,1]^{|u|}} \frac{\partial^{|u|} f}{\partial \boldsymbol{t}_u}(\boldsymbol{t}_u, \boldsymbol{1}_{-u}) \chi_{[\boldsymbol{0}_u, \boldsymbol{t}_u]}(\boldsymbol{x}_u) \, d\boldsymbol{t}_u
\end{aligned}$$

が得られる．この式の両辺に $\mathrm{Err}(-;P)$ を作用させると左辺は $I(f;P) - I(f)$ となる．右辺の各項は，$u = \emptyset$ のとき $\mathrm{Err}(f(\boldsymbol{1});P) = 0$ となり，$u \neq \emptyset$ のとき

$$(-1)^{|u|} \int_{[0,1]^{|u|}} \frac{\partial^{|u|} f}{\partial \boldsymbol{t}_u}(\boldsymbol{t}_u, \boldsymbol{1}_{-u}) \, \mathrm{Err}(\chi_{[\boldsymbol{0}_u, \boldsymbol{t}_u]}(\boldsymbol{x}_u); P) \, d\boldsymbol{t}_u$$

$$= (-1)^{|u|} \int_{[0,1]^{|u|}} \frac{\partial^{|u|} f}{\partial \boldsymbol{t}_u}(\boldsymbol{t}_u, \boldsymbol{1}_{-u}) \Delta_P(\boldsymbol{t}_u) \, d\boldsymbol{t}_u$$

となる（再びフビニの定理を使った）．よって所望の式が成り立つ． $\square$

この式から，コクスマ–ラフカの不等式が素直に得られる．

定理 5.32 の証明 定理 5.34 の両辺に絶対値を付けて三角不等式を使うと

$$|\operatorname{Err}(f; P)| \leq \sum_{\emptyset \neq u \subset 1:s} \int_{[0,1]^{|u|}} \left| \frac{\partial^{|u|} f}{\partial \boldsymbol{x}_u}(\boldsymbol{x}_u, \boldsymbol{1}_{-u}) \right| |\Delta_P(\boldsymbol{x}_u, \boldsymbol{1}_{-u})| \, d\boldsymbol{x}$$

$$\leq \sum_{\emptyset \neq u \subset 1:s} D_N^*(P) \int_{[0,1]^{|u|}} \left| \frac{\partial^{|u|} f}{\partial \boldsymbol{x}_u}(\boldsymbol{x}_u, \boldsymbol{1}_{-u}) \right| \, d\boldsymbol{x}$$

$$= D_N^*(P) V_{\mathrm{HK}}(f)$$

を得る（最後の等式は式 (5.18) を使った）．よって示された． $\square$

5.6 乱択化準モンテカルロ法

モンテカルロ法には，複数回の試行から実際の誤差を統計的に予測できるという QMC にない利点がある．この利点と QMC の収束の速さを両立させる手法が**乱択化準モンテカルロ法**（randomized QMC, RQMC）である．すなわち RQMC は一種の分散減少法である．

単純なモンテカルロ法では，$\boldsymbol{x} \in [0,1]^s$ を独立一様ランダムにとり，その標本平均を統計量とする．一方，RQMC は QMC の収束の良さを活かすため，1 つ固定した QMC 点集合の構造を壊さないようにランダムネスを与えた点集合たちを考える．つまり，点ではなく点集合をランダムに取り，その QMC 積分を統計量とする．具体的な（メタ）アルゴリズムは次のようになる．

アルゴリズム 5.35 乱択化準モンテカルロ法は，$f\colon [0,1]^s \to \mathbb{R}$ の積分値を求める次のアルゴリズムである．

1. 個々のサンプル点の個数 N と，サンプル点集合（つまり $[0,1)^s$ 上の N 点の組）の集合 $\mathcal{P} \subset ([0,1)^s)^N$ を固定する．ただし $P \in \mathcal{P}$ の i 番目の点を $\boldsymbol{x}_i \in [0,1)^s$ とおいたとき，任意の i に対し $\boldsymbol{x}_i$ が $[0,1)^s$ 上で一様分布するような $\mathcal{P}$ を取る（$P \in \mathcal{P}$ を一様ランダムに取るとき $I(f; P)$ が不偏統計量となるための条件である）．

2. サンプリング回数を R とおき，R 個の点集合 $P_1, \ldots, P_R \in \mathcal{P}$ を独立一様ランダムに取る．

3. $I(f)$ の不偏推定量 $\hat{\mu}$ とその母分散の推定値 $\hat{\sigma}^2$ を次の式で計算する．

$$\hat{\mu} := \frac{1}{R} \sum_{i=1}^{R} I(f; P_i), \qquad \hat{\sigma}^2 := \frac{1}{R(R-1)} \sum_{i=1}^{R} (I(f; P_i) - \hat{\mu})^2.$$

具体的な $\mathcal{P}$ の構成は個々の超一様点集合の構造に依存するので，個別の節（7.5 節や 8.5 節）で扱う．

N 点集合を R 回サンプリングすると，関数評価は合計で NR 回行われる．コスト NR を固定したとき，多くの RQMC では N が大きいほど分散が小さくなる．一方で R が小さすぎると分散の推定が信用できない．よって $R = 10$ などと固定し，N を制約の中で許される限り大きく取ることが多い．

5.7　QMC は高次元でも役に立つのか？

ここまでの理論により，QMC は漸近的にモンテカルロ法よりも高速に収束する．しかし，これは現実的なコストの範囲で誤差が小さいことを意味しない．例えば計算時間が 1 秒のとき，使えるサンプル点の個数は $N = 10^{6 \sim 7}$ 個程度である．この設定で QMC が効果を発揮できるだろうか？残念ながら，必ずしもそうとは限らない．9.3 節で示す数値実験の結果では，s が増えるほどソボル列による QMC 積分の収束性が悪化し，$s = 20$ 程度で通常のモンテカルロ法と比べても優位性を持たない．一方で，オプション価格の計算に現れる 360 次元の数値積分に QMC が有効であるという驚くべき報告が 1990 年代になされるなど[87]，金融工学の分野では QMC の有用性が示されている．よって「次元 s が非常に大きくても QMC が役に立つのはどのような場合か？」という問いが重要である．ここでは，ANOVA 分解と実効次元による数値的なアプローチと，計算容易性の概念による理論的なアプローチを紹介する．

5.7.1　ANOVA 分解と実効次元

直感的には，高次元関数が本質的に低次元の関数の和で表されるときに QMC がうまくいくと期待できる．この直感を，3.6 節で紹介した ANOVA 分解で定式化する．一様分布上の多変数関数 $f \colon [0,1]^s \to \mathbb{R}$ の ANOVA 分解

$$f(\boldsymbol{x}) = f_{\emptyset} + \sum_{j=1}^{s} f_j(x_j) + \sum_{1 \le i < j \le s} f_{i,j}(x_i, x_j) + \cdots = \sum_{u \subset 1:s} f_u(\boldsymbol{x}_u)$$

を考える．補題 3.10 より，$\emptyset \ne u \subset 1{:}s$ に対し f_u の積分値は 0 であり，

$$\sigma_u^2 := \int_{[0,1]^{|u|}} (f_u(\boldsymbol{x}_u))^2 \, d\boldsymbol{x}_u \tag{5.19}$$

と定めると

$$\sigma^2 := \int_{[0,1]^s} (f(\boldsymbol{x}) - I(f))^2 \, d\boldsymbol{x} = \sum_{\emptyset \ne u \subset 1:s} \sigma_u^2$$

が成り立つのであった．このとき f_u の**感度指標**（sensitivity index）を

$$S_u := \frac{\sigma_u^2}{\sigma^2}$$

と定める．このとき $0 \leq S_I \leq 1$, $\sum_{\emptyset \neq I \subset 1:s} S_I = 1$ が成り立つ．3.6 節では，関数の「1 変数部分」の感度指標が支配的であるほど LHS によるモンテカルロ法がうまくいくことを示した．これを一般化して，関数の低次元部分をどこまで見ればもとの関数がほぼ復元できるかを表す実効次元を定義する．

定義 5.36 関数 f の ANOVA 分解が与えられているとする．このとき f の**実効次元**（effective dimension）d_S とは，

$$\sum_{u \subset 1:s, |u| \leq d_S} \sigma_u^2 \geq 0.99 \sigma^2$$

を満たす最小の正整数 d_S のことである．ここで 0.99 という値は恣意的に選んだもので，変更も可能である．

　直感的には，f の実効次元が n のとき，f は高々 n 変数関数の和とみなせる．なお，「f は最初の n 変数からなる関数とみなせる」ことを意味する truncation の意味での実効次元もよく使われる．これと区別するときは，定義 5.36 での実効次元を superposition の意味での実効次元と呼ぶ．

　金融工学の分野では，数値的に実効次元が極めて小さい高次元の積分問題がいくつか知られている．例えば，不動産担保証券の価格付けに関する 360 次元の積分問題の実効次元は数値的に 1 であること，アジアンオプションの価格付けに関する積分問題の実効次元が数値的に 2 であることなどが知られている（詳細は [65, Section 6.3.1] を参照のこと）．

　なお s 次元 QMC 点集合の各 a 次元空間への射影が一様であれば，実効次元が a の関数の積分値をよく近似できる．この事実を踏まえ，多くの実用に供されている QMC 点集合は低次元射影の一様性が良くなるよう設計されている．例えばジョー–クオの設計したソボル列は，2 次元空間への射影がより一様となるようなパラメータ（方向数）が選ばれている[56]．

5.7.2　最悪誤差

　計算容易性の定義を述べるため，また様々な関数空間に対して積分誤差を統一的に記述するため，関数空間の最悪誤差という概念を定義する．

　被積分関数の属する空間として，$[0,1]^s$ 上のノルム空間 $\mathcal{W}$ を固定する．ノルムは $\|f\|_{\mathcal{W}}$ のように表す．この節では，$P = (\boldsymbol{x}_i)_{i=0}^{N-1} \subset [0,1]^s$ をサンプル点集合とし，$a_i \in \mathbb{R}$ $(0 \leq i \leq N-1)$ を重みとする積分則

$$I(f; P, (a_i)) := \sum_{i=0}^{N-1} a_i f(\boldsymbol{x}_i),$$

およびその積分誤差 $\mathrm{Err}(f; P, (a_i)) := I(f; P, (a_i)) - I(f)$ を考える．

定義 5.37　積分則 $I(f; P, (a_i))$ の $\mathcal{W}$ 上の**最悪誤差**を以下で定める．

$$e^{\mathrm{wor}}(\mathcal{W}, P, (a_i)) := \sup_{\|f\|_{\mathcal{W}} \le 1} |\mathrm{Err}(f; P, (a_i))|. \tag{5.20}$$

さらに積分則が等重み，つまりすべての i に対して $a_i = 1/N$ のとき，これを $e^{\mathrm{wor}}(\mathcal{W}, P)$ と書く．

定義より，積分則の最悪誤差は作用素 $\mathrm{Err}(-; P, (a_i))$ の作用素ノルムである．

定義 5.38 関数空間 $\mathcal{W}$ の N 点積分則に関する**最悪誤差**を次で定める．

$$e^{\mathrm{wor}}(\mathcal{W}, N) := \inf\{e^{\mathrm{wor}}(\mathcal{W}, P, (a_i)) \mid |P| = N,\, a_i \in \mathbb{R}\}. \tag{5.21}$$

積分則の最悪誤差が $\mathcal{W}$ に対する個々の積分則の精度を表すのに対し，関数空間 $\mathcal{W}$ の最悪誤差 $e^{\mathrm{wor}}(\mathcal{W}, N)$ は $\mathcal{W}$ 上の数値積分の難しさを表す．定義より，任意の N 点積分則の最悪誤差は $e^{\mathrm{wor}}(\mathcal{W}, N)$ 以上になる．

数値積分分野では，最悪誤差に関する次の種類の問題が重要である．

- 関数空間 $\mathcal{W}$ を決めたとき，その最悪誤差の N に関するオーダーは何か？
- そのオーダーを達成する積分則が構成できるか？
- 既存の具体的な積分則の最悪誤差のオーダーは何か？
- 次元に関する計算容易性は成り立つか？

QMC の典型的な研究の流れでは，まずサンプル点集合 P による QMC に関する，ノルムと一様性の尺度を一般化したコクスマ–ラフカ型の不等式

$$|\mathrm{Err}(f; P)| \le \|f\|_{\mathcal{W}} \cdot D_{\mathcal{W}}(P)$$

を導出し，$D_{\mathcal{W}}(P)$ の小さな点集合 P を構築する，というステップを踏むことが多い（ここで $D_{\mathcal{W}}(P)$ は P のある種の偏りを表す量である）．このとき $e^{\mathrm{wor}}(\mathcal{W}, N) \le e^{\mathrm{wor}}(\mathcal{W}, P) \le D_{\mathcal{W}}(P)$ となり，最悪誤差の上界が得られる．

5.7.3 計算容易性

高次元の QMC の有効性を理論的に調べるアプローチとして，**情報に基づく複雑性**（information-based complexity）の概念がある（[83] を一部目とする三部作が主要な文献として挙げられる）．前小節で定義した最悪誤差の概念を使って，高次元でも実用的な計算量で問題が解けることを意味する**計算容易性**（tractability）の概念を定義しよう．

$[0, 1]^s$ 上の関数空間 $\mathcal{W}_s$ 上の積分問題を考える．初期の誤差（問題の答えを定数で近似するときの誤差）との相対誤差が ε 以内であることを保証できるサンプル点の個数 $n(s, \varepsilon)$ を

$$n(s, \varepsilon) := \inf_N \{N \mid e^{\mathrm{wor}}(\mathcal{W}_s, N) < \varepsilon \cdot e^{\mathrm{wor}}(\mathcal{W}_s, 0)\}$$

とおく．この値が s について指数的に増加してしまうと，高次元のとき実用的な計算量では問題が解けない．これを念頭において，計算容易性を次で定める．

定義 5.39 $n(s,\varepsilon) \leq C\varepsilon^{-p}s^q$ を満たす定数 $C,p,q \geq 0$ が存在するとき，その積分問題は**多項式的計算容易性**（polynomial tractability）を持つという．

また $n(s,\varepsilon) \leq C\varepsilon^{-p}$ を満たす定数 $C,p \geq 0$ が存在するとき，その積分問題は**強計算容易性**（strong tractability）を持つという．

次元を固定したときの収束オーダーの解析の多くは，計算容易性を持つかどうかの判断には不十分である．例えば次元 s を固定すると，N 点集合のスターディスクレパンシーの最小値は漸近的に $O(N^{-1}(\log N)^s)$ で減少する．しかしこのオーダー表記に隠された定数倍は s に依存する可能性がある．すなわち次元を固定した漸近的なふるまいだけでは計算容易性の解析には至らない．なお，驚くべきことにスターディスクレパンシーの最小値は多項式的計算容易性を持つ[50]．

5.7.4 重み付き関数空間

ANOVA 分解では，関数 f を "集合 u にのみ依存する関数" f_u の和に分解して，各要素の感度指標がどれだけ大きいかを観察した．スローン–ウォズニアコスキー[97]が導入した**重み付き関数空間**では発想を転換して，各集合 u に対応した重み $\gamma_u \geq 0$ を使って関数のノルムを定義する．

例 5.40 関数 $f:[0,1]^s \to \mathbb{R}$ の ANOVA 分解を使って，f のノルムを

$$\|f\| := |f_\emptyset|^2 + \sum_{\emptyset \neq u \subset 1:s} \gamma_u^{-1}\sigma_u^2$$

のように定める（ただし σ_u^2 は (5.19) で定める）．最悪誤差を考えるときは，$\|f\| \leq 1$ という条件の下での積分誤差を考えることになる．ここで γ_u が小さいと γ_u^{-1} が大きくなるので，$\|f\| \leq 1$ を満たす関数では σ_u^2 は十分小さい．つまり，重み γ_u の値が小さいという設定は「ANOVA 分解における u 成分の大きさが小さい」という条件をモデル化したものである．特に変数 x_j が重要度の高いほうから並んでいる状況では，変数 $x_1, x_2, \ldots$ に対応する重みを $1 \geq \gamma_1 \geq \gamma_2 \geq \cdots \geq 0$ と定め，集合 u の重みを $\gamma_u = \prod_{j \in u}\gamma_j$ と定めることで理論が単純になる．このような重みの設定法は**積重み**（product weight）と呼ばれる．

ANOVA 分解の条件をモデル化できることから，重み付き関数空間の設定は QMC の理論分野では標準的な設定の一つとなっている．具体例としては，次の 6 章で導入される重み付きコロボフ空間や重み付きソボレフ空間が重要である．重みにより高次元部分の重要度が下がるので，重みつき関数空間の設定では計算容易性を数学的に証明できる場合が多いのもポイントである．

第 6 章
再生核ヒルベルト空間

　再生核ヒルベルト空間（RKHS）は応用数学分野では機械学習におけるカーネル法などでよく用いられ，ヒカーネルの論文[51]以降は QMC を考察する際の関数空間としても市民権を得ている．RKHS を使うと，重み付き関数空間が構成しやすい，コクスマ−ラフカ型の不等式や最悪誤差の明示的な式がある，などの利点がある．本書では QMC 特有の定理やコロボフ空間とソボレフ空間などの具体的な関数空間を説明する．定理の証明は主に福水[115]を引用した．

6.1　再生核ヒルベルト空間の定義と性質

　以下，体 $\mathbb{K}$ を $\mathbb{R}$ または $\mathbb{C}$ とする．$\mathbb{K}$ 上の RKHS は次のように定義される．

定義 6.1　X を集合とし，$\mathcal{H}$ を X 上の $\mathbb{K}$ 値関数のなすヒルベルト空間とする．関数 $K\colon X \times X \to \mathbb{K}$ が次の条件を満たすとき，$\mathcal{H}$ は再生核 K を持つ**再生核ヒルベルト空間**（reproducing kernel Hilbert space: RKHS）であるという．このとき $\mathcal{H} = \mathcal{H}(K)$ と書く．

- 任意の $x \in X$ に対し $K(-, x) \in \mathcal{H}$ である．
- 任意の $f \in \mathcal{H}$ と $x \in X$ に対し $\langle f, K(-, x) \rangle_{\mathcal{H}} = f(x)$ となる．

　定義から RKHS に属する関数は関数値が定まっている必要があるので，例えば L^2 空間は RKHS ではない．なお本書で扱うソボレフ空間は同値類の代表元として連続関数が存在する（ソボレフの埋め込み定理）ことから，関数値が定まる代表元を集めた関数空間になるので，矛盾はない．

　$\mathbb{K}$ 上の RKHS の再生核 $K\colon X \times X \to \mathbb{K}$ は自動的に次を満たす．

- （エルミート性）$K(x, y) = \overline{K(y, x)}$.
- （半正定値性）任意の $a_i \in \mathbb{K}$ と $x_i \in X$ に対し $\displaystyle\sum_{i=1}^{n}\sum_{j=1}^{n} a_i \overline{a_j} K(x_i, x_j) \geq 0$.

この二つの性質が成り立つような K を**正定値カーネル**という．実は正定値

カーネル K が与えられたとき，再生核 K を持つ RKHS $\mathcal{H}(K)$ が同型を除いて一意に定まることが知られている（ムーア–アロンシャインの定理）．

例 6.2 関数 $f_1, \ldots f_n \colon X \to \mathbb{K}$ が X 上の関数として $\mathbb{K}$ 上一次独立であるとする．$\lambda_i > 0$ を実数とする．次の n 次元ヒルベルト空間 $\mathcal{H}$ を考える．

$$\mathcal{H} = \left\{ \sum_{i=1}^n a_i f_i \ \middle|\ c \in \mathbb{K} \right\}, \qquad \left\langle \sum_{i=1}^n a_i f_i, \sum_{i=1}^n b_i f_i \right\rangle := \sum_{i=1}^n \lambda_i^{-1} a_i \overline{b_i}.$$

このとき $\mathcal{H}$ は RKHS であり，その再生核は

$$K(x, y) = \sum_{i=1}^n \lambda_i f_i(x) \overline{f_i(y)}$$

である．実際，各 y に対し $K(-, y) \in \mathcal{H}$ であり，各 $1 \le i \le n$ について

$$\langle f_i, K(-, y) \rangle = \lambda_i^{-1} \overline{\lambda_i \overline{f_i(y)}} = f_i(y)$$

なので，内積の線形性と合わせて K は再生性を満たすことがわかる．

以下，RKHS の和とテンソル積を定義する．RKHS の和は，対応する正定値カーネルの和から定まる RKHS と定める[115, 定理 2.14]．

定理 6.3 K_1, K_2 を X 上の正定値カーネルとし，対応する RKHS を $\mathcal{H}_1, \mathcal{H}_2$ とおく．このとき $K = K_1 + K_2$ も正定値カーネルである．対応する RKHS $\mathcal{H} = \mathcal{H}(K)$ を RKHS の和 $\mathcal{H}_1 + \mathcal{H}_2$ と定める．$\mathcal{H}$ は集合として線形空間の和 $\mathcal{H} = \mathcal{H}_1 + \mathcal{H}_2$ であり，そのノルムは次を満たす．

$$\|f\|_{\mathcal{H}}^2 = \min\{\|f_1\|_{\mathcal{H}_1}^2 + \|f_2\|_{\mathcal{H}_2}^2 \mid f = f_1 + f_2,\ f_1 \in \mathcal{H}_1, f_2 \in \mathcal{H}_2\}.$$

QMC では，$[0,1]^s$ 上の関数空間として $[0,1]$ 上の RKHS のテンソル積を考えることが多い．次の定義兼定理の証明は例えば [115, 定理 2.15] にある．

定理 6.4 $\mathcal{H}(K_1), \mathcal{H}(K_2)$ をそれぞれ X_1, X_2 上の RKHS とする．このとき，$K(x_1, x_2, y_1, y_2) = K_1(x_1, y_1) K_2(x_2, y_2)$ を再生核とする $X_1 \times X_2$ 上の RKHS $\mathcal{H}(K)$ が定まる．このように定まる $\mathcal{H}(K)$ を $\mathcal{H}(K_1) \otimes \mathcal{H}(K_2)$ と書き，$\mathcal{H}(K_1)$ と $\mathcal{H}(K_2)$ のテンソル積という．関数空間としては，$\mathcal{H}(K)$ は

$$\{f_1(x_1) f_2(x_2) \mid f_1 \in \mathcal{H}(K_1),\ f_2 \in \mathcal{H}(K_2)\}$$

から生成される線形空間を K から定まるノルムで完備化したものに一致する．

6.2 再生核ヒルベルト空間上の数値積分

$\mathcal{H}(K)$ を X 上の RKHS とする．リースの表現定理から，$T \colon \mathcal{H}(K) \to \mathbb{K}$

が有界作用素のとき $T(f) = \langle f, \tau \rangle$ となる $\tau \in \mathcal{H}$ がただ一つ存在する．ここでは $\mathrm{Err}(f; P) = \langle f, -E_p \rangle$ を満たす関数 E_p について考える（一般的な定義の兼ね合いで，E_P にマイナスが付いている）．

まず再生核の定義から $f(y) = \langle f, K(-, y) \rangle$ なので，"積分近似作用素" $I(f; P)$ について

$$I(f; P) = |P|^{-1} \sum_{x_i \in P} f(x_i) = \left\langle f, |P|^{-1} \sum_{x_i \in P} K(-, x_i) \right\rangle \tag{6.1}$$

が成り立つ．一方で，"積分作用素" $f \mapsto I(f) = \int_X f(x)\,dx$ は有界とは限らない．そこで，以下では有界性を仮定する．このとき $I(f) = \langle f, h \rangle$ を満たす $h \in \mathcal{H}$ を取る．このとき各 $x \in X$ に対して

$$h(x) = \langle h, K(-, x) \rangle = \overline{\langle K(-, x), h \rangle}$$
$$= \overline{I(K(-, x))} = \overline{\int_X K(y, x)\,dy} = \int_X K(x, y)\,dy$$

となる．つまり，積分作用素の有界性の下

$$I(f) = \langle f, h \rangle, \quad \text{ただし } h(x) = \int_X K(x, y)\,dy \tag{6.2}$$

である．これらを合わせて，最悪誤差の具体的な表示を得る．

定理 6.5 $\mathcal{H}(K)$ を $[0,1]^s$ 上の RKHS とし，$\mathcal{H}(K)$ 上の積分作用素 $I(f) = \int_{[0,1]^s} f(\boldsymbol{x})\,d\boldsymbol{x}$ が有界と仮定する．このとき N 点集合 $P = \{\boldsymbol{x}_0, \ldots, \boldsymbol{x}_{N-1}\} \subset [0,1]^s$ について，$\mathrm{Err}(f; P) = \langle f, -E_P \rangle$ を満たす E_P は

$$E_P(\boldsymbol{x}) = \int_{[0,1]^s} K(\boldsymbol{x}, \boldsymbol{y})\,d\boldsymbol{y} - \frac{1}{N} \sum_{\boldsymbol{x}_i \in P} K(\boldsymbol{x}, \boldsymbol{x}_i)$$

で与えられる．さらに，$\mathcal{H}(K)$ 上の積分則 $I(f; P)$ の最悪誤差について次の式が成り立つ．

$$(e^{\mathrm{wor}}(\mathcal{H}(K), P))^2 = \|E_P\|^2$$
$$= \iint_{[0,1]^{2s}} K(\boldsymbol{x}, \boldsymbol{y})\,d\boldsymbol{x}\,d\boldsymbol{y} - \frac{2}{N}\mathrm{Re}\sum_{i=0}^{N-1} \int_{[0,1]^s} K(\boldsymbol{x}_i, \boldsymbol{y})\,d\boldsymbol{y}$$
$$+ \frac{1}{N^2} \sum_{i,j=0}^{N-1} K(\boldsymbol{x}_i, \boldsymbol{x}_j) \tag{6.3}$$

証明 式 (6.1), (6.2) より $\mathrm{Err}(f; P) = \langle f, -E_P \rangle$ は直ちに従う．するとコーシー–シュワルツの不等式から

$$|\mathrm{Err}(f; P)| = |\langle f, E_P \rangle| \le \|f\| \cdot \|E_P\|$$

がわかる．さらに，$f = E_P$ のとき等号が成立する．よって $e^{\mathrm{wor}}(\mathcal{H}(K), P) = \|E_P\|$ である．ここで $E_P = h - N^{-1}\sum_{i=0}^{N-1} K(-, \boldsymbol{x}_i)$ なので

$$\|E_P\|^2 = \langle E_P, E_P \rangle = \langle h, h \rangle - \frac{2}{N} \mathrm{Re} \left\langle h, \sum_{i=0}^{N-1} K(-, \boldsymbol{x}_i) \right\rangle$$
$$+ \frac{1}{N^2} \left\langle \sum_{i=0}^{N-1} K(-, \boldsymbol{x}_i), \sum_{j=0}^{N-1} K(-, \boldsymbol{x}_j) \right\rangle$$

である．(6.1), (6.2) より，各項は

$$\langle h, K(-, \boldsymbol{x}_i) \rangle = \overline{I(K(-, \boldsymbol{x}_i))} = \int_{[0,1]^s} K(\boldsymbol{x}_i, \boldsymbol{y}),$$

$$\langle h, h \rangle = I(h) = \iint_{[0,1]^{2s}} K(\boldsymbol{x}, \boldsymbol{y}) \, d\boldsymbol{y} \, d\boldsymbol{x},$$

$$\langle K(-, \boldsymbol{x}_i), K(-, \boldsymbol{x}_j) \rangle = K(\boldsymbol{x}_j, \boldsymbol{x}_i)$$

と計算できるので，(6.3) の二つ目の等号が成り立つ． $\square$

積分作用素が有界になる十分条件を与えておこう．

補題 6.6 K を $[0,1]^s$ 上の再生核とする．

$$\int_{[0,1]^s} \sqrt{K(\boldsymbol{x}, \boldsymbol{x})} \, d\boldsymbol{x} < \infty$$

のとき，$[0,1]^s$ 上の積分作用素 $f \mapsto I(f) = \int_{[0,1]^s} f(\boldsymbol{x}) \, d\boldsymbol{x}$ は有界である．

証明 まず，各 $\boldsymbol{y} \in [0,1]^s$ に対して

$$\|K(\cdot, \boldsymbol{y})\|_{\mathcal{H}(K)}^2 = \langle K(\cdot, \boldsymbol{y}), K(\cdot, \boldsymbol{y}) \rangle = K(\boldsymbol{y}, \boldsymbol{y})$$

であることを確認しておく．すると，積分作用素の作用素ノルムは

$$\left| \int_{[0,1]^s} f(\boldsymbol{y}) \, d\boldsymbol{y} \right| \le \int_{[0,1]^s} |f(\boldsymbol{y})| \, d\boldsymbol{y} \le \int_{[0,1]^s} \|f\| \|K(\cdot, \boldsymbol{y})\|_{\mathcal{H}(K)} \, d\boldsymbol{y}$$
$$\le \|f\| \int_{[0,1]^s} \sqrt{K(\boldsymbol{y}, \boldsymbol{y})} \, d\boldsymbol{y}$$

と評価される．仮定より右辺は有界である． $\square$

6.3 ディスクレパンシーと1階のソボレフ空間

6.3.1 1変数の場合

1階のソボレフ空間 (Sobolev space) と呼ばれる，次のヒルベルト空間

$$H^1[0,1] := \{f \colon [0,1] \to \mathbb{R} \mid f \text{ は絶対連続,} f'(x) \in L^2[0,1]\}, \tag{6.4}$$

$$\langle f, g \rangle := f(1)g(1) + \int_0^1 f'(x)g'(x) \, dx \tag{6.5}$$

を考える．この空間がヒルベルト空間となっていることは例えば [115, 2.2.3

節] からわかる．ここである可積分関数 $g\colon [0,1] \to \mathbb{R}$ が存在して

$$f(x) = f(0) + \int_0^x g(t)\,dt$$

となるとき，関数 $f\colon [0,1] \to \mathbb{R}$ は**絶対連続**であるという．このとき f はほとんど至るところ微分可能であり，$f'(x) = g(x)$ となる．実は，この空間は L_2 ディスクレパンシーに関連する RKHS である．

補題 6.7 (6.4) で定まるヒルベルト空間 $H^1[0,1]$ は再生核ヒルベルト空間であり，その再生核 K_1 は次で与えられる．

$$K_1(x,y) = 1 + \min(1-x, 1-y). \tag{6.6}$$

証明 まず，y を固定するごとに

$$K_1(x,y) = 2 - y - \int_0^x \chi_{(y,1]}(t)\,dt$$

なので $K_1(x,y)$ は x の関数として絶対連続となり，導関数は

$$\frac{\partial K_1(x,y)}{\partial x} = -\chi_{(y,1]}(x)$$

となる．よって $K_1(x,y) \in H^1[0,1]$ である．さらに y を固定するごとに

$$\langle f, K_1(-,y) \rangle = f(1)K_1(1,y) - \int_0^1 f'(x)\chi_{(y,1]}(x)\,dx$$
$$= f(1) - \int_y^1 f'(x)\,dx = f(y)$$

となるので，K_1 は再生核の定義を満たす． $\square$

ここで定理 6.5 の関数 E_P とその微分を計算すると

$$E_P(x) = \int_{[0,1]} K_1(x,y)\,dy - \frac{1}{N}\sum_{y_i \in P} K_1(x,y_i)$$
$$= \frac{3-x^2}{2} - \frac{1}{N}\sum_{y_i \in P}(1 + \min(1-x, 1-y_i)),$$
$$E_P'(x) = -x - \frac{1}{N}\sum_{y_i \in P}(-\chi_{(y_i,1]}(x))$$
$$= -x + \frac{1}{N}\sum_{y_i \in P}\chi_{[0,x)}(y_i) = \Delta_P(x)$$

を得る．よって $E_p(1) = 0$ と合わせて，定理 6.5 より

$$\mathrm{Err}(f;P) = I(f;P) - I(f) = \langle f, -E_P \rangle = -\int f'(x)\Delta_P(x)\,dx$$

が成り立つ．つまり，$f \in H^1[0,1]$ に対するラフカーザレンバの恒等式が再証明できた．

また，再び定理 6.5 より QMC 積分 $I(f; P)$ の最悪誤差について

$$(e^{\mathrm{wor}}(\mathcal{H}(K_1), P))^2 = \|E_P\|^2 = (L_{2,N}(P))^2$$

とわかる．つまり $H^1[0,1]$ における QMC 積分の最悪誤差は P の L_2 ディスクレパンシーの二乗と等しい．

なお $\|E_P\|^2$ の値を (6.3) に沿って計算することで定理 5.15 が再証明できる．

6.3.2　多変数の場合

ここでは 1 変数のソボレフ空間のテンソル積

$$\mathcal{H}_s := \bigotimes_{j=1}^{s} \mathcal{H}(K_1)$$

を考える．(6.6) で定義された $K_1(x,y)$ を使うと，この空間の再生核は

$$K(\boldsymbol{x}, \boldsymbol{y}) = \prod_{j=1}^{s} K_1(x_j, y_j) = \prod_{j=1}^{s} (1 + \min(1 - x_j, 1 - y_j))$$

で与えられる．付随する内積は

$$\langle f, g \rangle := \sum_{u \subset 1:s} \int_{[0,1]^{|u|}} \frac{\partial^{|u|} f}{\partial \boldsymbol{x}_u}(\boldsymbol{x}_u, \boldsymbol{1}_{-u}) \frac{\partial^{|u|} g}{\partial \boldsymbol{x}_u}(\boldsymbol{x}_u, \boldsymbol{1}_{-u}) \, d\boldsymbol{x}_u$$

となることが証明できる．ここから 1 変数のときと同じ議論を行う．定理 6.5 の関数 E_P とその微分を計算すると

$$E_P(\boldsymbol{x}) = \prod_{j=1}^{s} \frac{3 - x_j^2}{2} - \frac{1}{N} \sum_{y_i \in P} \prod_{j=1}^{s} (1 + \min(1 - x_j, 1 - y_{i,j})),$$

$$\frac{\partial^{|u|} E_P}{\partial \boldsymbol{x}_u}(\boldsymbol{x}_u, \boldsymbol{1}_{-u}) = \prod_{j \in u} (-x_j) - \frac{1}{N} \sum_{y_i \in P} \prod_{j \in u} (-\chi_{(y_{i,j}, 1]}(x_j))$$

$$= (-1)^{|u|+1} \Delta_P(\boldsymbol{x}_u, \boldsymbol{1}_{-u})$$

を得る．定理 6.5 より $\mathrm{Err}(f; P) = \langle f, -E_P \rangle$ である．この内積を先ほど計算した E_p の偏微分を使って定義通り計算すれば，$f \in \mathcal{H}_s$ に対するラフカーザレンバの恒等式（定理 5.34）が再証明できる．

同様に，QMC 積分 $I(f; P)$ の最悪誤差について，P の u 方向への射影を

$$P_u := \{(x_j)_{j \in u} \mid \boldsymbol{x} = (x_j)_{j \in 1:s} \in P\} \subset [0,1]^{|u|}$$

と定めると，定理 6.5 より

$$(e^{\mathrm{wor}}(\mathcal{H}_s, P))^2 = \|E_P\|^2 = \sum_{\emptyset \neq u \subset 1:s} (L_{2,N}(P_u))^2$$

と，各射影の L_2 ディクレパンシーの二乗和と一致する．ここで 1 変数の場合と同じく，$\|E_P\|^2$ の値を (6.3) に沿って計算すると定理 5.15 が再証明できる．

6.3　ディスクレパンシーと 1 階のソボレフ空間　**117**

6.3.3　重み付きディスクレパンシーとソボレフ空間

前節ではある種の多変数ソボレフ空間が L_2 ディスクレパンシーと対応することを確認した．ここでは重み付きバージョンを考える．以下，各変数の重み $\boldsymbol{\gamma} = (\gamma_j)_{j=1}^s$ が $\gamma_1 \geq \gamma_2 \geq \cdots \geq 0$ を満たすとし，集合 $u \subset 1{:}s = \{1,\ldots,s\}$ に対する重みを $\gamma_u = \prod_{j \in u} \gamma_j$ と定める（ただし $\gamma_\emptyset = 1$ とおく）．再生核

$$K_{\boldsymbol{\gamma},s}(\boldsymbol{x},\boldsymbol{y}) = \prod_{j=1}^s (1 + \gamma_j \min(1-x_j, 1-y_j))$$

から定まる RKHS $\mathcal{H}(K_{\boldsymbol{\gamma},s})$ を考える．このとき付随する内積は

$$\langle f, g \rangle := \sum_{u \subset 1{:}s} \gamma_u^{-1} \int_{[0,1]^{|u|}} \frac{\partial^{|u|} f}{\partial \boldsymbol{x}_u}(\boldsymbol{x}_u, \boldsymbol{1}_{-u}) \frac{\partial^{|u|} g}{\partial \boldsymbol{x}_u}(\boldsymbol{x}_u, \boldsymbol{1}_{-u}) \, d\boldsymbol{x}_u$$

となることが証明できる．前小節と同じ議論により，定理 6.5 の関数 E_P は

$$E_P(\boldsymbol{x}) = \prod_{j=1}^s \frac{2 + \gamma_j(1-x_j^2)}{2} - \frac{1}{N} \sum_{\boldsymbol{y}_i \in P} \prod_{j=1}^s (1 + \gamma_j \min(1-x_j, 1-y_{i,j}))$$

となり，その微分は

$$\frac{\partial^{|u|} E_P}{\partial \boldsymbol{x}_u}(\boldsymbol{x}_u, \boldsymbol{1}_{-u}) = \prod_{j \in u}(-\gamma_j x_j) - \frac{1}{N} \sum_{\boldsymbol{y}_i \in P} \prod_{j \in u}(-\gamma_j \chi_{(y_{i,j}, 1]}(x_j))$$

$$= (-1)^{|u|+1} \gamma_u \Delta_P(\boldsymbol{x}_u, \boldsymbol{1}_{-u})$$

となる．定理 6.5 より $\mathrm{Err}(f; P) = \langle f, -E_P \rangle$ であり，QMC 積分 $I(f; P)$ の最悪誤差について

$$(e^{\mathrm{wor}}(\mathcal{H}(K_{\boldsymbol{\gamma},s}), P))^2 = \|E_P\|^2 = \sum_{\emptyset \neq u \subset 1{:}s} \gamma_u (L_{2,N}(P_u))^2$$

とわかる．つまり，この重み付き関数空間 $\mathcal{H}(K_{\boldsymbol{\gamma},s})$ の最悪誤差は重み付き L_2 ディスクレパンシー $(\sum_{\emptyset \neq u \subset 1{:}s} \gamma_u (L_{2,N}(P_u))^2)^{1/2}$ と一致する．なお，$\mathcal{H}(K_{\boldsymbol{\gamma},s})$ については $\sum_{j=1}^\infty \gamma_j < \infty$ のとき強計算容易性が成り立つことが知られている[97, Theorem 2]．

6.4　コロボフ空間

コロボフ空間はフーリエ係数の減衰で特徴付けられた，周期的な関数のなす RKHS である．本書では関数 $f \colon [0,1]^s \to \mathbb{C}$ の $\boldsymbol{h} \in \mathbb{Z}^s$ 番目のフーリエ係数を

$$\widehat{f}(\boldsymbol{h}) := \int_{[0,1]^s} f(\boldsymbol{x}) \exp(-2\pi \mathrm{i} \boldsymbol{h} \cdot \boldsymbol{x}) \, d\boldsymbol{x} \tag{6.7}$$

と定め，f のフーリエ展開を

$$f \sim \sum_{\boldsymbol{h} \in \mathbb{Z}^s} \widehat{f}(\boldsymbol{h}) \exp(2\pi \mathrm{i} \boldsymbol{h} \cdot \boldsymbol{x})$$

と定める．この展開は L^2 関数の意味で f と一致する．

6.4.1 関数の滑らかさとフーリエ係数の減衰

リーマン–ルベーグの補題により，$f: [0,1] \to \mathbb{R}$ が可積分関数ならば $\widehat{f}(k)$ は $k \to \pm\infty$ のとき 0 に収束する．関数が滑らかなとき，フーリエ係数の減衰はより早くなる．$f: \mathbb{R} \to \mathbb{R}$ を，周期 1 を持つ C^1 級関数とし，f を $[0,1]$ に制限した関数を同じ記号 f で書くことにする．このような $f: [0,1] \to \mathbb{R}$ を“周期的で C^1 級の関数”と呼ぶ．この f のフーリエ係数について，部分積分により次の式が得られる．

$$
\begin{aligned}
\widehat{f}(h) &= \int_0^1 f(x) e^{-2\pi \mathrm{i} h x}\, dx \\
&= \left[\frac{1}{-2\pi \mathrm{i} h} f(x) e^{-2\pi \mathrm{i} h x} \right]_0^1 - \frac{1}{-2\pi \mathrm{i} h} \int_0^1 f'(x) e^{-2\pi \mathrm{i} h x}\, dx \\
&= \frac{1}{2\pi \mathrm{i} h} \int_0^1 f'(x) e^{-2\pi \mathrm{i} h x}\, dx. \tag{6.8}
\end{aligned}
$$

f が周期的なので $f(0) = f(1)$ となり，部分積分の第 1 項が消えるところがポイントである．この式の絶対値を取って，フーリエ係数の上界

$$
|\widehat{f}(h)| \leq \frac{1}{2\pi |h|} \int_0^1 |f'(x) e^{-2\pi \mathrm{i} h x}|\, dx \leq \frac{1}{2\pi |h|} \max_{x \in [0,1]} |f'(x)|
$$

がわかる．よって，周期的で C^1 級の関数の h 番目のフーリエ係数は $O(1/|h|)$ で減衰することがわかる．

さらに f が周期的で C^2 級のとき，(6.8) で再び部分積分を行えば

$$
\widehat{f}(h) = \frac{1}{(2\pi \mathrm{i} h)^2} \int_0^1 f''(x) e^{-2\pi \mathrm{i} h x}\, dx
$$

となり，この式の絶対値を取って，フーリエ係数の上界

$$
|\widehat{f}(h)| \leq \frac{1}{(2\pi |h|)^2} \max_{x \in [0,1]} |f''(x)|
$$

を得る．すなわちフーリエ係数は $O(1/|h|^2)$ で減衰する．この手続きを繰り返すと，周期的で C^α 級の関数のフーリエ係数の減衰がわかる．

定理 6.8 $\alpha \geq 1$ を整数とし，$f: [0,1] \to \mathbb{R}$ を周期的で C^α 級の関数とする．このとき $h \neq 0$ に対して次が成り立つ．

$$
|\widehat{f}(h)| \leq \frac{1}{(2\pi |h|)^\alpha} \max_{x \in [0,1]} |f^{(\alpha)}(x)|.
$$

すなわち，フーリエ係数は $|\widehat{f}(h)| \in O(1/|h|^\alpha)$ のオーダーで減衰する．

この定理の逆方向を考えよう．例えばノコギリ波 $f(x) = x - \lfloor x \rfloor - 1/2$ のフーリエ級数の減衰のオーダーは $O(1/|h|)$ だが，$x = 0$ で連続ですらない．

6.4 コロボフ空間 **119**

よって定理の逆方向は必ずしも成り立たないが，項別微分定理により次の少し弱い結果が成り立つ.

定理 6.9 $\alpha \geq 2$ を整数とする．フーリエ級数で表される関数

$$f(x) = \sum_{h=-\infty}^{\infty} \widehat{f}(h) \exp(2\pi \mathrm{i} h x)$$

について，ある定数 C が存在して任意の整数 $h \neq 0$ に対して $|\widehat{f}(h)| \leq \frac{C}{|h|^\alpha}$ が成り立つと仮定する．このとき f は周期的で $C^{\alpha-2}$ 級の関数である．

6.4.2 フーリエ級数の減衰で定まる関数空間

ここではフーリエ級数の減衰で定まる関数空間の一般論を整理する.

補題 6.10 正の実数列 $(r_h)_{h \in \mathbb{Z}}$ が $\sum_{h \in \mathbb{Z}} r_h^{-1} < \infty$ を満たすとき，

$$\mathcal{H} = \left\{ f(x) = \sum_{h \in \mathbb{Z}} c_h \exp(2\pi \mathrm{i} h x) \,\middle|\, c_h \in \mathbb{C}, \, \sum_{h \in \mathbb{Z}} r_h |c_h|^2 < \infty \right\}$$

で定まる関数空間 $\mathcal{H}$ は次式で与えられる内積と再生核を持つ RKHS である.

$$\langle f, g \rangle = \sum_{h \in \mathbb{Z}} r_h \widehat{f}(h) \overline{\widehat{g}(h)}, \qquad K(x, y) = \sum_{h \in \mathbb{Z}} r_h^{-1} \exp(2\pi \mathrm{i} h(x - y)).$$

証明 まず $f \in \mathcal{H}$ が連続関数に一様収束することを示す．コーシー–シュワルツの不等式より

$$\left| \sum_{h \in \mathbb{Z}} c_h \exp(2\pi \mathrm{i} h x) \right|^2 \leq \sum_{h \in \mathbb{Z}} |r_h c_h^2| \sum_{h \in \mathbb{Z}} |r_h^{-1}| = \|f\|^2 \sum_{h \in \mathbb{Z}} |r_h^{-1}| < \infty$$

なので f は絶対収束かつ一様収束である．特に f は連続関数である.

続いて $\mathcal{H}$ がヒルベルト空間であることを示す．数列空間 $\ell^2(\mathbb{Z})$ から $\mathcal{H}$ への写像

$$(c_h)_{h \in \mathbb{Z}} \mapsto \sum_{h \in \mathbb{Z}} (r_h)^{-1/2} c_h \exp(2\pi \mathrm{i} h x)$$

が全単射で，かつこの写像で ℓ^2 の内積から誘導される $\mathcal{H}$ の内積が $\langle f, g \rangle$ となることが証明できる（$f \in L^2([0,1])$ なので $\widehat{f}(h) = c_h$ であることに注意）．よって $\mathcal{H}$ は内積 $\langle f, g \rangle$ を持つヒルベルト空間である.

最後に K が再生核であることを示す．まず y を固定したとき

$$\|K(-, y)\|_{\mathcal{H}}^2 = \sum_{h \in \mathbb{Z}} r_h \cdot |r_h^{-1} \exp(-2\pi \mathrm{i} h y)|^2 = \sum_{h \in \mathbb{Z}} r_h^{-1} < \infty$$

なので，確かに $K(-, y) \in \mathcal{H}$ である．再び y を固定したとき

$$\langle f, K(-, y) \rangle = \sum_{h \in \mathbb{Z}} r_h \widehat{f}(h) \overline{r_h^{-1} \exp(-2\pi \mathrm{i} h y)}$$

$$= \sum_{h \in \mathbb{Z}} \widehat{f}(h) \exp(2\pi \mathrm{i} h y) = f(y)$$

なので K は再生性を満たす. 以上より K は $\mathcal{H}$ の再生核である. $\qquad\square$

フーリエ級数では, 弱い条件で項別積分・微分が可能である. 例えば [95, Theorem 7.3] の証明を参照のこと.

定理 6.11 $f(x) \in L^2[0,1]$ とする. $F(x) = \int_0^x f(t) \, dt$ としたとき, 次の一様収束が成り立つ.

$$F(x) = \widehat{f}(0)x + \sum_{h \in \mathbb{Z} \setminus \{0\}} \frac{\widehat{f}(h)}{2\pi \mathrm{i} h} e^{2\pi \mathrm{i} h x}.$$

逆に, $F(x) = \sum_{h \in \mathbb{Z}} c_h e^{2\pi \mathrm{i} h x}$ について $\sum_{h \in \mathbb{Z}} |h c_h|^2 < \infty$ が成り立つとする. また $f(x) = \sum_{h \in \mathbb{Z}} 2\pi \mathrm{i} h \cdot c_h e^{2\pi \mathrm{i} h x}$ とおく. このとき $f \in L^2([0,1])$ であり, $F(x) = F(0) + \int_0^x f(t) \, dt$ が成り立つ. 特に $F(x)$ は絶対連続である.

6.4.3　1次元のコロボフ空間

コロボフ空間はフーリエ級数が特定のオーダーで減衰する関数空間である. まずは前小節に基づき1次元のコロボフ空間を定義する. 多次元のコロボフ空間を定義するときに便利なので, あらかじめ重みを含んだ形で定義する.

定義 6.12 実数 $\alpha > 1$ を滑らかさのパラメータ, $\gamma > 0$ を重みのパラメータとする. このとき再生核

$$K_{\alpha,\gamma}^{\mathrm{kor}}(x, y) := 1 + \gamma \sum_{h \in \mathbb{Z},\, h \neq 0} |h|^{-\alpha} e^{2\pi \mathrm{i} h (x-y)} \tag{6.9}$$

を持つ RKHS を**コロボフ空間**(Korobov space)という ($1 + \gamma \sum_{h \in \mathbb{Z}} |h|^{-\alpha} < \infty$ なので補題 6.10 の仮定が満たされ, 空間や内積が確かに定まる).

α が偶数のとき, $\mathcal{H}(K_{\alpha,\gamma}^{\mathrm{kor}})$ はわかりやすい表示を持つ. 雑にいうと, $\mathcal{H}(K_{\alpha,\gamma}^{\mathrm{kor}})$ は $\alpha/2$ 回微分できる関数からなる.

定理 6.13 $\alpha \geq 2$ が偶数のとき, $\mathcal{H}(K_{\alpha,\gamma}^{\mathrm{kor}})$ は集合として

$$\Big\{ f \colon [0,1] \to \mathbb{R} \mid \tau = 0, \dots, \alpha/2 - 1 \text{ で } f^{(\tau)} \text{ は絶対連続かつ}$$

$$f^{(\tau)}(0) = f^{(\tau)}(1), \text{ また } f^{(\alpha/2)} \in L^2[0,1] \Big\}$$

と等しい. また内積は次のように書ける.

$$\langle f, g \rangle = \int_0^1 f(x) \, dx \int_0^1 \overline{g(x)} \, dx + \frac{1}{(2\pi)^\alpha \gamma} \int_0^1 f^{(\alpha/2)}(x) \overline{g^{(\alpha/2)}(x)} \, dx.$$

証明 $\alpha = 2$ のときは定理 6.11 より集合の一致がわかる．定理 6.11 を繰り返し適用すれば，α が一般の偶数のときも集合の一致が成り立つ．

α を偶数として内積の式を示す．$f, g \in \mathcal{H}(K_{\alpha,\gamma}^{\mathrm{kor}})$ に対し，補題 6.10 より

$$\langle f, g \rangle = \widehat{f}(0)\overline{\widehat{g}(0)} + \gamma^{-1} \sum_{h \in \mathbb{Z}} h^{\alpha} \widehat{f}(h)\overline{\widehat{g}(h)} \tag{6.10}$$

である．ここで $\widehat{f}(0) = \int_0^1 f(x)\,dx$（$g$ も同様）なので，(6.10) の第一項は示したい式の第一項と等しい．第二項については，定理 6.11 を繰り返し使うと

$$f^{(\alpha/2)}(x) = \sum_{h \in \mathbb{Z}} (2\pi\mathrm{i}h)^{\alpha/2} \widehat{f}(h) e^{2\pi\mathrm{i}hx} \in L^2[0,1]$$

がわかる．よってパーセバルの定理より次式がわかる．

$$\int_0^1 f^{(\alpha/2)}(x)\overline{g^{(\alpha/2)}(x)}\,dx = \sum_{h \in \mathbb{Z}} (2\pi\mathrm{i}h)^{\alpha/2} \widehat{f}(h)\overline{(2\pi\mathrm{i}h)^{\alpha/2}\widehat{g}(h)}$$
$$= \sum_{h \in \mathbb{Z}} (2\pi h)^{\alpha} \widehat{f}(h)\overline{\widehat{g}(h)}.$$

よって (6.10) の右辺の第二項は示したい式の第二項と等しいので定理が示された． $\square$

α が偶数のとき，さらにコロボフ空間の再生核はベルヌーイ多項式を用いて閉じた形で書ける．まずベルヌーイ多項式を定義する．

定義 6.14 各非負整数 $n \geq 0$ に対し，次の漸化式で定まる n 次の多項式 $B_n(x)$ を**ベルヌーイ多項式**という．

$$B_0(x) = 1,$$
$$B_n'(x) = nB_{n-1}(x), \qquad \int_0^1 B_n(x) = 0 \quad (n \geq 1).$$

$1, 2, 3$ 次のベルヌーイ多項式は順に $B_1(x) = x - \frac{1}{2}$, $B_2(x) = x^2 - x + \frac{1}{6}$, $B_3(x) = x^3 - \frac{3}{2}x^2 + \frac{1}{2}x$ となる．

ベルヌーイ多項式のフーリエ係数を考えるために，B_n の定義域を $[0,1)$ に制限して周期化した関数を $\tilde{B}_n(x)$ とおく（つまり $\tilde{B}_n(x) = B_n(x - \lfloor x \rfloor)$ と定める）．このとき $\tilde{B}_n(x)$ のフーリエ級数展開が具体的に計算できる．

補題 6.15 $n \geq 2$ のとき，$\tilde{B}_n(x)$ のフーリエ級数展開は

$$\tilde{B}_n(x) = -\frac{n!}{(2\pi\mathrm{i})^n} \sum_{h \neq 0} \frac{e^{2\pi\mathrm{i}hx}}{h^n} \tag{6.11}$$

となり，自身に一様収束する．

証明 数学的帰納法で示す．$n = 2$ のときはフーリエ係数を直接計算すれば (6.11) が正しいとわかる．一様収束は $\sum_{h \in \mathbb{Z} \setminus \{0\}} |h|^{-2} < \infty$ からわかる．

$n \geq 3$ として，$n-1$ の場合に成り立つとする．(6.11) の右辺の式を $C_n(x)$ とおく（一様収束する）．$\int_0^1 C_n(x)\,dx = 0$ であり，また項別微分定理と帰納法の仮定により $C_n'(x) = nC'(n-1)(x) = nB'(x-1)(x)$ である．よって $C_n(x)$ は $B_n(x)$ と同じ漸化式を満たすので，$B_n(x) = C_n(x)$ である． $\square$

この補題より α が偶数のとき $\tilde{B}_\alpha(x)$ は偶関数になり，$0 \leq x, y < 1$ に対して $\tilde{B}_\alpha(x-y) = \tilde{B}_\alpha(|x-y|) = B_\alpha(|x-y|)$ となる．この事実と，(6.9) と (6.11) の比較により次の定理を得る．

定理 6.16 $\alpha \geq 2$ が偶数のとき，コロボフ空間の再生核は次の表記を持つ．

$$K_{\alpha,\gamma}^{\mathrm{kor}}(x,y) = 1 + \gamma \frac{(2\pi)^\alpha}{(-1)^{\alpha/2+1}\alpha!} B_\alpha(|x-y|). \tag{6.12}$$

6.4.4 多次元のコロボフ空間とその積分誤差

ここでは，積重みとは限らない一般の重み付き多次元コロボフ空間を定義する．例えば 2 変数の場合，関数 f を

$$f(\boldsymbol{x}) = \sum_{\boldsymbol{h} \in \mathbb{Z}^2} \widehat{f}(\boldsymbol{h}) \exp(2\pi \mathrm{i} \boldsymbol{h} \cdot \boldsymbol{x}) = f_\emptyset + f_1(x_1) + f_2(x_2) + f_{1,2}(x_1, x_2)$$

のように分解して，各 $f_1, f_2, f_{1,2}$ に重み $\gamma_{\{1\}}, \gamma_{\{2\}}, \gamma_{\{1,2\}}$ をそれぞれ入れる．この関数の分解をフーリエ級数展開を使って表すと

$$f(\boldsymbol{x}) = \widehat{f}(0,0) + \sum_{h_1 \neq 0} \widehat{f}(h_1, 0) e^{2\pi \mathrm{i} h_1 x_1} + \sum_{h_2 \neq 0} \widehat{f}(0, h_2) e^{2\pi \mathrm{i} h_2 x_2}$$
$$+ \sum_{h_1 \neq 0, h_2 \neq 0} \widehat{f}(h_1, h_2) e^{2\pi \mathrm{i}(h_1 x_1 + h_2 x_2)}$$

となる．これを踏まえて，コロボフ空間を次で定義する．

定義 6.17 滑らかさのパラメータ $\alpha > 1$ と重みのパラメータ $\boldsymbol{\gamma} = (\gamma_u)_{\emptyset \neq u \subset 1:s}$ $(\gamma_u \geq 0)$ を持つ s 次元の**コロボフ空間** $\mathcal{H}_{\alpha,\gamma,s}^{\mathrm{kor}}$ は，次の再生核および付随する内積を持つヒルベルト空間である．

$$K_{\alpha,\boldsymbol{\gamma},s}^{\mathrm{kor}}(\boldsymbol{x}, \boldsymbol{y}) = 1 + \sum_{\emptyset \neq u \subset 1:s} \sum_{\boldsymbol{h}_u \in (\mathbb{Z}\backslash\{0\})^{|u|}} r_\alpha(\boldsymbol{\gamma}, \boldsymbol{h}_u)^{-1} e^{2\pi \mathrm{i} \boldsymbol{h}_u \cdot (\boldsymbol{x}_u - \boldsymbol{y}_u)},$$

$$\langle f, g \rangle_{K_{\alpha,\boldsymbol{\gamma},s}^{\mathrm{kor}}} = \widehat{f}(\boldsymbol{0})\overline{\widehat{g}(\boldsymbol{0})} + \sum_{\emptyset \neq u \subset 1:s} \sum_{\boldsymbol{h}_u \in (\mathbb{Z}\backslash\{0\})^{|u|}} r_\alpha(\boldsymbol{\gamma}, \boldsymbol{h}_u) \widehat{f}(\boldsymbol{h}_u)\overline{\widehat{g}(\boldsymbol{h}_u)}.$$

ただし $r_\alpha(\boldsymbol{\gamma}, \boldsymbol{h}_u) = \gamma_u^{-1} \prod_{j \in u} |h_j|^\alpha$ と定める．

注 6.18 $\alpha > 2$ が偶数のとき，定理 6.16 と同様に再生核は次の表記を持つ．

$$K_{\alpha,\boldsymbol{\gamma},s}^{\mathrm{kor}}(\boldsymbol{x}, \boldsymbol{y}) = 1 + \sum_{\emptyset \neq u \subset 1:s} \gamma_u \prod_{j \in u} \frac{(2\pi)^\alpha}{(-1)^{\alpha/2+1}(\alpha)!} B_\alpha(|x_j - y_j|).$$

注 6.19 コロボフ空間の重みが積重み（つまり $\gamma_1 \geq \gamma_2 \geq \cdots \geq 0$ を満たす実数が与えられ，$\gamma_u = \prod_{j \in u} \gamma_j$ となる）とする．このとき再生核は

$$K_{\alpha,\gamma,s}^{\mathrm{kor}}(\boldsymbol{x}, \boldsymbol{y}) = \prod_{j=1}^{s} \left(1 + \gamma_j \sum_{h_j \in \mathbb{Z} \setminus \{0\}} |h_j|^{-\alpha} e^{2\pi \mathrm{i} h_j (x_j - y_j)} \right)$$

$$= \prod_{j=1}^{s} K_{\alpha,\gamma_j}^{\mathrm{kor}}(x_j, y_j)$$

となる．定理 6.4 より，空間は 1 次元コロボフ空間のテンソル積 $\bigotimes_{j=1}^{s} \mathcal{H}_{\alpha,\gamma_j}^{\mathrm{kor}}$ と一致する．

定理 6.20 コロボフ空間 $\mathcal{H}_{\alpha,\gamma,s}^{\mathrm{kor}}$ に，点集合 $P = \{\boldsymbol{x}_0, \ldots, \boldsymbol{x}_{N-1}\}$ による QMC を適用したときの二乗最悪誤差は次で与えられる．

$$(e^{\mathrm{wor}}(\mathcal{H}_{\alpha,\gamma,s}^{\mathrm{kor}}, P))^2 = -1 + \frac{1}{N^2} \sum_{i,i'=0}^{N-1} K_{\alpha,\gamma,s}^{\mathrm{kor}}(\boldsymbol{x}_i, \boldsymbol{x}_{i'}).$$

証明 定理 6.5 に現れる各項を計算する．$\boldsymbol{h}_u \neq \boldsymbol{0}$ のとき

$$\int_{[0,1]^{|u|}} \exp(2\pi \mathrm{i} \boldsymbol{h}_u \cdot (\boldsymbol{x}_u - \boldsymbol{y}_u)) \, d\boldsymbol{x}_u = 0$$

であることから，

$$\int_{[0,1]^s} K_{\alpha,\gamma,s}^{\mathrm{kor}}(\boldsymbol{x}_i, \boldsymbol{y}) \, d\boldsymbol{y} = \int_{[0,1]^s} K_{\alpha,\gamma,s}^{\mathrm{kor}}(\boldsymbol{x}, \boldsymbol{y}) \, d\boldsymbol{x} \, d\boldsymbol{y} = 1$$

がわかる．この結果を定理 6.5 の各項に代入すれば，示したい式を得る．　　□

6.5　ソボレフ空間

QMC で主に使われる高次元**ソボレフ空間**はコロボフ空間と同様な分解から定まり，分解された個々の部分は（重み付き）1 次元ソボレフ空間のテンソル積からなる．特に積重みの場合は，注 6.19 と同様に 1 次元ソボレフ空間のテンソル積そのものになる．特に滑らかさ α の空間は（よくある合計 α 回以下の偏微分という定義とは異なり）各座標軸ごとに最大 α 回偏微分可能で，それが二乗可積分となる関数からなる．この定義は **dominating mixed smoothness** と呼ばれる．ここでは 1 次元ソボレフ空間の定義を紹介する．ここで扱う空間 H^m は，集合としては

$$\{f \colon [0,1] \to \mathbb{R} \mid f^{(0)}, \ldots, f^{(\alpha-1)} \text{ は絶対連続，} f^{(\alpha)} \in L^2[0,1]\} \quad (6.13)$$

である．この空間に入る同値なノルムはいろいろと考えられるが，ここでは基点付きソボレフ空間と基点なしソボレフ空間を考える．前者はテイラー展開，後者はコロボフ空間の拡張やオイラー–マクローリン展開に基づく．よくある

ソボレフ空間とはノルムの入れ方が異なる.

6.5.1 基点付きソボレフ空間

基点付きソボレフ空間に関する詳しい説明は [115, 2.2.3 節] を参照のこと.

定義 6.21 $c \in [0,1]$ とする. (6.13) で与えられる集合 H^m に内積

$$\langle f, g \rangle := \sum_{\tau=0}^{\alpha-1} f^{(\tau)}(c) g^{(\tau)}(c) + \int_0^1 f^{(\alpha)}(x) g^{(\alpha)}(x) \, dx$$

を入れた空間は RKHS であり,その再生核は $x, y > c$ のとき

$$K(x,y) := \sum_{\tau=0}^{\alpha-1} \frac{(x-c)^\tau}{\tau!} \frac{(y-c)^\tau}{\tau!} + \int_c^{\min(x,y)} \frac{(x-t)^{\alpha-1}}{(\alpha-1)!} \frac{(y-t)^{\alpha-1}}{(\alpha-1)!} \, dt,$$

$x, y < c$ のとき

$$K(x,y) := \sum_{\tau=0}^{\alpha-1} \frac{(x-c)^\tau}{\tau!} \frac{(y-c)^\tau}{\tau!} + \int_{\max(x,y)}^c \frac{(x-t)^{\alpha-1}}{(\alpha-1)!} \frac{(y-t)^{\alpha-1}}{(\alpha-1)!} \, dt,$$

どちらでもないとき 0 である. この空間を,基点を c とする**基点付きソボレフ空間**(anchored Sobolev space)という. なお,6.3.1 節で扱った空間は基点を 1 とした 1 階のソボレフ空間そのものである.

6.5.2 基点なしソボレフ空間

1 次元の基点なしソボレフ空間は次で定まる RKHS である.

定義 6.22 整数 $\alpha \geq 1$ を滑らかさのパラメータ,$\gamma > 0$ を重みのパラメータとする. このとき次の再生核

$$K_{\alpha,\gamma}^{\mathrm{sob}}(x,y) = 1 + \gamma \left(\sum_{\tau=1}^{\alpha} \frac{B_\tau(x) B_\tau(y)}{(\tau!)^2} + (-1)^{\alpha+1} \frac{B_{2\alpha}(|x-y|)}{(2\alpha)!} \right)$$

から定まる RKHS $\mathcal{H}(K_{\alpha,\gamma}^{\mathrm{sob}})$ を**基点なしソボレフ空間**(unanchored Sobolev space)という. ただし B_τ はベルヌーイ多項式(定義 6.14)である.

定理 6.23 $\mathcal{H}(K_{\alpha,\gamma}^{\mathrm{sob}})$ は集合として (6.13) に等しい. また $\mathcal{H}(K_{\alpha,\gamma}^{\mathrm{sob}})$ の内積は次式で与えられる.

$$\langle f, g \rangle_{K_{\alpha,\gamma}^{\mathrm{sob}}} = \int_0^1 f(x) \, dx \int_0^1 g(x) \, dx$$

$$+ \frac{1}{\gamma} \left[\sum_{\tau=1}^{\alpha-1} \int_0^1 f^{(\tau)}(x) \, dx \int_0^1 g^{(\tau)}(x) \, dx + \int_0^1 f^{(\alpha)}(x) g^{(\alpha)}(x) \, dx \right].$$

証明 直接的な証明は [13] にある. ここでは再生核の形を使った証明を行う.

例 6.2 で確認したように,次の関数

6.5 ソボレフ空間 **125**

$$K_{\alpha,\gamma}^{\mathrm{ber}}(x,y) = \gamma \sum_{\tau=1}^{\alpha} \frac{B_\tau(x) B_\tau(y)}{(\tau!)^2}$$

は再生核であり，$\mathcal{H}(K_{\alpha,\gamma}^{\mathrm{ber}}) = \mathrm{span}(B_1(x), \ldots, B_\alpha(x))$ である．すると

$$K_{\alpha,\gamma}^{\mathrm{sob}} = K_{\alpha,\gamma}^{\mathrm{ber}} + K_{2\alpha,\gamma'}^{\mathrm{kor}}$$

である（ただし $\gamma' = \gamma/(2\pi)^{2\alpha}$ とおいた）．よって，定理 6.3 より集合として

$$\mathcal{H}(K_{\alpha,\gamma}^{\mathrm{sob}}) = \mathrm{span}(B_1(x), \ldots, B_\alpha(x)) + \mathcal{H}(K_{\alpha,\gamma'})$$

である．この形の関数は (6.13) の条件を満たす．

逆に，f を (6.13) の形の関数とする．このとき

$$\tilde{f}(x) = f(x) - \sum_{\tau=1}^{\alpha} \left(\int_0^1 f^{(\tau)}(x)\,dx \right) \frac{B_\tau(x)}{\tau!} \tag{6.14}$$

とおくと $r = 0, \ldots, \alpha - 1$ に対して $\tilde{f}^{(r)}(0) = \tilde{f}^{(r)}(1)$ である．よって $\tilde{f}$ はコロボフ空間の元であり，f は α 次以下の多項式と $\tilde{f}$ の和で書ける．以上より集合の一致が示された．

続いて内積を考える．$g \in \mathcal{H}(K_{\alpha,\gamma}^{\mathrm{sob}})$ に対して $\tilde{g}$ を (6.14) と同じように定める．$K_{\alpha,\gamma}^{\mathrm{ber}} \cap K_{2\alpha,\gamma'}^{\mathrm{kor}} = 0$ が確かめられるので，定理 6.3 により

$$\langle f, g \rangle_{\mathcal{H}(K_{\alpha,\gamma}^{\mathrm{sob}})} = \langle f - \tilde{f}, g - \tilde{g} \rangle_{\mathcal{H}(K_{\alpha,\gamma}^{\mathrm{ber}})} + \langle \tilde{f}, \tilde{g} \rangle_{\mathcal{H}_{2\alpha,\gamma'}^{\mathrm{kor}}}$$

となる．この式の右辺の第一項の内積を例 6.2 に沿って計算すると

$$\langle f - \tilde{f}, g - \tilde{g} \rangle_{\mathcal{H}(K_{\alpha,\gamma}^{\mathrm{ber}})} = \frac{1}{\gamma} \sum_{\tau=1}^{\alpha} \int_0^1 f^{(\tau)}(x)\,dx \int_0^1 g^{(\tau)}(x)\,dx$$

となり，第二項の内積は定理 6.13 に沿って計算できて

$$\begin{aligned}
&\langle \tilde{f}, \tilde{g} \rangle_{\mathcal{H}_{2\alpha,\gamma'}^{\mathrm{kor}}} \\
&= \left(\int_0^1 \tilde{f}(x)\,dx \right) \left(\int_0^1 \tilde{g}(x)\,dx \right) + \frac{1}{\gamma} \int_0^1 \tilde{f}^{(\alpha)}(x) \tilde{g}^{(\alpha)}(x)\,dx \\
&= \left(\int_0^1 f(x)\,dx \right) \left(\int_0^1 g(x)\,dx \right) \\
&\quad + \frac{1}{\gamma} \left(\int_0^1 f^{(\alpha)}(x) g^{(\alpha)}(x)\,dx - \int_0^1 f^{(\alpha)}(x)\,dx \int_0^1 g^{(\alpha)}(x)\,dx \right)
\end{aligned}$$

となる．両者を足し合わせれば，望みの式が得られる． $\quad\square$

s 次元の基点なしソボレフ空間 $\mathcal{H}(K_{\alpha,\gamma,s}^{\mathrm{sob}})$ は，コロボフ空間と同様に各座標 $u \subset 1{:}s$ についての（定数関数部分を除いた）1 次元の基点なしソボレフ空間のテンソル積を考えることで定義される．詳細は [21] などを参照のこと．

第 7 章
準モンテカルロ法―格子

　大雑把にいえば，格子は平行移動に関する対称性がある点集合である．良い格子には，周期的で滑らかな関数を非常に精度良く積分できるという驚くべき性質がある．さらに実装が単純で，また特に低次元の場合は点の散らばりの良さが視覚的にわかる．このような理由から，格子は QMC で最もよく用いられる点集合の一つである．ただし，3 次元以上の場合は具体的な良い格子が数学的に閉じた形では与えられていない．その代わりに，個々の（重み付き）関数空間に応じて良い格子をアルゴリズムにより探索するのが主流となっている．

7.1　格子と双対格子

　本章では以下の記法を用いる．実数 $x \in \mathbb{R}$ に対し $\{x\}$ で x の小数部分を表す．$\boldsymbol{h} = (h_1, \ldots, h_s) \in \mathbb{R}^s$ と $\boldsymbol{x} = (x_1, \ldots, x_s) \in \mathbb{R}^s$ の内積を，通常通り $\boldsymbol{h} \cdot \boldsymbol{x} := \sum_{j=1}^{s} h_j x_j$ と定める．また整数 a を N で割った余りを二項演算 $a \bmod N$ で表し，整数 a, b を N で割った余りが等しいことを $a \equiv b \pmod{N}$ と表す．文脈から N が明らかなときは $\pmod{N}$ の記述を省略する．

　まずはランク 1 格子（以下，単に格子と呼ぶ）と呼ばれる点集合を定義する．一般のランクの格子は本書では扱わない．[81], [96] を参照せよ．

定義 7.1　$\boldsymbol{z} = (z_1, \ldots, z_s) \in \mathbb{Z}^s$ を取る．サンプル点の個数 $N \in \mathbb{N}$ を固定する．整数 $0 \le i < N$ に対し，i 番目のサンプル点 $\boldsymbol{x}_i$ を

$$\boldsymbol{x}_i := \left(\left\{ \frac{iz_1}{N} \right\}, \ldots, \left\{ \frac{iz_s}{N} \right\} \right) = \left\{ \frac{i\boldsymbol{z}}{N} \right\} \quad (0 \le i \le N - 1)$$

で定める．こうして得られた N 点集合 $P = P(\boldsymbol{z}, N) := \{\boldsymbol{x}_0, \ldots, \boldsymbol{x}_{N-1}\}$ を，**生成ベクトル**（generating vector）$\boldsymbol{z}$ で生成される N **点格子**という．格子をサンプル点集合とする QMC 積分を**格子則**（lattice rule）という．

　図 7.1 は一様性が異なる格子の例である．どちらも点の個数は 21 点で同じ

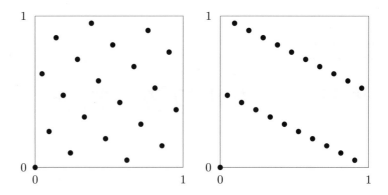

図 7.1 $N = 21$ に対する格子：$z = (1, 13)$ の場合（左）と $z = (1, 10)$ の場合（右）．

だが，右側の格子はどう見てもスカスカで，点が線状に並んでいる．これは，全 21 点がたった 3 本の直線族 $x + 2y = n$ $(n = 0, 1, 2)$ 上にあるからと説明できる．直線族 $px + qy = n$ $(n \in \mathbb{Z})$ の各直線間の距離は $1/\sqrt{p^2 + q^2}$ なので，直線族の係数 p, q の絶対値が小さいほど直線間の距離が大きくなりスカスカな部分ができてしまう．右側の図は $(p, q) = (1, 2)$ なので係数の絶対値はかなり小さい．一方で，左側の格子を含むどのような直線族を取っても，係数の絶対値は比較的大きい（例えば $(p, q) = (8, 1), (-3, 5)$ など）．そのため左側の図では大きなスカスカさやあからさまな直線状の配置は見られない．このように 2 次元格子の一様性は，格子が含まれる直線族の集合に係数の絶対値が小さいものがあるかどうかでほぼ決まってしまう．

これを s 次元に一般化しよう．一般に s 次元格子 $P = P(z, N)$ の各点は，ある平行な $s-1$ 次元超平面の族に含まれる．そのような超平面族の係数からなる集合を，格子 P の双対格子 $P^\perp$ と呼ぶ．双対格子は $\mathbb{R}^s$ 内の格子となる（定義 7.1 で定めた $[0, 1]^s$ 内の格子ではない）．

定義 7.2 $z \in \mathbb{Z}^s$ で生成される N 点格子 $P = P(z, N)$ の双対格子（dual lattice）$P^\perp$ を

$$P^\perp := \{h = (h_1, \ldots, h_s) \in \mathbb{Z}^s \mid \forall x \in P, \quad \exp(2\pi i h \cdot x) = 1\}$$
$$= \{h = (h_1, \ldots, h_s) \in \mathbb{Z}^s \mid \forall x \in P, \quad h \cdot x \in \mathbb{Z}\}$$
$$= \{h = (h_1, \ldots, h_s) \in \mathbb{Z}^s \mid h \cdot z \equiv 0 \pmod{N}\}$$

と定める．なお，この定義式の一番目と二番目の条件の同値性は指数関数の性質からわかる．二番目と三番目の条件の同値性は定義 7.1 からわかる．

定義 7.2 の二番目の条件はまさに，法線ベクトルを h とする超平面族 $\{h \in \mathbb{Z}^s \mid h \cdot x = 0, \pm 1, \pm 2, \ldots\}$ に P が含まれることを意味している．$h = (h_1, \ldots, h_s)$ の大きさをユークリッド距離 $|h|_2 := \sqrt{h_1^2 + \cdots + h_s^2}$ で定

めると，この超平面族の各超平面間の距離は $1/|\boldsymbol{h}|_2$ なので，超平面族の距離を最小化するためには $\min\limits_{\boldsymbol{h}\in P^\perp\setminus\{\mathbf{0}\}}|\boldsymbol{h}|_2$ を最大化すればよい．この指標は，線形合同法による擬似乱数から作られる格子構造の良さを測るスペクトル検定などで使われている．一方，数値積分や関数近似の観点に基づいた $\boldsymbol{h}$ の大きさを測る尺度としてよく調べられているのが，(5.14) で定義された $\rho(\boldsymbol{h})=\prod_{h_j\neq 0}|h_j|$ を使って定義される尺度である．例えば**ザレンバ指数**（Zaremba index）

$$\rho(P):=\min_{\boldsymbol{h}\in P^\perp,\,\boldsymbol{h}\neq \mathbf{0}}\rho(\boldsymbol{h})$$

や次節で扱う格子のディスクレパンシーに関連する尺度がその具体例である．

7.2 格子のディスクレパンシー

はじめに格子のディスクレパンシーに関する重要な不等式を示す．5.4.8 節で定めた通り，正整数 N に対し $C_s^*(N):=\left(\prod_{j=1}^s([-N/2,N/2)\cap\mathbb{Z})\right)\setminus\{\mathbf{0}\}$，また $\boldsymbol{h}\in\mathbb{Z}^s$ に対し $\rho(\boldsymbol{h})=\prod_{j=1}^s\max(1,|h_j|)$ と定める．

定理 7.3 $P=P(\boldsymbol{z},N)$ を N 点格子とし，$R(P)$ を

$$R(P)=R(P(\boldsymbol{z},N)):=\sum_{\boldsymbol{h}\in C_s^*(N)\cap P(\boldsymbol{z},N)^\perp}\frac{1}{\rho(\boldsymbol{h})}\tag{7.1}$$

と定める（なおのちほど証明するように，この値は (7.6) により計算可能な値である）．このとき P のスターディスクレパンシー $D^*(P)$ について次が成り立つ．

$$D_N^*(P)\le\frac{s}{N}+\frac{1}{2}R(P).\tag{7.2}$$

証明 定義 7.2 と等比数列の和の公式より，格子 $P(\boldsymbol{z},N)$ 上の指数和について

$$\frac{1}{N}\sum_{\boldsymbol{x}\in P}\exp(2\pi\mathrm{i}\boldsymbol{h}\cdot\boldsymbol{x})=\frac{1}{N}\sum_{i=0}^{N-1}(e^{2\pi\mathrm{i}\boldsymbol{h}\cdot\boldsymbol{z}/N})^i=\begin{cases}1 & (\boldsymbol{h}\in P^\perp),\\ 0 & (\boldsymbol{h}\notin P^\perp)\end{cases}\tag{7.3}$$

が成り立つ．よって式 (5.15) を格子 $P(\boldsymbol{z},N)$ に適用すれば (7.2) を得る． □

この定理により，$R(P)$ が小さいとき，P のディスクレパンシーも小さい．なお，$R(P)$ とザレンバ指数 $\rho(P)$ の間には関係式

$$\rho(P)^{-1}\le R(P)\le c_s\rho(P)^{-1}(\log N)^s$$

がある．証明は [81, (5.11)] に任せる．

格子はクロネッカー列の"有限版"とみなせて，s 次元のクロネッカー列について成り立つ定理の類似が $s+1$ 次元の格子について証明できることがある．例えば，良い 1 次元クロネッカー列の具体的構成の類似として，良い 2 次元格子の具体的な構成が知られている[81, (5.39)]（証明は省略する）．

定理 7.4 P を, $(1, g)$ を生成ベクトルとする N 点格子とする. g/N の連分数展開を $g/N = [0; a_1, \ldots, a_j]$ とし（ただし $a_j = 1$ となるように取る）, $A := \max(a_1, \ldots, a_j)$ とおく. このとき次が成立する.

$$\frac{N}{A+2} \le \rho(P) \le \frac{N}{A}, \qquad D_N^*(P) \le C\frac{A \log N}{N}.$$

この定理で g, N を隣り合うフィボナッチ数とすれば, $A = 1$ なので良い格子となる. これを**フィボナッチ格子**と呼ぶ. 図 7.1 の左側が, フィボナッチ数 $N = 21$ に対応したフィボナッチ格子である.

一方で次元 s が 3 以上の場合, 良い格子を明示的に閉じた式で与える方法は未だに知られていない. よってコンピュータで良い格子を探索する手法の研究が重要である. ここでは, 平均値の議論と, CBC 構成法と呼ばれる探索アルゴリズムを紹介する. なお生成ベクトルの成分として 0 を選んでしまうと, 対応する座標の値は 0 だけになり明らかに問題である. よって $\{1, \ldots, N-1\}^s$ を生成ベクトルの探索空間と考える. ただし生成ベクトルの取り方は計 $(N-1)^s$ 通りなので, 全探索では計算量が爆発してしまうことに注意しよう. また議論を簡単にするため, ここからはサンプル点の個数 N を素数と仮定する. 一般の N に関する定理については [66], [81] を参照のこと.

7.2.1　良い格子の探索法 1：平均値の議論

実は格子の生成ベクトル $\boldsymbol{z}$ をランダムに取ったとき, 得られる格子のディスクレパンシーの平均値が小さいことが証明できる. この議論は**平均値の議論**（average argument）とも呼ばれる典型かつ重要な手法である.

定理 7.5 N を素数とし, $S_N := \sum_{h \in C_1^*(N)} |h|^{-1}$ とおく. このとき次が成り立つ.

$$\frac{1}{(N-1)^s} \sum_{\boldsymbol{z} \in \{1, \ldots, N-1\}^s} R(P(\boldsymbol{z}, N)) \le \frac{1}{N-1}\left((1+S_N)^s - 1\right).$$

証明　$R(P)$ の定義式と, 和の順番の入れ替えにより次がわかる.

$$\sum_{\boldsymbol{z} \in \{1, \ldots, N-1\}^s} R(P(\boldsymbol{z}, N)) = \sum_{\boldsymbol{z} \in \{1, \ldots, N-1\}^s} \sum_{\substack{\boldsymbol{h} \in C_s^*(N) \\ \boldsymbol{h} \cdot \boldsymbol{z} \equiv 0 \pmod{N}}} \frac{1}{\rho(\boldsymbol{h})}$$

$$= \sum_{\boldsymbol{h} \in C_s^*(N)} \frac{1}{\rho(\boldsymbol{h})} \sum_{\substack{\boldsymbol{z} \in \{1, \ldots, N-1\}^s \\ \boldsymbol{z} \cdot \boldsymbol{h} \equiv 0 \pmod{N}}} 1. \qquad (7.4)$$

ここで各 $\boldsymbol{h} \in C_s^*(N)$ に対し, $h_{j_0} \ne 0$ なる j_0 が存在する. このとき

$$\boldsymbol{z} \cdot \boldsymbol{h} \equiv 0 \pmod{N} \iff z_{j_0} h_{j_0} \equiv -\sum_{j \ne j_0} z_j h_j \pmod{N}$$

を z_{j_0} に関する方程式と見れば, N は素数かつ $h_{j_0} \not\equiv 0 \pmod{N}$ なので, 各

z_j $(j \neq j_0)$ を固定したときにこの式を満たす z_{j_0} は高々一つである．よって各 $\boldsymbol{h} \in C_s^*(N)$ に対し $|\{\boldsymbol{z} \in \{1, \ldots, N-1\}^s \mid \boldsymbol{z} \cdot \boldsymbol{h} = 0\}| \leq (N-1)^{s-1}$ である．よって (7.4) の両辺を $(N-1)^s$ で割って計算を続けると，

$$\frac{1}{(N-1)^s} \sum_{\boldsymbol{z} \in \{1, \ldots, N-1\}^s} R(P(\boldsymbol{z}, N))$$

$$\leq \frac{1}{(N-1)^s} \sum_{\boldsymbol{h} \in C_s^*(N)} \frac{1}{\rho(\boldsymbol{h})} (N-1)^{s-1} \leq \frac{1}{N-1} \sum_{\boldsymbol{h} \in C_s^*(N)} \frac{1}{\rho(\boldsymbol{h})}$$

がわかる．ここで最後の項について

$$\sum_{\boldsymbol{h} \in C_s^*(N)} \frac{1}{\rho(\boldsymbol{h})} = -\frac{1}{\rho(\boldsymbol{0})} + \prod_{j=1}^{s} \sum_{h_j \in C_1^*(N) \cup \{0\}} \frac{1}{\rho(h_j)} = -1 + (1 + S_N)^s$$

であるから，望みの式が示された． $\qquad\square$

系 7.6 N を素数とする．このとき

$$R(P(\boldsymbol{z}, N)) \leq \frac{(1+S_N)^s - 1}{N-1} \leq \frac{(2\log N + 3 - 2\log 2)^s}{N-1}$$

となる $\boldsymbol{z} \in \{1, \ldots, N-1\}^s$ が少なくとも一つ存在する．特にこの $\boldsymbol{z}$ に対し $D_N^*(P(\boldsymbol{z}, N)) \in O((\log N)^s / N)$ である．

証明 S_N の値を上から評価すると

$$S_N \leq 2 \left(1 + \int_1^{N/2} \frac{1}{x} \, dx \right) = 2\log N + 2 - 2\log 2 \tag{7.5}$$

を得る．また，$R(P(\boldsymbol{z}, N))$ が最小となる $\boldsymbol{z}$ を取ると，その値は平均値よりも良い．よって定理 7.5 と (7.5) を組み合わせれば最初の主張が示される．二つ目の主張は (7.2) から示される． $\qquad\square$

なお，$R(P)$ を介さない形で証明される，クロネッカー列と同様な形のより精密なディスクレパンシーの評価もある[9]．

定理 7.7 任意の $0 < \chi < 1$ に対し，ある定数 $C_\chi > 0$ が存在して，任意の正整数 N に対して次が成り立つ：生成ベクトル $\boldsymbol{z} \in \{0, 1, \ldots, N-1\}^s$ のうち

$$D_N^*(P(\boldsymbol{z}, N)) \leq C_\chi \frac{(\log N)^{s-1} \log\log N}{N}$$

を満たすものが χN^s 個以上存在する．

これらの定理により，生成ベクトル $\boldsymbol{z}$ をランダムに選ぶことを繰り返して最も良い $\boldsymbol{z}$ を選ぶという乱択アルゴリズムがうまくはたらくことがわかる．さらにコロボフは生成ベクトルを $(1, g, g^2, \ldots, g^{s-1})$ の形に限ることを提案した（このような格子は**コロボフ格子**（Korobov lattice）と呼ばれる）．

7.2 格子のディスクレパンシー　**131**

7.2.2 良い格子の探索法 2：CBC 構成法

先ほど述べたように，格子の生成ベクトルの全探索の計算量は次元の指数関数となってしまうので，探索空間を制限する必要がある．ここでは **CBC 構成法**（component-by-component construction）と呼ばれる，各変数を順番に貪欲に決めていくアルゴリズムを紹介する．CBC 構成法はコロボフが 1960 年代に用い，スローン–レツォフ[98] により再発明され広まっていった．

アルゴリズム 7.8 サンプル点の個数 N を固定する．格子の生成元 $z_1^*, \dots, z_s^*$ を次の手順で定める手法を **CBC 構成法**という．

1. $z_1^* = 1$ と定める．
2. $\ell = 2, \dots, s$ の間，以下を繰り返して z_ℓ^* を順に定める．
   (a) $z = 1, \dots, N-1$ について $R(P((z_1^*, \dots, z_{\ell-1}^*, z), N))$ を列挙する．
   (b) 列挙した値の最小値を取る z を z_ℓ^* と定める．

計算量の解析は後回しにして，まずは系 7.6 で存在のみが示された良い格子の条件を CBC 構成法で得られる格子が満たすことを証明する．証明の中で，変数ごとに平均値の議論を行うのがポイントである．

定理 7.9 サンプル点の個数 N を素数とする．$S_N := \sum_{h \in C_1^*(N)} |h|^{-1}$ とおく．アルゴリズム 7.8 で得られる生成ベクトルを $\boldsymbol{z}^* \in \mathbb{Z}^s$ とする．このとき

$$R(P(\boldsymbol{z}^*, N)) \leq \frac{(1 + S_N)^s - 1}{N-1} \leq \frac{(2\log N + 3 - 2\log 2)^s}{N-1}$$

が成り立つ．特に $D_N^*(P(\boldsymbol{z}^*, N)) \in O((\log N)^s / N)$ である．

証明 後半の不等式の証明は系 7.6 の証明と同様なので，最初の不等式を証明すれば十分である．以下 N を固定し，$R(P(\boldsymbol{z}, N))$ を略記して $R(\boldsymbol{z})$ と書く．次元 s に関する数学的帰納法で $R(\boldsymbol{z}^*) \leq ((1 + S_N)^s - 1)/(N-1)$ を示す．$s = 1$ のときは $R(1) = 0$ なので定理は成り立つ．

以下，$s - 1$ のとき定理が成り立つとして s のときの成立を示す．CBC 構成法により $\boldsymbol{z}^* = (z_1^*, \dots, z_{s-1}^*)$ が得られているとする．このとき CBC 構成法で得られる z_s^* は $R(\boldsymbol{z}^*, z)$ を最小にするような値なので

$$R(\boldsymbol{z}^*, z_s^*) \leq \frac{1}{N-1} \sum_{z=1}^{N-1} R(\boldsymbol{z}^*, z) = \frac{1}{N-1} \sum_{z=1}^{N-1} \sum_{\substack{(\boldsymbol{h}, h_s) \in C_s^*(N) \\ \boldsymbol{h} \cdot \boldsymbol{z}^* + h_s z \equiv 0}} \frac{1}{\rho(\boldsymbol{h}, h_s)}$$

を得る．ここで最右辺の最右の和を $h_s = 0$ と $h_s \neq 0$ で場合分けして計算する．$h_s = 0$ のとき $(\boldsymbol{h}, 0) \in C_\ell^*(N) \iff \boldsymbol{h} \in C_{s-1}^*(N)$ なので

$$\frac{1}{N-1} \sum_{z=1}^{N-1} \sum_{\substack{(\boldsymbol{h}, 0) \in C_s^*(N) \\ \boldsymbol{h} \cdot \boldsymbol{z}^* \equiv 0 \pmod{N}}} \frac{1}{\rho(\boldsymbol{h}, 0)} = \frac{1}{N-1} \sum_{z=1}^{N-1} \sum_{\substack{\boldsymbol{h} \in C_{s-1}^*(N) \\ \boldsymbol{h} \cdot \boldsymbol{z}^* \equiv 0 \pmod{N}}} \frac{1}{\rho(\boldsymbol{h})}$$

$$= \frac{1}{N-1} \sum_{z=1}^{N-1} R(\boldsymbol{z}^*) = R(\boldsymbol{z}^*) \leq \frac{(1+S_N)^{s-1}-1}{N-1}$$

となる（最後の不等号は帰納法の仮定を使った）．次に $h_s \neq 0$ のときを考えると，$\boldsymbol{h} \cdot \boldsymbol{z}^* + h_s z \equiv 0 \pmod{N}$ を満たす $1 \leq z \leq N-1$ は高々一つなので

$$\frac{1}{N-1} \sum_{z=1}^{N-1} \sum_{\substack{(\boldsymbol{h},h_s) \in C_s^*(N) \\ h_s \neq 0 \\ \boldsymbol{h} \cdot \boldsymbol{z}^* + h_s z \equiv 0 \pmod{N}}} \frac{1}{\rho(\boldsymbol{h},h_s)}$$

$$= \frac{1}{N-1} \sum_{\boldsymbol{h} \in C_{s-1}^*(N) \cup \{\boldsymbol{0}\}} \frac{1}{\rho(\boldsymbol{h})} \sum_{h_s \in C_1^*(N)} \frac{1}{\rho(h_s)} \sum_{\substack{1 \leq z \leq N-1 \\ \boldsymbol{h} \cdot \boldsymbol{z}^* + h_s z \equiv 0 \pmod{N}}} 1$$

$$\leq \frac{1}{N-1} \sum_{\boldsymbol{h} \in C_{s-1}^*(N)} \frac{1}{\rho(\boldsymbol{h})} \sum_{h_s \in C_1^*(N)} \frac{1}{\rho(h_s)} \leq \frac{(1+S_N)^{s-1} S_N}{N-1}$$

である．以上の計算をまとめると

$$R(\boldsymbol{z}^*, z_s^*) \leq \frac{(1+S_N)^{s-1}-1}{N-1} + \frac{(1+S_N)^{s-1} S_N}{N-1} = \frac{(1+S_N)^s - 1}{N-1}$$

を得る．よって s のときも主張が成り立つ． $\qquad\square$

計算量解析に移る．CBC 構成法では $R(P(\boldsymbol{z},N))$ の値を繰り返し計算する．この値を定義通り双対格子上の和で計算すると計算量が爆発してしまう．そこで $C(N) := \{h \in \mathbb{Z} \mid -N/2 \leq h < N/2\}$ とおき，(7.3) を使うと

$$R(P(\boldsymbol{z},N)) = \sum_{\boldsymbol{h} \in C_s^*(N) \cap P(\boldsymbol{z},N)^\perp} \frac{1}{\rho(\boldsymbol{h})}$$

$$= \sum_{\boldsymbol{h} \in C_s^*(N)} \frac{1}{\rho(\boldsymbol{h})} \frac{1}{N} \sum_{n=0}^{N-1} \exp(2\pi \mathrm{i} n \boldsymbol{h} \cdot \boldsymbol{z}/N)$$

$$= -1 + \frac{1}{N} \sum_{n=0}^{N-1} \sum_{\boldsymbol{h} \in C(N)^s} \frac{\exp(2\pi \mathrm{i} n \boldsymbol{h} \cdot \boldsymbol{z}/N)}{\rho(\boldsymbol{h})}$$

$$= -1 + \frac{1}{N} \sum_{n=0}^{N-1} \prod_{j=1}^{s} \phi\left(\frac{n z_j}{N}\right) \tag{7.6}$$

と変形する．ここで $\phi(x)$ を

$$\phi(x) = \sum_{h \in C(N)} \frac{\exp(2\pi \mathrm{i} h x)}{\rho(h)} \tag{7.7}$$

と定める．$\phi(x)$ の値の計算には $O(N)$ かかり，必要な値は $\phi(i/N)$ $(0 \leq i < N)$ の N 個なので，これらすべてを $O(N^2)$ で前計算しておく．すると (7.6) を使えば $R(P(\boldsymbol{z},N))$ の値は $O(sN)$ で計算できる．CBC 構成法では $R(P(\boldsymbol{z},N))$ の値を計 sN 回計算することになるので，トータルの計算量は $O(s^2 N^2)$ である（適切な差分計算により計算量は $O(sN^2)$ になる）．

7.2　格子のディスクレパンシー　**133**

7.2.3 高速 CBC 構成法

さらなる高速化として，高速な行列ベクトル積を使い値をまとめて計算する**高速 CBC 構成法**[84] を紹介する．必要な定理は次の 7.2.4 節にまとめた．

まず必要な値 $\phi(0), \phi(1/N), \ldots, \phi((N-1)/N)$ をまとめて計算する．$w := \exp(2\pi i/N)$ とおく．(7.6) を $h \geq 0$ と $h < 0$ に分けると

$$\phi\left(\frac{i}{N}\right) = \sum_{h \in C(N)} \frac{w^{ih}}{\rho(h)} = \sum_{h=0}^{N-1-\lfloor N/2 \rfloor} \frac{w^{ih}}{\rho(h)} + \sum_{h=1}^{\lfloor N/2 \rfloor} \frac{w^{-ih}}{\rho(-h)}$$

$$= \sum_{h=0}^{N-1-\lfloor N/2 \rfloor} \frac{w^{ih}}{\rho(h)} + \sum_{h'=N-\lfloor N/2 \rfloor}^{N-1} \frac{w^{ih'}}{\rho(h'-N)}$$

となる（$h' = N - h$ とおいた）．ここで行列 A を $A := (w^{ij})_{0 \leq i,j \leq N-1}$，ベクトル r を $r := (1/\rho(0), \ldots, 1/\rho(N-1-\lfloor N/2 \rfloor), 1/\rho(-\lfloor N/2 \rfloor), \ldots, 1/\rho(-1))^\top$ と定めると，必要な値の列挙が行列ベクトル積として

$$Ar = (\phi(0), \phi(1/N), \ldots, \phi((N-1)/N))^\top \tag{7.8}$$

と表せる．この行列ベクトル積は定理 7.16 により $O(N \log N)$ で計算できる．

続いて $\boldsymbol{z}^* = (z_1^*, \ldots, z_{\ell-1}^*)$ まで定まったとして，$R(\boldsymbol{z}^*, z)$ を $z = 1, \ldots, N-1$ について列挙することを考える（先ほどと同様に，$R(P(\boldsymbol{z}, N))$ を略記して $R(\boldsymbol{z})$ と書く）．(7.6) より，$\theta_{\ell-1}(n) = \prod_{j=1}^{\ell-1} \phi\left(\frac{nz_j^*}{N}\right)$ とおくと

$$R(\boldsymbol{z}^*, z) = -1 + \frac{1}{N} \sum_{n=0}^{N-1} \phi\left(\frac{nz}{N}\right) \theta_{\ell-1}(n)$$

となる．ここで行列 Ω を $\Omega = (\phi(ij/N))_{0 \leq i,j \leq N-1}$ とすると，行列ベクトル積 $\Omega(\theta_{\ell-1}(0), \ldots, \theta_{\ell-1}(N-1))^\top$ を計算すれば $R(\boldsymbol{z}^*, z)$ が列挙できる．この行列ベクトル積は定理 7.16 により $O(N \log N)$ で計算できる．よって $z_2^*, \ldots, z_s^*$ すべての値の決定がトータル $O(sN \log N)$ で実行できる．

まとめると，高速 CBC 構成法は CBC 構成法（アルゴリズム 7.8）を次のように高速化したアルゴリズムである．

- (7.8) を使い，$\phi(i/N)$ の値の列挙を高速に行う．
- ステップ 2 (a) における値の列挙を高速な行列ベクトル積 $\Omega\theta_{\ell-1}^\top$ で行う．
- 値 g_ℓ が決まったとき，ベクトル θ_d を差分更新し記憶しておく．

7.2.4 高速フーリエ変換と高速行列ベクトル積

この小節では，**高速フーリエ変換**（fast Fourier transform: FFT）により次の計算が $O(n \log n)$ 回の四則演算でできることを証明する．

- $n = 2^m$ 次元の離散フーリエ変換（と逆変換）．
- n 次多項式どうしの積．
- $n \times n$ の巡回行列と n 次元ベクトルの積．

- ある種の $n \times n$ 行列と n 次元ベクトルの積（レーダーのアルゴリズム）．

高速フーリエ変換は科学技術計算において極めて重要であり，多くの実装上の工夫が提案されている．本書の説明は数学的な簡潔さを優先しているので，実用の際は本書にこだわらず既存のライブラリを使ってほしい．

定義 7.10　n 次元ベクトル $(a_0, \ldots, a_{n-1}) \in \mathbb{C}^n$ に対し $f(x) = \sum_{j=0}^{n-1} a_j x^j$ とおき，また $\omega_n := \exp(2\pi \mathrm{i}/n)$ と定める．このとき次で定める線形変換 $\mathcal{F} \colon \mathbb{C}^n \to \mathbb{C}^n$ を**離散フーリエ変換**（discrete Fourier transform）という．

$$\mathcal{F}((a_0, \ldots, a_{n-1})) = (f(\omega_n^0), f(\omega_n^1), \ldots, f(\omega_n^{n-1})).$$

各 $f(\omega_n^k)$ は定義通りの計算により和 n 回と積 n 回で求まるので，離散フーリエ変換は $2n^2$ 回の四則演算で計算できる．高速フーリエ変換を使うと，n が 2 のベキ乗のとき $O(n \log n)$ 回の四則演算で離散フーリエ変換が計算できる．以下，高速フーリエ変換の原理を説明する．

補題 7.11　$2n$ 次元の離散フーリエ変換は，n 次元の離散フーリエ変換 2 回と $3n$ 回以下の四則演算で計算できる．

証明　数列 $(a_0, a_1, \ldots, a_{2n-1}) \in \mathbb{C}^{2n}$ を取る．多項式 $f, f_{\mathrm{even}}, f_{\mathrm{odd}}$ を

$$f(x) = \sum_{j=0}^{2n-1} a_j x^j, \quad f_{\mathrm{even}}(x) = \sum_{j=0}^{n-1} a_{2j} x^j, \quad f_{\mathrm{odd}}(x) = \sum_{j=0}^{n-1} a_{2j+1} x^j$$

と定める．$f(x)$ を偶数次と奇数次に分けると $f(x) = f_{\mathrm{even}}(x^2) + x f_{\mathrm{odd}}(x^2)$ となる．この式に $x = \omega_{2n}^k$ を代入して $\omega_{2n}^{2kj} = \omega_n^{kj}$ を使うと

$$f(\omega_{2n}^k) = f_{\mathrm{even}}(\omega_n^k) + \omega_{2n}^k f_{\mathrm{odd}}(\omega_n^k) \tag{7.9}$$

を得る．ここで各 $f_{\mathrm{even}}(\omega_n^k)$ や $f_{\mathrm{odd}}(\omega_n^k)$ は n 次元の離散フーリエ変換でまとめて計算できる．よって (7.9) に沿った計算は示したい条件を満たす．　　□

n 次元の離散フーリエ変換に必要な四則演算の回数を $F(n)$ とおく．補題 7.11 より $F(2n) \le 2F(n) + 3n$ である．この式と $F(1) = 0$ から，数学的帰納法により $F(2^m) \le 2^m + 3m 2^{m-1}$ が証明できる．よって次が示された．

定理 7.12　$n = 2^m$ 次元の離散フーリエ変換は，式 (7.9) を再帰的に使うことで $O(n \log n)$ 回の四則演算で計算できる．これを**高速フーリエ変換**という．

次で示す通り，フーリエ変換の逆変換（逆フーリエ変換）はフーリエ変換の w_n を w_n^{-1} に置き換えて $1/n$ 倍したものになる．よってフーリエ変換と同様の手法で逆フーリエ変換も $O(n \log n)$ 回の四則演算で計算できる．

定理 7.13　n 次元ベクトル $(a_0, \ldots, a_{n-1}) \in \mathbb{C}^n$ に対し $f(x) = \sum_{j=0}^{n-1} a_j x^j$ とおき，また $\omega_n := \exp(2\pi \mathrm{i}/n)$ と定める．**逆フーリエ変換**（inverse Fourier

7.2　格子のディスクレパンシー　**135**

transform) $\mathcal{F}^{-1}$ を

$$\mathcal{F}^{-1}((a_0,\ldots,a_{n-1})) := \frac{1}{n}(f(\omega_n^0), f(\omega_n^{-1})\ldots, f(\omega_n^{-(n-1)}))$$

と定める．このとき $\mathcal{F}$ と $\mathcal{F}^{-1}$ は（名前の通り）逆変換である．

証明 等比数列の和の公式から，整数 k に対して

$$\frac{1}{n}\sum_{j=0}^{n-1}\omega^{jk} = \begin{cases} 1 & k \text{ が } n \text{ で割り切れるとき,} \\ 0 & \text{そうでないとき} \end{cases}$$

となる．いま $\mathcal{F}^{-1}(\mathcal{F}((a_0,\ldots,a_{n-1})))$ の k 番目の成分を定義通り計算すると

$$\frac{1}{n}\sum_{j=0}^{n-1}\left(\sum_{i=0}^{n-1}a_i\omega^{ij}\right)\omega^{-jk} = \sum_{i=0}^{n-1}a_i\left(\frac{1}{n}\sum_{j=0}^{n-1}\omega^{(i-k)j}\right) = a_k$$

となる（最後の等号に証明冒頭の式を使った）．よって $\mathcal{F}^{-1}\circ\mathcal{F} = \mathrm{id}$ である．$\mathcal{F}\circ\mathcal{F}^{-1}$ についても同様に示される． $\qquad\square$

　ここからは高速フーリエ変換の応用をまとめていく．多項式の積の計算が高速フーリエ変換により（筆算よりも）効率的に計算できること，特に巡回行列とベクトルの積が効率的に計算できることを証明する．

定理 7.14 複素数係数の多項式 $f(x) = \sum_{i=0}^{p}a_ix^i$, $g(x) = \sum_{i=0}^{q}b_ix^i$ が与えられる．このとき，$h(x) := f(x)g(x) = \sum_{i=0}^{p+q}c_ix^i$ の各係数 c_i を $O((p+q)\log(p+q))$ の四則演算で列挙できる．

証明 $p+q+1 < 2^m$ となる最小の m を取り，$n := 2^m$ とおく．このとき，各係数 c_i は次の手順で計算できる．

- f, g に対して n 次元の離散フーリエ変換を適用して，$f(\omega_n^0),\ldots,f(\omega_n^{n-1})$ と $g(\omega_n^0),\ldots,g(\omega_n^{n-1})$ を列挙する．
- 各 $0 \le i < n$ に対して $h(\omega_n^i) = f(\omega_n^i)g(\omega_n^i)$ を計算する．
- 逆フーリエ変換により $h(\omega_n^0),\ldots,h(\omega_n^{n-1})$ の値から係数 c_i を復元する．

中央のステップは $O(n)$ 回の四則演算で実行できる．最初と最後のステップは，定理 7.12 より $O(n\log n)$ 回の四則演算で実行できる． $\qquad\square$

定理 7.15 $n \times n$ の巡回行列 A と n 次元ベクトル $b = (b_0,\ldots,b_{n-1})^\top$ の積 Ab は $O(n\log n)$ 回の四則演算で計算できる．

証明 A は巡回行列なので，A の (i,j) 成分が $a_{i-j \bmod n}$ で与えられるような数列 $a = (a_0,\ldots,a_{n-1})$ がある．いま，$f(x) = \sum_{i=0}^{n-1}a_ix^i$, $g(x) = \sum_{i=0}^{n-1}b_ix^i$ とおき，$h(x) = f(x)g(x) = \sum_{i=0}^{2n-2}c_ix^i$ とする．定理 7.14 から $c_0,\ldots,c_{2n-2}$ は $O(n\log n)$ で列挙できる．このとき Ab の第 k 成分は

$$\sum_{i=0}^{n-1} a_i b_{k-i \bmod n} = c_k + c_{k+n}$$

となるので，この式に沿って計算すれば Ab を $O(n \log n)$ で計算できる． $\square$

次の手法はレーダーのアルゴリズム（Rader's FFT algorithm）と呼ばれる．本書では高速 CBC 構成法の根幹となる重要なアルゴリズムである．

定理 7.16 n を素数とする．ある関数 $f\colon \{0, 1, \ldots, n-1\} \to \mathbb{C}$ が存在して，$n \times n$ 行列 A の (i,j) 成分は $f(ij \bmod n)$ であるとする．このとき行列 A と任意の n 次元ベクトルの積は $O(n \log n)$ 回の四則演算で実行できる．

証明 g を n の原始根とする（つまり $\{1, g, g^2, \ldots, g^{n-2}\} = \{1, 2, \ldots, n-1\}$ となる g を一つ取る．このような g は常に存在することが知られている）．各 $1 \le i \le n-1$ に対して，$g^{p(i)} = i$ となるような $p(i)$ を取る（このとき $p^{-1}(i) = g^i$ となる）．さらに $p(0) = 0$ とすると，p は $\{0, 1, \ldots, n-1\}$ 上の置換になる．同様に，$\{0, 1, \ldots, n-1\}$ 上の置換 q を $q(0) = 0$, $g^{-q(i)} = i$ となるようなものと定める（このとき $q^{-1}(j) = g^{-j}$ となる）．

P を置換 p に対応する置換行列（つまり $(i, p(i))$ 成分が 1，そうでない成分が 0 となる行列）とする．また Q を置換 q に対応する置換行列とする．置換行列とベクトルの積は要素の入れ替え n 回で求まるので，行列 A の代わりに $P^{-1}AQ$ とベクトルの積の計算量を調べる．$P^{-1}AQ$ の (i,j) 成分は $ij = 0$ のとき $f(0)$ であり，$i, j \ge 1$ のとき

$$\sum_{k, \ell} P_{i,k}^{-1} A_{k,\ell} Q_{\ell, j} = A_{p^{-1}(i), q^{-1}(j)} = f(g^i g^{-j} \bmod N) = f(g^{i-j} \bmod N)$$

となる．よって $P^{-1}AQ$ の右下部分の $(n-1) \times (n-1)$ 行列は巡回行列なので，定理 7.15 よりベクトル積は $O(n \log n)$ 回の四則演算で求まる． $\square$

7.3 周期的な関数に対する高次収束

この節では，周期的で滑らかな被積分関数に対し，良い格子則の積分誤差が滑らかさに応じ高速に減衰することを示す．特に CBC 構成法でコロボフ空間 $\mathcal{H}_{\alpha,\gamma,s}^{\mathrm{kor}}$ の最悪誤差が $O(N^{-\alpha+\epsilon})$ のオーダーで収束する格子が作れること，また強計算容易性が成り立つような関数空間の重みの十分条件を証明する．以下，$\widehat{f}(\boldsymbol{h})$ は (6.7) で定義されたフーリエ係数を表す．

7.3.1 周期的で滑らかな関数空間の積分誤差

ここではコロボフ空間の導入以前からよく研究されていた，

$$W_{\alpha,s} = \{f\colon [0,1]^s \to \mathbb{R} \mid \|f\|_{\alpha,s} < \infty\}$$

7.3 周期的な関数に対する高次収束 **137**

$$\|f\|_{\alpha,s} = \sup_{\boldsymbol{h} \in \mathbb{Z}^s} |\widehat{f}(\boldsymbol{h})| \rho(\boldsymbol{h})^{\alpha}$$

で定まるノルム空間 $W_{\alpha,s}$ を考える．6.4 節で示した通り，周期的な関数と滑らかさとフーリエ係数の減衰には関連があり，特に $\frac{\partial^{\alpha}}{\partial x_1^{\alpha}} \cdots \frac{\partial^{\alpha}}{\partial x_s^{\alpha}} f$ が存在して連続になるような関数 f は $W_{\alpha,s}$ の元であることがわかる．

以下，格子 $P = P(\boldsymbol{z}, N)$ による数値積分を考えよう．$\alpha > 1$ のとき，$f \in W_{\alpha,s}$ のフーリエ展開は f に絶対収束するので，(7.3) を使うと

$$\frac{1}{N} \sum_{\boldsymbol{x} \in P} f(\boldsymbol{x}) = \frac{1}{N} \sum_{\boldsymbol{x} \in P} \sum_{\boldsymbol{h} \in \mathbb{Z}^s} \widehat{f}(\boldsymbol{h}) \exp(2\pi \mathrm{i} \boldsymbol{h} \cdot \boldsymbol{x})$$

$$= \sum_{\boldsymbol{h} \in \mathbb{Z}^s} \widehat{f}(\boldsymbol{h}) \frac{1}{N} \sum_{\boldsymbol{x} \in P} \exp(2\pi \mathrm{i} \boldsymbol{h} \cdot \boldsymbol{x}) = \sum_{\boldsymbol{h} \in P^{\perp}} \widehat{f}(\boldsymbol{h})$$

が成り立つ．この式はポアソン和公式という名前が付いた重要な定理である．

定理 7.17 $P = P(\boldsymbol{z}, N)$ を格子とする．$f \colon [0,1]^s \to \mathbb{C}$ のフーリエ展開が自身に絶対収束するとき，次のポアソン和公式が成り立つ．

$$\frac{1}{N} \sum_{\boldsymbol{x} \in P(\boldsymbol{z}, N)} f(\boldsymbol{x}) = \sum_{\boldsymbol{h} \in P^{\perp}} \widehat{f}(\boldsymbol{h}). \tag{7.10}$$

ポアソン和公式 (7.10) の左辺は $P = P(\boldsymbol{z}, N)$ を使った格子則で得られる積分近似値 $I(f; P)$ に等しい．さらに $\widehat{f}(\boldsymbol{0}) = I(f)$ なので，格子則の積分誤差は

$$|\mathrm{Err}(f; P)| = \left| \sum_{\boldsymbol{h} \in P^{\perp} \setminus \{\boldsymbol{0}\}} \widehat{f}(\boldsymbol{h}) \right| \leq \sum_{\boldsymbol{h} \in P^{\perp} \setminus \{\boldsymbol{0}\}} |\widehat{f}(\boldsymbol{h})| \tag{7.11}$$

と評価でき，特に $f \in W_{\alpha,s}$ のとき格子のコクスマ–ラフカ型の不等式

$$|\mathrm{Err}(f; P(\boldsymbol{z}, N))| \leq \|f\|_{\alpha} \sum_{\boldsymbol{h} \in P(\boldsymbol{z}, N)^{\perp} \setminus \{\boldsymbol{0}\}} \rho(\boldsymbol{h})^{-\alpha} \tag{7.12}$$

が導かれる．ここで値 $\sum_{\boldsymbol{h} \in P^{\perp} \setminus \{\boldsymbol{0}\}} \rho(\boldsymbol{h})^{-\alpha}$ について，次の定理が知られている（証明は [81, Theorem 5.5] や [66, Lemma 4.20] を参照のこと）．

補題 7.18 $P \subset [0,1]^s$ を N 点格子とする．このとき次が成り立つ．

$$\sum_{\boldsymbol{h} \in P^{\perp} \setminus \{\boldsymbol{0}\}} \rho(\boldsymbol{h})^{-\alpha} \leq R(P)^{\alpha} + c_s N^{-\alpha}.$$

よって (7.12)，定理 7.9，定理 7.18 をあわせて次が示される．

定理 7.19 $P = P(\boldsymbol{z}, N)$ を定理 7.9 の手続きで得た N 点格子とする．このときある定数 $C_s > 0$ が存在して，

$$e^{\mathrm{wor}}(W_{\alpha,s}, P) \leq C_s \frac{(\log N)^{s\alpha}}{N^{\alpha}}$$

が成り立つ．すなわち，最悪誤差が $O(N^{-\alpha+\epsilon})$ で収束する格子 $P(\boldsymbol{z}, N)$ が高

速 CBC 構成法で探索できる.

7.3.2 コロボフ空間と格子則

この小節では, 6.4 節で導入した s 変数コロボフ空間 $\mathcal{H}_{\alpha,\gamma,s}^{\mathrm{kor}}$ を考える. ここで $\alpha > 1$ は滑らかさ, $\gamma = (\gamma_u)$ ($\emptyset \neq u \subset 1{:}s$, $\gamma_u > 0$) は重みを表すパラメータである. コロボフ空間の最悪誤差を与える定理 6.20 を格子 $P = P(z, N)$ に適用する. 格子に対して $\{\boldsymbol{x}_i - \boldsymbol{x}_{i'}\} = \boldsymbol{x}_{i-i'}$ が成り立つこと, および (7.3) を使い計算を進めると, 最悪誤差は

$$(e^{\mathrm{wor}}(\mathcal{H}_{\alpha,\gamma,s}^{\mathrm{kor}}, P))^2 = -1 + \frac{1}{N^2} \sum_{i,i'=0}^{N-1} K_{\alpha,\gamma,s}^{\mathrm{kor}}(\boldsymbol{x}_i, \boldsymbol{x}_{i'})$$

$$= \sum_{\emptyset \neq u \subset 1:s} \sum_{\boldsymbol{h}_u \in (\mathbb{Z} \setminus \{0\})^{|u|}} r_\alpha(\gamma, \boldsymbol{h}_u)^{-1} \frac{1}{N} \sum_{i=0}^{N-1} \exp(2\pi \mathrm{i} \boldsymbol{h}_u \cdot (\boldsymbol{x}_i)_u)$$

$$= \sum_{\emptyset \neq u \subset 1:s} \sum_{\boldsymbol{h}_u \in P_u^\perp(\boldsymbol{z}) \setminus \{\boldsymbol{0}\}} r_\alpha(\gamma, \boldsymbol{h}_u)^{-1} \tag{7.13}$$

となる. ただし $r_\alpha(\gamma, \boldsymbol{h}_u) = \gamma_u^{-1} \prod_{j \in u} |h_j|^\alpha$ であり,

$$P_u^\perp(\boldsymbol{z}) := \{\boldsymbol{h}_u \in (\mathbb{Z} \setminus \{0\})^{|u|} \mid (\boldsymbol{h}_u, \boldsymbol{0}) \in P(\boldsymbol{z}, N)^\perp\} \tag{7.14}$$

と定める. また $\alpha \geq 2$ が偶数のとき, 定理 6.16 と同様に二乗最悪誤差は

$$\frac{1}{N} \sum_{\boldsymbol{x} \in P(\boldsymbol{z}, N)} \sum_{\emptyset \neq u \subset 1:s} \gamma_u \prod_{j \in u} \frac{(2\pi)^\alpha}{(-1)^{\alpha/2+1} \alpha!} B_\alpha(x_j) \tag{7.15}$$

という計算可能な表記を持つ. ここからは, この最悪誤差が小さい格子の存在や構成について 7.2 節と同様に議論する.

7.3.3 平均値の議論

高次の収束を証明するために, 最悪誤差の単なる平均ではなく $1/\lambda$ 乗平均を考える. 以下の証明では, $0 < c \leq 1$ に関する関数 x^c の劣加法性

$$\left(\sum_i a_i \right)^c \leq \sum_i a_i^c \qquad (0 < c \leq 1, \, a_i \geq 0) \tag{7.16}$$

を用いる. この不等式は**イェンセンの不等式**とも呼ばれ[46, Theorem 19] (凸関数に関する同名の不等式とは異なる),

$$\sum_i \left(\frac{a_i}{\sum_j a_j} \right)^c \geq \sum_i \frac{a_i}{\sum_j a_j} = 1$$

の分母を払うことで証明される.

定理 7.20 N を素数とする. s 変数コロボフ空間 $\mathcal{H}_{\alpha,\gamma,s}^{\mathrm{kor}}$ の格子則による

7.3 周期的な関数に対する高次収束 **139**

二乗最悪誤差を $R(\boldsymbol{z}) := (e^{\mathrm{wor}}(\mathcal{H}^{\mathrm{kor}}_{\alpha,\gamma,s}, P(\boldsymbol{z}, N)))^2$ とおく．このとき任意の $1 \leq \lambda < \alpha$ に対し

$$\frac{1}{(N-1)^s} \sum_{\boldsymbol{z} \in \{1,\ldots,N-1\}^s} R(\boldsymbol{z})^{1/\lambda} \leq \frac{1}{N-1} \sum_{\emptyset \neq u \subset 1:s} \gamma_u^{1/\lambda} \left(2\zeta(\alpha/\lambda)\right)^{|u|}$$

が成り立つ．ただし $\zeta(t) := \sum_{n=1}^{\infty} n^{-t}$ はリーマンゼータ関数である．特に

$$R(\boldsymbol{z}) \leq \left(\frac{1}{N-1} \sum_{\emptyset \neq u \subset 1:s} \gamma_u^{1/\lambda} \left(2\zeta(\alpha/\lambda)\right)^{|u|}\right)^{\lambda} \tag{7.17}$$

を満たす $\boldsymbol{z} \in \{1,\ldots,N-1\}^s$ が存在する．特に λ を α に十分近く取れば，$\mathcal{H}^{\mathrm{kor}}_{\alpha,\gamma,s}$ の二乗最悪誤差が $O(N^{-\alpha+\epsilon})$ で収束するような格子が存在する．

証明 証明の大枠は定理 7.5 と同様に進むので，式変形は適宜省略する．(7.13) の表示，イェンセンの不等式 (7.16)，および和の順番の入れ替えにより

$$\frac{1}{(N-1)^s} \sum_{\boldsymbol{z} \in \{1,\ldots,N-1\}^s} R(\boldsymbol{z})^{1/\lambda}$$

$$= \frac{1}{(N-1)^s} \sum_{\boldsymbol{z} \in \{1,\ldots,N-1\}^s} \left(\sum_{\emptyset \neq u \subset 1:s} \sum_{\boldsymbol{h}_u \in P_u^{\perp}(\boldsymbol{z}) \setminus \{\boldsymbol{0}\}} r_\alpha(\boldsymbol{\gamma}, \boldsymbol{h}_u)^{-1}\right)^{1/\lambda}$$

$$\leq \frac{1}{(N-1)^s} \sum_{\boldsymbol{z} \in \{1,\ldots,N-1\}^s} \sum_{\emptyset \neq u \subset 1:s} \sum_{\boldsymbol{h}_u \in P_u^{\perp}(\boldsymbol{z}) \setminus \{\boldsymbol{0}\}} r_\alpha(\boldsymbol{\gamma}, \boldsymbol{h}_u)^{-1/\lambda}$$

$$= \sum_{\emptyset \neq u \subset 1:s} \sum_{\boldsymbol{h}_u \in (\mathbb{Z} \setminus \{0\})^{|u|}} r_\alpha(\boldsymbol{\gamma}, \boldsymbol{h}_u)^{-1/\lambda} \sum_{\substack{\boldsymbol{z}_u \in \{1,\ldots,N-1\}^{|u|} \\ \boldsymbol{z}_u \cdot \boldsymbol{h}_u \equiv 0}} \frac{1}{(N-1)^{|u|}} \tag{7.18}$$

となる．各 u について $j_0 \in u$ となる j_0 を固定し，$u' = u \setminus \{j_0\}$ とおく．さらに，

$$\boldsymbol{z}_u \cdot \boldsymbol{h}_u \equiv 0 \pmod{N} \iff z_{j_0} h_{j_0} \equiv -\sum_{j \in u'} z_j h_j \pmod{N} \tag{7.19}$$

を z_{j_0} に関する方程式と見る．定理 7.5 の証明とは異なり $\boldsymbol{h}_u \equiv \boldsymbol{0}_u$ となり得るのでより精密に解の個数を評価する．(7.19) の右辺が $\mathrm{mod}\, N$ で 0 のとき，$z_{j_0} h_{j_0} \equiv 0$ となる z_{j_0} は，$h_{j_0} \equiv 0$ ならば $N-1$ 通り，$h_{j_0} \not\equiv 0$ ならば 0 通りである．一方 (7.19) の右辺が $\mathrm{mod}\, N$ で 0 でないとき，(7.19) が満たされる z_{j_0} は，$h_{j_0} \equiv 0$ ならば 0 通り，$h_{j_0} \not\equiv 0$ ならば 1 通りである．よって

$$\sum_{\boldsymbol{h}_u \in (\mathbb{Z} \setminus \{0\})^{|u|}} r_\alpha(\boldsymbol{\gamma}, \boldsymbol{h}_u)^{-1/\lambda} \sum_{\substack{\boldsymbol{z}_u \in \{1,\ldots,N-1\}^{|u|} \\ \boldsymbol{z}_u \cdot \boldsymbol{h}_u \equiv 0 \pmod{N}}} \frac{1}{(N-1)^{|u|}}$$

$$= \sum_{\substack{\boldsymbol{h}_u \in (\mathbb{Z} \setminus \{0\})^{|u|} \\ h_{j_0} \equiv 0}} r_\alpha(\boldsymbol{\gamma}, \boldsymbol{h}_u)^{-1/\lambda} \sum_{\substack{\boldsymbol{z}_{u'} \in \{1,\ldots,N-1\}^{|u'|} \\ \boldsymbol{z}_{u'} \cdot \boldsymbol{h}_{u'} \equiv 0}} \frac{N-1}{(N-1)^{|u|}}$$

$$
+ \sum_{\substack{\boldsymbol{h}_u \in (\mathbb{Z} \setminus \{0\})^{|u|} \\ h_{j_0} \equiv 0}} r_\alpha(\boldsymbol{\gamma}, \boldsymbol{h}_u)^{-1/\lambda} \sum_{\substack{\boldsymbol{z}_{u'} \in \{1,\dots,N-1\}^{|u'|} \\ \boldsymbol{z}_{u'} \cdot \boldsymbol{h}_{u'} \not\equiv 0}} \frac{1}{(N-1)^{|u|}} \tag{7.20}
$$

がわかる．ここで (7.20) の右辺第一項において $h_{j_0} = N h'_{j_0}, \tilde{\boldsymbol{h}}_u = (\boldsymbol{h}_{u'}, h'_{j_0})$ と変数変換すると，集合 $\{\boldsymbol{h}_u \in (\mathbb{Z} \setminus \{0\})^{|u|} \mid h_{j_0} \equiv 0\}$ は $(\mathbb{Z} \setminus \{0\})^{|u|}$ に対応し，また

$$
r_\alpha(\boldsymbol{\gamma}, \boldsymbol{h}_u)^{-1/\lambda} = \frac{r_\alpha(\boldsymbol{\gamma}, \tilde{\boldsymbol{h}}_u)^{-1/\lambda}}{N^{\alpha/\lambda}} \le \frac{r_\alpha(\boldsymbol{\gamma}, \tilde{\boldsymbol{h}}_u)^{-1/\lambda}}{N-1}
$$

のように値が評価できる．よって計算を続けると

$$
\begin{aligned}
(7.20) \\
&\le \sum_{\tilde{\boldsymbol{h}}_u \in (\mathbb{Z} \setminus \{0\})^{|u|}} r_\alpha(\boldsymbol{\gamma}, \tilde{\boldsymbol{h}}_u)^{-1/\lambda} \sum_{\substack{\boldsymbol{z}_{u'} \in \{1,\dots,N-1\}^{|u'|} \\ \boldsymbol{z}_{u'} \cdot \boldsymbol{h}_{u'} \equiv 0}} \frac{1}{(N-1)^{|u|}} \\
&\quad + \sum_{\boldsymbol{h}_u \in (\mathbb{Z} \setminus \{0\})^{|u|}} r_\alpha(\boldsymbol{\gamma}, \boldsymbol{h}_u)^{-1/\lambda} \sum_{\substack{\boldsymbol{z}_{u'} \in \{1,\dots,N-1\}^{|u'|} \\ \boldsymbol{z}_{u'} \cdot \boldsymbol{h}_{u'} \not\equiv 0}} \frac{1}{(N-1)^{|u|}} \\
&\le \sum_{\boldsymbol{h}_u \in (\mathbb{Z} \setminus \{0\})^{|u|}} r_\alpha(\boldsymbol{\gamma}, \boldsymbol{h}_u)^{-1/\lambda} \sum_{\boldsymbol{z}_{u'} \in \{1,\dots,N-1\}^{|u'|}} \frac{1}{(N-1)^{|u|}} \\
&\le \frac{1}{N-1} \sum_{\boldsymbol{h}_u \in (\mathbb{Z} \setminus \{0\})^{|u|}} r_\alpha(\boldsymbol{\gamma}, \boldsymbol{h}_u)^{-1/\lambda} \\
&= \frac{1}{N-1} \gamma_u^{1/\lambda} \left(2\zeta(\alpha/\lambda) \right)^{|u|} \tag{7.21}
\end{aligned}
$$

となる．よってこの不等式を (7.18) に適用すれば，望みの式を得る． $\qquad\square$

系 7.21 定理 7.20 の設定において重み $\boldsymbol{\gamma}$ が積重み（つまり $\gamma_u = \prod_{j \in u} \gamma_j$ を満たす $\gamma_1, \gamma_2, \dots \ge 0$ が存在する）であると仮定する．さらに $\sum_{j=1}^\infty \gamma_j^{1/\lambda} < \infty$ を満たすと仮定する．このとき，

$$
(e^{\mathrm{wor}}(\mathcal{H}_{\alpha,\gamma,s}^{\mathrm{kor}}, P(\boldsymbol{z}, N)))^2 \le C \frac{1}{(N-1)^\lambda}
$$

を満たす $\boldsymbol{z}$ が存在するような，s によらない定数 C が存在する．すなわち，二乗最悪誤差が $O(N^{-\lambda})$ のオーダーで収束するような強計算容易性が成り立つ．

証明 重みが積重みのとき，(7.17) の右辺は

$$
\frac{1}{(N-1)^\lambda} \left(-1 + \prod_{j=1}^s \left(1 + \gamma_j^{1/\lambda} 2\zeta(\alpha/\lambda) \right) \right)^\lambda \tag{7.22}
$$

と一致する．この値の上界を求める．任意の $x > -1$ に対して $\log(1+x) \le x$ となるので，特に任意の $x_j > -1$ について $\prod_{j=1}^s (1 + x_j) \le \exp(\sum_{j=1}^s x_j)$ が成り立つ．よって $x_j = \gamma_j^{1/\lambda} 2\zeta(\alpha/\lambda)$ を代入して

$$(7.22) \le \frac{1}{(N-1)^\lambda} \left(-1 + \exp\left(2\zeta(\alpha/\lambda) \sum_{j=1}^{s} \gamma_j^{1/\lambda} \right) \right)^\lambda$$

となる．仮定より $\sum_{j=1}^{\infty} \gamma_j^{1/\lambda} < \infty$ なので右辺は s によらない上界を持つ．　□

注 7.22　平均値が最悪誤差についてほぼ最適なオーダーを達成していることは特筆すべき結果である．マルコフ不等式を用いれば，式 (7.17) の右辺の分母 $N-1$ を $(1-\eta)(N-1)$ に置き換えた上界を持つ生成ベクトルが，$\{1, \ldots, N-1\}^s$ の中に少なくとも $\eta(N-1)^s$ 個は存在することが直ちに従う．合田-レキュイエはこの性質を応用して，$\{1, \ldots, N-1\}^s$ 上の一様分布から r 個の生成ベクトル $\boldsymbol{z}_1, \ldots, \boldsymbol{z}_r$ をランダムに選び，格子則による推定値の中央値

$$\mathrm{median}\left(I(f; P(\boldsymbol{z}_1, N)), \ldots, I(f; P(\boldsymbol{z}_r, N)) \right)$$

を最終的な推定値とすることで，極めて高い確率ではほぼ最適なオーダーを達成することを示した[38]．以下に示す CBC 構成と比べて，被積分関数に関する情報（滑らかさ α や重み $\boldsymbol{\gamma}$）を必要としない点において汎用的である．

7.3.4　高速 CBC 構成法

コロボフ空間についても**高速 CBC 構成法**が有用である．なお，次の定理で得られる上界は定理 7.20 で得られる上界と同じなので，系 7.21 と同様の強計算容易性が CBC 構成法で得られた格子について成り立つ．

定理 7.23　コロボフ空間 $\mathcal{H}_{\alpha, \gamma, s}^{\mathrm{kor}}$（ただし $\alpha > 1$, $\boldsymbol{\gamma} = (\gamma_u)$, $\gamma_u \ge 0$）に対して，次の CBC 構成法で格子の生成ベクトル $\boldsymbol{z}^* = (z_1^*, \ldots, z_s^*)$ を定める．

1. $z_1^* = 1$ と定める．
2. $\ell = 2, \ldots, s$ について，次の操作を繰り返して z_j を順に定める．
   (a) 各 $z = 1, \ldots, N-1$ について $R_\ell(z_1^*, \ldots, z_{\ell-1}^*, z)$ を列挙する．ただし $R_\ell(\boldsymbol{z}) := (e^{\mathrm{wor}}(\mathcal{H}_{\alpha, \gamma, \ell}^{\mathrm{kor}}, P(\boldsymbol{z}, N)))^2$ は ℓ 次元コロボフ空間 $\mathcal{H}_{\alpha, \gamma, \ell}^{\mathrm{kor}}$ の格子則による二乗最悪誤差である．
   (b) 列挙した値の最小値を取る z を z_ℓ^* とする．

このとき，任意の $1 \le \lambda < \alpha$ に対して二乗最悪誤差は

$$(e^{\mathrm{wor}}(\mathcal{H}_{\alpha, \gamma, s}^{\mathrm{kor}}, P(\boldsymbol{z}, N)))^2 \le \left(\frac{1}{N-1} \sum_{\emptyset \ne u \subset 1:s} \gamma_u^{1/\lambda} \left(2\zeta(\alpha/\lambda)\right)^{|u|} \right)^\lambda$$

を満たす．ただし $\zeta(t) := \sum_{n=1}^{\infty} n^{-t}$ はリーマンゼータ関数である．さらに α が偶数のとき，このアルゴリズムは $O(sN \log N)$ で動作する．

証明　数学的帰納法で証明する．まず $s = 1$ とする．$z_1^* = 1$ より $P_{N, z_1^*}^\perp = \{Nk \mid k \in \mathbb{Z}\}$ である．よってイェンセンの不等式 (7.16) より

$$R_1(z_1^*) = \gamma_1 \sum_{h \in \mathbb{Z} \setminus \{0\}} \frac{1}{|Nh|^\alpha} \leq \frac{\gamma_1}{N^\alpha} \left(\sum_{h \in \mathbb{Z} \setminus \{0\}} \frac{1}{|h|^{\alpha/\lambda}} \right)^\lambda$$

$$= \frac{\gamma_1}{N^\alpha} \left(2\zeta(\alpha/\lambda) \right)^\lambda \leq \left(\frac{1}{N-1} \gamma_1^{1/\lambda} \left(2\zeta(\alpha/\lambda) \right) \right)^\lambda$$

が任意の $1 \leq \lambda < \alpha$ に対して成り立つので，$s=1$ のとき成り立つ.

以下，$s-1$ のとき成り立つと仮定して s のときの成立を示す. すなわち

$$R_{s-1}(\boldsymbol{z}_{s-1}^*) \leq \left(\frac{1}{N-1} \sum_{\emptyset \neq u \subset \{1,\ldots,s-1\}} \gamma_u^{1/\lambda} \left(2\zeta(\alpha/\lambda) \right)^{|u|} \right)^\lambda$$

が $1 \leq \lambda < \alpha$ について成り立つと仮定する. ここで

$$B_{\alpha,\boldsymbol{\gamma}}(\boldsymbol{z}_{s-1}^*, z_s) := \sum_{s \in u \subset 1:s} \sum_{\boldsymbol{h}_u \in P_u^\perp(\boldsymbol{z}_{s-1}^*, z_s)} r_{\alpha,\boldsymbol{\gamma}}(\boldsymbol{h}_u)^{-1}$$

とおく（$P_u^\perp(\boldsymbol{z})$ は (7.14) で定義した）. このとき任意の $u \subset 1:s$ に対して $u \subset \{1,\ldots,s-1\}$ もしくは $s \in u$ のちょうど一方が成り立つので

$$R_s(\boldsymbol{z}_{s-1}^*, z_s) = R_{s-1}(\boldsymbol{z}_{s-1}^*) + B_{\alpha,\boldsymbol{\gamma}}(\boldsymbol{z}_{s-1}^*, z_s)$$

がわかる. ここで再びイェンセンの不等式により，$z_s \in \{1,\ldots,N-1\}$ を動かしたときの $(B_{\alpha,\boldsymbol{\gamma}}(\boldsymbol{z}_{s-1}^*, z_s))^{1/\lambda}$ の平均値の上界は次のようになる. なお式中で $u' := u \setminus \{s\}$ とおいた. また式変形は (7.18) から (7.21) を証明する一連の流れと同様なので随所を省略した.

$$\frac{1}{N-1} \sum_{z_s=1}^{N-1} \left(B_{\alpha,\boldsymbol{\gamma}}(\boldsymbol{z}_{s-1}^*, z_s) \right)^{1/\lambda}$$

$$\leq \frac{1}{N-1} \sum_{z_s=1}^{N-1} \sum_{s \in u \subset 1:s} \sum_{\boldsymbol{h}_u \in P_u^\perp(\boldsymbol{z}_{s-1}^*, z_s)} r_{\alpha,\boldsymbol{\gamma}}(\boldsymbol{h}_u)^{-1/\lambda}$$

$$= \frac{1}{N-1} \sum_{s \in u \subset 1:s} \sum_{\boldsymbol{h}_u \in (\mathbb{Z} \setminus \{0\})^{|u|}} r_{\alpha,\boldsymbol{\gamma}}(\boldsymbol{h}_u)^{-1/\lambda} \sum_{\substack{z_s=1 \\ \boldsymbol{h}_u \in P_u^\perp(\boldsymbol{z}_{s-1}^*, z_s)}}^{N-1} 1$$

$$\leq \sum_{s \in u \subset 1:s} \gamma_u^{1/\lambda} \sum_{\substack{\boldsymbol{h}_u \in (\mathbb{Z} \setminus \{0\})^{|u|} \\ \boldsymbol{z}_{u'}^* \cdot \boldsymbol{h}_{u'} \equiv 0 \\ N | h_s}} \prod_{j \in u} \frac{1}{|h_j|^{\alpha/\lambda}}$$

$$+ \frac{1}{N-1} \sum_{s \in u \subset 1:s} \gamma_u^{1/\lambda} \sum_{\substack{\boldsymbol{h}_u \in (\mathbb{Z} \setminus \{0\})^{|u|} \\ \boldsymbol{z}_{u'}^* \cdot \boldsymbol{h}_{u'} \not\equiv 0 \\ N \nmid h_s}} \prod_{j \in u} \frac{1}{|h_j|^{\alpha/\lambda}}$$

$$= \frac{1}{N^{\alpha/\lambda}} \sum_{s \in u \subset 1:s} \gamma_u^{1/\lambda} \sum_{\substack{\boldsymbol{h}_u \in (\mathbb{Z} \setminus \{0\})^{|u|} \\ \boldsymbol{z}_{u'}^* \cdot \boldsymbol{h}_{u'} \equiv 0}} \prod_{j \in u} \frac{1}{|h_j|^{\alpha/\lambda}}$$

$$
+ \frac{1}{N-1} \sum_{s \in u \subset 1:s} \gamma_u^{1/\lambda} \sum_{\substack{\boldsymbol{h}_u \in (\mathbb{Z} \setminus \{0\})^{|u|} \\ \boldsymbol{z}_{u'}^* \cdot \boldsymbol{h}_{u'} \neq 0 \\ N \nmid h_s}} \prod_{j \in u} \frac{1}{|h_j|^{\alpha/\lambda}}
$$

$$
\leq \frac{1}{N-1} \sum_{s \in u \subset 1:s} \gamma_u^{1/\lambda} \sum_{\boldsymbol{h}_u \in (\mathbb{Z} \setminus \{0\})^{|u|}} \prod_{j \in u} \frac{1}{|h_j|^{\alpha/\lambda}}
$$

$$
\leq \frac{1}{N-1} \sum_{s \in u \subset 1:s} \gamma_u^{1/\lambda} (2\zeta(\alpha/\lambda))^{|u|}.
$$

最後に，再びイェンセンの不等式 (7.16) と帰納法の仮定により，

$$
\left(R_s(\boldsymbol{z}_{s-1}^*, z_s) \right)^{1/\lambda} \leq \left(R_{s-1}(\boldsymbol{z}_{s-1}^*) \right)^{1/\lambda} + \left(B_{\alpha, \boldsymbol{\gamma}}(\boldsymbol{z}_{s-1}^*, z_s) \right)^{1/\lambda}
$$

$$
= \frac{1}{N-1} \sum_{\emptyset \neq u \subset 1:s} \gamma_u^{1/\lambda} \left(2\zeta(\alpha/\lambda) \right)^{|u|}
$$

となる．よって s のときも定理の不等式が成り立つ． □

以下 α が偶数かつ $\boldsymbol{\gamma}$ が積重みと仮定する．このとき 7.2.3 節と同様に，高速 CBC 構成法でこのアルゴリズムは $O(sN \log N)$ で実行できる．実際 (7.3) により

$$
R_\ell(\boldsymbol{z}_{\ell-1}, z_\ell)
$$

$$
= -1 + \frac{1}{N} \sum_{n=0}^{N-1} \sum_{\boldsymbol{h} \in \mathbb{Z}^\ell} \frac{1}{r_{\alpha, \boldsymbol{\gamma}}(\boldsymbol{h})} \exp\left(\frac{2\pi \mathrm{i} \boldsymbol{h} \cdot (n\boldsymbol{z}_{\ell-1}, nz_\ell)}{N} \right)
$$

$$
= -1 + \frac{1}{N} \sum_{n=0}^{N-1} \prod_{j=1}^{\ell} \left[1 + \gamma_j \sum_{h_j \in \mathbb{Z} \setminus \{0\}} \frac{\exp\left(2\pi \mathrm{i} h_j n z_j / N \right)}{h_j^\alpha} \right]
$$

$$
= -1 + \frac{1}{N} \sum_{n=0}^{N-1} \left[1 + \gamma_\ell \underbrace{\frac{(-1)^{\alpha/2+1}(2\pi)^\alpha}{\alpha!} \tilde{B}_\alpha \left(\frac{nz_\ell}{N} \right)}_{\Omega_\alpha(n, z_\ell)} \right] \theta_{\boldsymbol{z}_{\ell-1}, \alpha, \boldsymbol{\gamma}}(n)
$$

である．ここで

$$
\theta_{\boldsymbol{z}_{\ell-1}, \alpha, \boldsymbol{\gamma}}(n) = \prod_{j=1}^{\ell-1} \left[1 + \gamma_j \frac{(-1)^{\alpha/2+1}(2\pi)^\alpha}{\alpha!} B_\alpha \left(\left\{ \frac{nz_j}{N} \right\} \right) \right]
$$

と定める．$R_\ell(\boldsymbol{z}_{\ell-1}^*, z_\ell)$ を $z_\ell = 1, \dots, N-1$ について列挙する際は，各 $0 \leq n < N$ に対して $\theta_{\boldsymbol{z}_{\ell-1}^*, \alpha, \boldsymbol{\gamma}}(n)$ を記憶し，行列 $\boldsymbol{\Omega}_\alpha := [\Omega_\alpha(n, z)]_{1 \leq n, z < N}$ とベクトル $(\theta_{\boldsymbol{z}_{\ell-1}^*, \alpha, \boldsymbol{\gamma}}(n))^\top$ の積を求めればよい．この行列ベクトル積は定理 7.16 より $O(N \log N)$ で計算できる．よってトータルの計算量は $O(sN \log N)$ であり，必要なメモリは $O(N)$ である．

7.4 非周期的な関数に対する格子則

格子則を非周期的な関数に対しても有効にする手段として関数の**周期化**があ

る[96, Section 2.12]. $\Psi : [0,1] \to [0,1]$ を単調増加な全単射として，$\psi(y) = \Psi'(y)$ とおく．変数変換 $\boldsymbol{x} = \Psi(\boldsymbol{y}) = (\Psi(y_1), \ldots, \Psi(y_s))$ を考えると積分値を

$$\int_{[0,1]^s} f(\boldsymbol{x})\,d\boldsymbol{x} = \int_{[0,1]^s} f(\Psi(\boldsymbol{y}))\,\psi_s(\boldsymbol{y})\,d\boldsymbol{y}, \qquad \psi_s(\boldsymbol{y}) = \prod_{j=1}^{s} \psi(y_j)$$

と書き直せる．ここで $\psi(0) = \psi(1) = 0$ となるような Ψ を使えば，$f(\Psi(\boldsymbol{y}))\,\psi_s(\boldsymbol{y})$ は $[0,1]^s$ の境界上で値が 0 になり，周期的で連続な関数となる．例えば $\Psi(x) = 3x^2 - 2x^3$ を使えばよい．さらにいえば，$\psi'(0) = \psi'(1) = 0$ ならば，変数変換後の関数は周期的で C_1 級の関数となる．$\Psi(x) = x^3(10 - 15x + 6x^2)$ や $\Psi(x) = x - (\sin 2\pi x)/(2\pi)$ がその例である．この Ψ を使えば，f を格子則が有効な関数に変換できる．しかし次元 s が大きくなると，たとえ f が定数関数であってもうまく積分できない[62]ので，低次元の問題のみに有効な手段だといえる．

別の手段として，**テント変換**（tent transform）$\Psi(x) = 1 - |2x - 1|$ による周期化がある．多変数のテント変換は変数ごとの変換 $\Psi(\boldsymbol{x}) = (\Psi(x_1), \ldots, \Psi(x_s))$ で定める．テント変換は $[0,1]^s$ 上の一様測度を保存するので

$$I(f) = \int_{[0,1]^s} f(\boldsymbol{x})\,d\boldsymbol{x} = \int_{[0,1]^s} f(\Psi(\boldsymbol{x}))\,d\boldsymbol{x}$$

が成り立つ．実装上は，点集合 P をテント変換して点集合 $\Psi(P) = \{\Psi(\boldsymbol{x}) \mid \boldsymbol{x} \in P\}$ を構成し，$\Psi(P)$ を使い f を数値積分する．

一方で積分誤差を解析する際は，f のテント変換 $f(\Psi(\boldsymbol{x}))$ の性質の解析が重要である．テント変換は f を偶関数へ拡張して周期化したものと考えられ，フーリエ係数にはコサインの部分のみが出てくる．このアイデアでフーリエ係数の減衰を計算すると，次が証明できる[43].

定理 7.24 $\alpha = 2$ のソボレフ空間 $\mathcal{H}(K_{2,\gamma,s}^{\mathrm{sob}})$ について，テント変換された格子 $\Psi(P)$ による最悪誤差が $O(N^{-2+\varepsilon})$ で収束するような格子 P の生成元 $\boldsymbol{z}$ が CBC 構成法で探索できる．

テント変換は高次元でも有効な手段であることが理論・実験の両側面から示されている．ただし，ソボレフ空間の滑らかさ α を大きくしても，収束オーダーの指数 $-2 + \varepsilon$ は改善されない．

7.5 乱択化

本節ではランダムシフトによる格子則の乱択化を考える（詳細は [19] を参照せよ）．点集合 $P \subset [0,1]^s$ を $\Delta \in [0,1]^s$ だけ**シフト**させた点集合 $P + \Delta$ を

$$P + \Delta := \{\{\boldsymbol{x} + \Delta\} \mid \boldsymbol{x} \in P\}$$

と定める. シフト格子則は $\mathcal{P} = \{P + \Delta \mid \Delta \in [0,1]^s\}$ による RQMC である. シフト格子則の分散は次のように表せる.

定理 7.25 $f\colon [0,1]^s \to \mathbb{R}$ を二乗可積分な関数とし, P を格子とする. このとき, $\Delta \in [0,1]^s$ を一様ランダムにとったシフト格子則による推定値 $I(f; P+\Delta)$ は $I(f)$ の不偏推定量であり, その分散は次式を満たす.

$$\mathbb{V}[I(f; P+\Delta)] = \sum_{\boldsymbol{h} \in P^\perp \setminus \{\boldsymbol{0}\}} |\widehat{f}(\boldsymbol{h})|^2. \tag{7.23}$$

証明 $I(f; P+\Delta)$ が不偏推定量になることは簡単に確認できる. 分散を計算する. $F(\Delta) = I(f; P+\Delta)$ とおく. 単純計算により, $\boldsymbol{h} \in P^\perp \setminus \{\boldsymbol{0}\}$ のとき $\widehat{F}(\boldsymbol{h}) = \widehat{f}(\boldsymbol{h})$, そうでないとき $\widehat{F}(\boldsymbol{h}) = 0$ である. よってパーセバルの等式より

$$\mathbb{V}[I(f; P+\Delta)] = \int_{[0,1]^s} |F(\Delta)|^2 \, d\Delta = \sum_{\boldsymbol{h} \in \mathbb{Z}^s} |\widehat{F}(\boldsymbol{h})|^2 = \sum_{\boldsymbol{h} \in P^\perp \setminus \{\boldsymbol{0}\}} |\widehat{f}(\boldsymbol{h})|^2$$

である. よって主張が示された. $\qquad\square$

　乱択化のおかげで, 被積分関数に関する仮定がモンテカルロ法と同じ二乗可積分にまで緩められた. さらに f が周期的で α 階の滑らかさを持つと仮定し, P を定理 7.9 の手続きで得た N 点格子とする. このとき, 定理 7.19 と同様の議論と (7.23) により, 積分誤差の分散が $O(N^{-2\alpha+\epsilon})$ となり, この RQMC は平均的に $O(N^{-\alpha+\epsilon})$ で収束することが示される. また (7.23) そのものを尺度とした CBC 構成法により, シフト格子則に特化した格子が探索できる.

注 7.26 近年, ランダムシフトに加えて, 点の個数 N および生成ベクトル $\boldsymbol{z}$ を適切に乱択化することによる分散のオーダー改善が示されている[18], [58]. $M/2$ から M の間に存在する素数の集合を考え, N をその上の一様分布に従う確率変数とする. また, 最悪誤差の小さい生成ベクトルの集合を考え, $\boldsymbol{z}$ をその上の一様分布に従う確率変数とする. このように乱択化されたシフト格子則による積分誤差の分散は $O(M^{-\alpha-1/2+\epsilon})$ となる. QMC による収束オーダーとモンテカルロ法の収束オーダーを掛け合わせられるのである.

7.6　フロロフ積分則

　格子という用語は, $\mathbb{R}^s$ の部分集合に対しても定義される. 正則な $s \times s$ 行列 T により $X = T(\mathbb{Z}^s) := \{T\boldsymbol{k} \mid \boldsymbol{k} \in \mathbb{Z}^s\}$ と表される集合を $\mathbb{R}^s$ 上の格子という. ある良い条件を満たす格子 $X = T(\mathbb{Z}^s) \subset \mathbb{R}^s$ を固定する. 縮小倍率 a のフロロフ積分則 (Frolov cubature) を

$$|\det(a^{-1}T)| \sum_{\boldsymbol{x} \in a^{-1}X \cap [0,1)^s} f(\boldsymbol{x}) \qquad (7.24)$$

と定める．つまりサンプル点集合は $a^{-1}X \cap [0,1)^s$ である．なお重みの和は一般には1にならない．フロロフ積分則は理論的に優れた性質を持つことが知られている（詳細は [105] とその参考文献を参照せよ）．以下，簡潔に概要をまとめる．X が満たすべき「ある良い条件」は次の条件である．

定義 7.27 格子 $X \subset \mathbb{R}^s$ が

$$\inf_{(x_1, \ldots, x_s) \in X \setminus \{\boldsymbol{0}\}} \prod_{j=1}^{s} |x_j| > 0$$

を満たすとき，X はアドミッシブル（admissible）であるという．

例 7.28 s 次多項式 $f(x)$ の根がすべて実数ならば，その根を使ったヴァンデルモンド行列 V に対し，$V^{-\top}$ から生成される格子はアドミッシブルである．

定理 7.29 境界で0を取るソボレフ空間 $\mathcal{H} = \mathcal{H}(K_{\alpha, \boldsymbol{\gamma}, s}^{\mathrm{sob}}) \cap \{f \mid \mathrm{supp}(f) \subset (0,1)^s\}$ を考える．ここで $\mathrm{supp}(f)$ は $f(x) \neq 0$ となる x の集合を表す．格子 $X \subset \mathbb{R}^s$ がアドミッシブルのとき，(7.24) で定まるフロロフ積分則の誤差は $a \to \infty$ としたとき $O((\log N)^{(s-1)/2}/N^\alpha)$ で収束する．ただし $N = |a^{-1}X \cap [0,1)^s|$ である．

なお，変数変換により「境界で0を取る」という条件を外すこともできる．

第 8 章
準モンテカルロ法──デジタルネット

　本章では，b 進小数展開を使った一様性の基準である t 値や，b 進小数展開の各桁をベクトルとみなしたとき有限体上の線形空間の構造を持つデジタルネットという点集合クラスを説明する．さらに，格子とは異なり周期性を持たない関数であっても積分誤差が高速なオーダーで収束するような高階のデジタルネットと付随するウォルシュ関数の解析の概要を説明する．

8.1　基本直方体と t 値

　ディスクレパンシーは，原点を頂点の一つとするあらゆる軸平行な直方体の指示関数の積分誤差の最大値であった．ここではその離散化とみなせる量，t 値を定義する．考える直方体を b 進基本直方体と呼ばれるものに制限する代わりに，その直方体上では積分誤差を 0 にするという条件を加える．

定義 8.1　整数 $b \geq 2$ と $s \geq 1$ を取る．このとき s 次元の b 進**基本直方体**とは，$1 \leq j \leq s$ に対して $0 \leq a_j < b^{c_j}$ を満たす非負整数 $a_j, c_j \in \mathbb{N}_0$ を使って

$$\prod_{j=1}^{s} \left[\frac{a_j}{b^{c_j}}, \frac{a_j + 1}{b^{c_j}} \right) \tag{8.1}$$

の形で表される直方体である．つまり基本直方体は各辺を b のベキで等分して（辺ごとにベキはバラバラでよい）できる小直方体である．

定義 8.2　$P \subset [0,1]^s$ を b^m 点からなる点集合とする．t を 0 以上の整数とする．体積 b^{-m+t} の任意の b 進基本直方体と P の共通部分がちょうど b^t 点であるとき，P を b 進 (t, m, s)-**ネット**という．

　t が小さいほど，より小さな基本直方体上に均等に点が配置されることになり，特に $t = 0$ のときが最良である．2 進 $(0, 4, 2)$-ネットの例を図 8.1 に示す．サンプル点の個数は $2^4 = 16$ である．t 値が 0 なので面積 $1/16$ の基本直方体

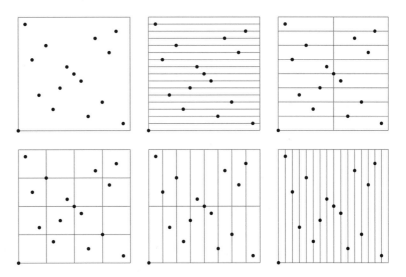

図 8.1 2進 $(0,4,2)$-ネットの例（左上）とその均等分布性.

を考える．その形は図のように $1 \times 1/16, 1/2 \times 1/8, 1/4 \times 1/4, 1/8 \times 1/2, 1/16 \times 1$ の 5 種類である．各基本直方体内に点がちょうど $2^0 = 1$ 個ある．

点列の t 値は次のように定義される．適切な有限部分集合に対して同じ t の値で (t,m,s)-ネットになるという強い条件を課していることに注意しよう．

定義 8.3 点列 $\mathcal{S} = (\boldsymbol{x}_0, \boldsymbol{x}_1, \dots) \subset [0,1]^s$ を取る．すべての非負整数 k および $m \geq t$ に対して b^m 点集合 $\{\boldsymbol{x}_{kb^m}, \dots, \boldsymbol{x}_{(k+1)b^m-1}\}$ が b 進 (t,m,s)-ネットになっているとき，$\mathcal{S}$ は b 進 $(\boldsymbol{t}, \boldsymbol{s})$-**列**であるという．

t の値が小さいほど，より体積の小さい基本直方体上の特性関数を正しく数値積分できるので，ディスクレパンシーの値も小さいことが期待される．ここからは，(t,m,s)-ネットや (t,s)-列のディスクレパンシーの上界を示し，(t,s)-列は超一様点列であることを証明する．あらかじめ必要な補題を示しておく．

補題 8.4 任意の非負整数 m と $\boldsymbol{a} \in [0,1]^s$ を取る．このとき次を満たす B_1, B_2 が存在する．ただし，B_1 は空集合でもよい．
- B_1, B_2 は体積 b^{-m} 以上の基本直方体の非交差和である．
- $B_1 \subset [\boldsymbol{0}, \boldsymbol{a}) \subset B_2$.
- $\mathrm{vol}(B_2 \setminus B_1) \leq b^{-m} \sum_{i=0}^{s-1} \binom{m}{i}(b-1)^i$.

証明 s に関する数学的帰納法で証明する．まず $s=1$ のときを考える．$a \in [0,1]$ の b 進小数展開を k 桁で打ち切った数 $\mathrm{tr}_k(a)$ を

$$\mathrm{tr}_k(a) := \frac{\lfloor b^k a \rfloor}{b^k}$$

と定める．いま B_1, B_2 を

$$B_1 = [0, \mathrm{tr}_m(a)), \qquad B_2 = [0, \mathrm{tr}_m(a) + b^{-m})$$

と定めると，これらは幅 b^{-m} の基本直方体（区間）の非交差和で表され，補題の残りの条件も満たす．よって $s = 1$ のとき主張が成り立つ．

以下，$s - 1$ のときに主張が成り立つとして s のときの成立を示す．$\boldsymbol{a} = (a_1, \dots, a_s)$ として，a_s の b 進展開を k 桁で打ち切った数を $\mathrm{tr}_k(a_s)$ とおく．各 $k = 1, \dots, m$ に対して $I_k = [\mathrm{tr}_{k-1}(a_s), \mathrm{tr}_k(a_s))$ と定める．帰納法の仮定より，各 I_k について次を満たす $B_{k,1}, B_{k,2} \subset [0,1)^{s-1}$ が存在する．

- $B_{k,1}, B_{k,2}$ は体積 $b^{-(m-k)}$ 以上の基本直方体の非交差和である．
- $B_{k,1} \subset \prod_{j=1}^{s-1}[0, a_j) \subset B_{k,2}$.
- $\mathrm{vol}(B_{k,2} \setminus B_{k,1}) \le b^{-(m-k)} \sum_{i=0}^{s-2} \binom{m-k}{i}(b-1)^i$.

いま $B_1, B_2 \subset [0,1)^s$ を

$$B_1 = \bigcup_{k=1}^{m}(B_{k,1} \times I_k),$$

$$B_2 = \bigcup_{k=1}^{m}(B_{k,2} \times I_k) \cup \left(\prod_{j=1}^{s-1}[0,1) \times [\mathrm{tr}_m(a_s), \mathrm{tr}_m(a_s) + b^{-m}) \right)$$

と定める．このとき定義より B_1, B_2 は上 2 つの条件を満たす．また

$$
\begin{aligned}
\mathrm{vol}(B_2 \setminus B_1) &= \sum_{k=1}^{m} |I_k| \cdot \mathrm{vol}(B_{k,2} \setminus B_{k,1}) + b^{-m} \\
&\le \sum_{k=1}^{m}(b-1)b^{-k} \cdot b^{-(m-k)} \sum_{i=0}^{s-2} \binom{m-k}{i}(b-1)^i + b^{-m} \\
&\le \sum_{k=1}^{m}(b-1)b^{-m} \sum_{i=0}^{s-2} \binom{m-k}{i}(b-1)^i + b^{-m} \\
&= b^{-m}\left(\sum_{i=0}^{s-2}(b-1)^{i+1} \sum_{k=1}^{m} \binom{m-k}{i} + 1 \right) \\
&= b^{-m}\left(\sum_{i=0}^{s-2}(b-1)^{i+1} \binom{m}{i+1} + 1 \right) \\
&= b^{-m} \sum_{i=0}^{s-1}(b-1)^i \binom{m}{i}
\end{aligned}
$$

なので最後の条件も満たす．なお証明の途中で，二項係数の公式 $\sum_{k=1}^{m} \binom{m-k}{i} = \binom{m}{i+1}$ を使った．よって s のときも主張が成り立つ． $\square$

定理 8.5 P が b 進 (t, m, s)-ネットのとき，次が成り立つ．

$$D^*_{b^m}(P) \le b^{-m+t} \sum_{i=0}^{s-1} \binom{m-t}{i}(b-1)^i \in O(b^{-m+t}m^{s-1}).$$

証明 任意の $\boldsymbol{a} \in [0,1]^s$ を取る．$|I(\chi_{[\boldsymbol{0}, \boldsymbol{a}]}; P) - I(\chi_{[\boldsymbol{0}, \boldsymbol{a}]})|$ の値を以下のよう

に評価する．補題 8.4 の m を $m-t$ に置き換えて，補題から存在が保証される B_1, B_2 を取る．いま P は (t,m,s)-ネットなので，任意の体積 b^{-m+t} 以上の基本直方体を正しく積分する．よって B_1, B_2 も正しく積分する，すなわち

$$I(\chi_{B_1}; P) = I(\chi_{B_1}), \qquad I(\chi_{B_2}; P) = I(\chi_{B_2})$$

である．この式から，上下からの評価

$$I(\chi_{[\mathbf{0},\mathbf{a})}; P) - I(\chi_{[\mathbf{0},\mathbf{a})}) \leq I(\chi_{B_2}; P) - I(\chi_{B_1}) = I(\chi_{B_2}) - I(\chi_{B_1}),$$

$$I(\chi_{[\mathbf{0},\mathbf{a})}; P) - I(\chi_{[\mathbf{0},\mathbf{a})}) \geq I(\chi_{B_1}; P) - I(\chi_{B_2}) = I(\chi_{B_1}) - I(\chi_{B_2})$$

が得られる．よって

$$|I(\chi_{[\mathbf{0},\mathbf{a})}; P) - I(\chi_{[\mathbf{0},\mathbf{a})})| \leq \mathrm{vol}(B_2 \setminus B_1) \leq b^{-m+t} \sum_{i=0}^{s-1} \binom{m-t}{i} (b-1)^i$$

となり，不等号が示された．またオーダー表記の正当性は $\binom{m-t}{i} = \frac{(m-t)\cdots(m-t-i+1)}{i!} \leq m^i$ よりわかる． $\square$

定理 8.6 $\mathcal{S}$ を b 進 (t,s)-列とする．このとき任意の正整数 N に対し

$$D_N^*(\mathcal{S}_N) \leq \frac{b^t(b-1)}{N} \sum_{i=0}^{\lfloor \log_b N \rfloor} \sum_{k=0}^{s-1} \binom{i-t}{k} (b-1)^k \in O(b^t(\log N)^s/N)$$

が成り立つ．特に (t,s)-列は超一様点列である．

証明 この証明は定理 5.21 の証明の一般化である．$m = \lfloor \log_b N \rfloor$ とおき，$N = \sum_{i=0}^m c_i b^i$ と b 進展開する．$0 \leq i \leq m, 0 \leq j < c_i$ に対して

$$P_{i,j} = \{x_C, \ldots, x_{C+b^i-1}\}, \quad \text{ただし } C = \sum_{i'=i+1}^m c_{i'} b^{i'} + j b^i$$

と定める．(t,s)-列の定義より各 $P_{i,j}$ は (t,i,s)-ネットなので，$D_{b^i}^*(P_{i,j})$ は定理 8.5 で求めた上界を持つ．よって補題 5.20 より

$$D_N^*(\mathcal{S}_N) \leq \sum_{i=0}^m \sum_{j=0}^{c_i-1} \frac{b^i}{N} D_{b^i}^*(P_{i,j}) \leq \sum_{i=0}^m \sum_{j=0}^{c_i-1} \frac{b^i}{N} b^{-i+t} \sum_{k=0}^{s-1} \binom{i-t}{k} (b-1)^k$$

$$\leq \frac{b^t(b-1)}{N} \sum_{i=0}^m \sum_{k=0}^{s-1} \binom{i-t}{k} (b-1)^k$$

である．よって定理が示された． $\square$

のちほど 8.3 節で示すように，任意の次元 s について，ある $t = t(s)$ が存在して $(t(s), s)$-列が具体的に構成できる．一方で次の結果によれば，次元が大きいとき $t = 0$ となるデジタルネットは存在しない．

定理 8.7 $s \geq b+2$ のとき b 進 $(0,2,s)$-ネットは存在しない．

証明 $\boldsymbol{x}_n = (x_1^{(n)}, \ldots, x_s^{(n)})$ として，$X := \{\boldsymbol{x}_n\}_{n=0}^{b^2-1}$ が b 進 $(0,2,s)$-ネットであると仮定する．$y_j^{(n)} = \lfloor bx_j^{(n)} \rfloor$ とおく．つまり $y_j^{(n)}$ は $x_j^{(n)}$ の b 進小数展開の第一位で，$y_j^{(n)} \in \{0,1,\ldots,b-1\}$ である．$s \times b^2$ 行列 $Y = (y_j^{(n)})_{j,n}$ を考える．X は b 進 $(0,2,s)$-ネットなので，任意の $1 \le j < j' \le s$ に対しペア $(y_j^{(n)}, y_{j'}^{(n)})$ は各 $n = 0, \cdots, b^2-1$ で相異なる b^2 通りすべてを取る．この「任意の 2 行を取ると，ペアはすべてのパターンを均等に取る」行列は**直交配列**と呼ばれる．すなわち Y は $s \times b^2$ の直交配列である（証明に使わない事実として，このような直交配列は s 個の互いに直交するラテン方格の存在と同値である）．

各列を固定して $\{0,1,\ldots,b-1\}$ 上の置換で行の成分を置換しても直交配列は直交配列のままなので，Y の各行に対して適切な置換を取れば 1 列目の値がすべて 0 となる直交配列 Y' が作れる．Y' の各行に 0 は b 回現れるので，Y' の最初の列を除いた $s \times (b^2-1)$ 行列を Y'' とおくと，Y'' に 0 は $s(b-1)$ 個ある．一方で直交配列の性質より，最初の列以外の列に現れる 0 の個数は 1 個以下である（2 回以上現れるとすると，その 2 行を見ればペア $(0,0)$ が 2 回現れることになり矛盾）．よって Y'' に現れる 0 の個数は b^2-1 個以下である．よって $s(b-1) \le b^2-1$ なので $s \le b+1$ である．□

なお，以下で示す通り (t,s)-列から $(t,m,s+1)$-ネットが構成できる．特に定理 8.7 と組み合わせると，b 進 $(0,b+1)$-列は存在しないことがわかる．一方で例 8.31 で示す通り，b が素数ならば b 進 $(0,b)$-列が構成できる．

補題 8.8 任意の b 進 (t,s)-列 $\mathcal{S} = (\boldsymbol{x}_i)_{i \ge 0}$ を取る．このとき，$s+1$ 次元点集合 $P = \{\boldsymbol{x}_i'\}_{i=0}^{b^m-1} := \{(\boldsymbol{x}_i, ib^{-m})\}_{i=0}^{b^m-1}$ は b 進 $(t,m,s+1)$-ネットである．

証明 体積 b^{-m+t} の任意の $s+1$ 次元 b 進基本直方体 L を取り，(8.1) の形式で $L = \prod_{j=1}^{s+1} [a_j/b^{c_j}, (a_j+1)/b^{c_j})$ と表示する．$|P \cap L| = b^t$ を示せばよい．体積の条件より $\sum_{j=1}^{s+1} c_j = m-t$ である．$m' := m - c_{s+1}$ とおいて，

$$P' := \{\boldsymbol{x}_{a_{s+1}b^{m'}}, \ldots, \boldsymbol{x}_{(a_{s+1}+1)b^{m'}-1}\}, \qquad L' = \prod_{j=1}^{s} \left[\frac{a_j}{b^{c_j}}, \frac{a_j+1}{b^{c_j}}\right)$$

と定める．ここで $\boldsymbol{x}_i' \in L$ となるための $s+1$ 次元目の条件を整理すると

$$ib^{-m} \in \left[\frac{a_{s+1}}{b^{c_{s+1}}}, \frac{a_{s+1}+1}{b^{c_{s+1}}}\right) \iff a_{s+1}b^{m'} \le i < (a_{s+1}+1)b^{m'}$$

となるので，$|P \cap L| = |P' \cap L'|$ である．$\mathcal{S}$ は (t,s)-列なので，定義より P' は (t,m',s)-ネットであり，L' は体積 $b^{-(c_1+\cdots+c_s)} = b^{m'-t}$ の基本直方体なので $|P \cap L| = |P' \cap L'| = b^t$ である．よって示された．□

8.2 デジタルネットとデジタル列

点集合の t 値は各点の座標の値そのものよりも，b 進小数展開の各桁の値に直接的に依存する．デジタルネットは，座標の b 進小数展開の各桁が（有限体上の）行列を使って生成されるような点集合である．各桁を指定する都合上，実数とベクトルとの対応や，整数とベクトルとの対応を考える必要がある．よって記法が複雑になってしまうが，アイデア自体は格子と同様に単純である．

本節では以下の記法を用いる．b を素数とし，$\mathbb{F}_b := \mathbb{Z}/b\mathbb{Z} = \{0, 1, \ldots, b-1\}$ を b 元体とする．$\mathbb{F}_b^{n \times m}$ を $\mathbb{F}_b$ 成分の $n \times m$ 行列とし，$\mathbb{F}_b^{\mathbb{N} \times \mathbb{N}}$ を $\mathbb{F}_b$ 成分の無限サイズの行列とする．$\mathbb{F}_b^{\mathbb{N}}$ を $\mathbb{F}_b$ の無限直積とし，$\mathbb{F}_b^{\oplus \mathbb{N}} := \{(x_1, x_2, \ldots,) \in \mathbb{F}_b^{\mathbb{N}} \mid$ 有限個の i を除いて $x_i = 0\}$ と定義する．なお $\mathbb{F}_b^{\mathbb{N}}$ は b 進無限小数展開に，$\mathbb{F}_b^{\oplus \mathbb{N}}$ は整数の b 進展開にそれぞれ対応する．

8.2.1 デジタルネットの定義

まずは非負整数からベクトルへの写像とベクトルから実数への写像を定める．

定義 8.9 n 次元ベクトルを実数 b 進 n 桁の小数に対応させる写像 $\phi_n \colon \mathbb{F}_b^n \to [0, 1]$ および，無限次元ベクトルを実数 b 進の無限小数に対応させる写像 $\phi_\infty \colon \mathbb{F}_b^{\mathbb{N}} \to [0, 1]$ を次のように定める．

$$\phi_n((y_1, \ldots, y_n)^\top) := \frac{y_1}{b} + \frac{y_2}{b^2} + \cdots + \frac{y_n}{b^n}, \tag{8.2}$$

$$\phi_\infty((y_1, y_2, \ldots)^\top) := \frac{y_1}{b} + \frac{y_2}{b^2} + \cdots . \tag{8.3}$$

定義 8.10 非負整数 k に対応する n 次元もしくは無限次元ベクトルを次で定める．n を自然数として $k < b^n$ が成り立つとする．k の b 進展開を

$$k = \sum_{i=1}^{n} \kappa_i b^{i-1} \quad (\text{ただし } 0 \leq \kappa_i \leq b-1)$$

とする．k に対応する n 次元の縦ベクトル $\vec{k} \in \mathbb{F}_b^n$ を $\vec{k} = (\kappa_1, \kappa_2, \ldots, \kappa_n)^\top$ と定める．また，k に対応する無限次元の縦ベクトルを同じ記号 $\vec{k} \in \mathbb{F}_b^{\mathbb{N}}$ で書き，$\vec{k} = (\kappa_1, \kappa_2, \ldots, \kappa_n, 0, 0, 0, \ldots)^\top$ と定める（この定義は n によらない）．

この同一視の下，デジタルネットとデジタル列を次で定める．

定義 8.11 $m, n, s \in \mathbb{N}$ とする．$C_1, \ldots, C_s \in \mathbb{F}_b^{n \times m}$ とする（これらを**生成行列**と呼ぶ）．このとき $(C_1, \ldots, C_s)$ で生成される b 進**デジタルネット**（digital net in base b, digital net over $\mathbb{F}_b$）とは，k $(0 \leq k < b^m)$ 番目の点 $\boldsymbol{x}_k$ が

$$\boldsymbol{x}_k := (\phi_n(C_1 \vec{k}), \ldots, \phi_n(C_s \vec{k})) \tag{8.4}$$

で定まるような $[0, 1]^s$ 上の b^m 点集合 $\{\boldsymbol{x}_0, \ldots, \boldsymbol{x}_{b^m - 1}\} \subset [0, 1]^s$ である．こ

のように定まるデジタルネットを本書では $P(C_1, \ldots, C_s)$ と表す.

例 8.12 $C_1 = \begin{pmatrix} 1 & 0 \\ 0 & 1 \end{pmatrix}, C_2 = \begin{pmatrix} 0 & 1 \\ 1 & 0 \end{pmatrix}$ を生成行列とする 2 進デジタルネットを考える. $\vec{2} = (0,1)^\top$ なので, $C_1\vec{2} = (0,1)^\top$, $C_2\vec{2} = (1,0)^\top$ である. よって $\boldsymbol{x}_2 = (\phi_2(C_1\vec{2}), \phi_2(C_s\vec{2})) = (1/4, 1/2)$ である. 同様に, $\boldsymbol{x}_0 = (0,0)$, $\boldsymbol{x}_1 = (1/2, 1/4)$, $\boldsymbol{x}_3 = (3/4, 3/4)$ である.

定義 8.13 $s \in \mathbb{N}$ とする. $C_1, \ldots, C_s \in \mathbb{F}_b^{\mathbb{N} \times \mathbb{N}}$ とする（これらを**生成行列**と呼ぶ）. このとき $(C_1, \ldots, C_s)$ で生成される b 進**デジタル列**（digital sequence in base b）とは, k $(k \geq 0)$ 番目の点 $\boldsymbol{x}_k$ が

$$\boldsymbol{x}_k := (\phi_\infty(C_1\vec{k}), \ldots, \phi_\infty(C_s\vec{k})) \tag{8.5}$$

で定まるような $[0,1]^s$ 上の点列 $\boldsymbol{x}_0, \boldsymbol{x}_1, \ldots$ である. ここで有限個の i を除いて $\kappa_i = 0$ となるので, 行列ベクトル積 $C_j\vec{k}$ は well-defined である. このように定まるデジタル列を本書では $\mathcal{S}(C_1, \ldots, C_s)$ と表す.

注 8.14 デジタル列の場合, 生成行列の任意の列の成分は有限個を除き 0 であると仮定することも多い. この仮定を外すと, 得られる無限小数 $\phi_\infty(C_j\vec{k})$ の下の桁がすべて $b-1$ と一致してしまう場合がある. このとき「繰り上がり」を起こして, 基本直方体に均等に点が配置されなくなってしまう.

例 8.15 単位行列 $I \in \mathbb{F}_b^{\mathbb{N} \times \mathbb{N}}$ を生成行列とする 1 次元デジタル列は, まさに b 進ファン・デル・コルプト列（5.4.5 節）である. 補題 8.18 よりこれは b 進 $(0,1)$-列となる.

8.2.2 デジタルネットの t 値

実はデジタルネットの t 値は生成行列の行ベクトルの線形独立性から計算できる. まずは一つの基本直方体に関する補題を述べる.

補題 8.16 n, m を $n \geq m$ を満たす正整数, $C_1, \ldots, C_s \in \mathbb{F}_b^{n \times m}$ とし, C_j の i 行目を $\boldsymbol{c}_j^{(i)}$ と書く. $d_1, \ldots, d_s$ を非負整数とする. このとき次は同値である.

1. デジタルネットを $P = P(C_1, \ldots, C_s)$ は, j 番目の辺を b^{d_j} 等分して得られるサイズ $\prod_{j=1}^s b^{-d_j}$ の基本直方体上に均等に分布する.
2. $\sum_{j=1}^s d_j$ 本のベクトル $\{\boldsymbol{c}_j^{(i)} \mid 1 \leq j \leq s, 1 \leq i \leq d_j\}$ は $\mathbb{F}_b$ 上線形独立.

証明 P がサイズ $\prod_{j=1}^s b^{-d_j}$ の基本直方体上に均等に分布することは, $[0,1]^s$ の各成分の上位 d_j 桁を見る写像 $P \hookrightarrow [0,1]^s \to \prod_{j=1}^s \mathbb{F}_b^{d_j}$ の任意の点の逆像が $b^{m-\sum_{j=1}^s d_j}$ 個であることと同値. P の定義より, この条件は線形写像

$$\mathbb{F}_b^m \to \mathbb{F}_b^{m \times s} \to \prod_{j=1}^s \mathbb{F}_b^{d_j}; \quad \vec{k} \mapsto (C_j\vec{k})_j \mapsto (C_j\vec{k} \text{ の上位 } d_j \text{ 桁})_j \tag{8.6}$$

の逆像の個数が一定であることと同値．この写像は線形なので，この条件は写像の全射性と同値である．この一連の線形写像の表現行列は生成行列 C_j の上 d_j 行たちからなるので，欲しい同値性が示される． $\qquad\square$

この補題を用いると，(t,m,s)-ネットの定義から次の定理が直ちに示される．

定理 8.17 n,m を $n \geq m$ を満たす正整数，$C_1,\ldots,C_s \in \mathbb{F}_b^{n \times m}$ とする．C_j の i 行目を $\boldsymbol{c}_j^{(i)}$ と書く．このとき次は同値である．

1. デジタルネット $P = P(C_1,\ldots,C_s)$ は b 進 (t,m,s)-ネットである．
2. $d_1 + \cdots + d_s = m - t$ を満たすすべての非負整数 $d_1,\ldots,d_s$ に対して，$m - t$ 本のベクトル $\{\boldsymbol{c}_j^{(i)} \mid 1 \leq j \leq s,\, 1 \leq i \leq d_j\}$ は $\mathbb{F}_b$ 上線形独立．

デジタル列については，次の生成行列と t 値との関係が知られている．

補題 8.18 $C_1,\ldots,C_s \in \mathbb{F}_b^{\mathbb{N} \times \mathbb{N}}$ の任意の列の成分は有限個を除き 0 であるとし，$C_i^{(m)} \in \mathbb{F}_b^{\mathbb{N} \times \mathbb{N}}$ を C_i の左上の $m \times m$ 行列とする．このとき次は同値．

1. デジタル列 $\mathcal{S}(C_1,\ldots,C_s)$ は b 進 (t,s)-列である．
2. 任意の正整数 $m \geq t$ に対し，デジタルネット $P(C_1^{(m)},\ldots,C_s^{(m)})$ は b 進 (t,m,s)-ネットである．

証明 1 から 2 は定義から確認できる．以下 2 を仮定して 1 を示す．非負整数 k および $m \geq t$ を取る．$P = \{\boldsymbol{x}_{kb^m},\ldots,\boldsymbol{x}_{(k+1)b^m-1}\}$ が b 進 (t,m,s)-ネットであることを示せばよい．そのためには P の各座標の上位 m 桁を考えれば十分である．k を b 進表記したときの桁数を m' として，$C_j'(i,l) = C_j(i,l+m)$ として $m \times m'$ 行列 C_j' を定める．このとき整数 $0 \leq v < b^m$ に対して，$v' = v + kb^m$ とおくと

$$\phi_m(C_j^{(m+m')}\vec{v'}) = \phi_m(C_j^{(m)}\vec{v} + C_j'\vec{k}) = x_{v,j} \oplus \phi_m(C_j'\vec{k})$$

となる（$\oplus$ はビットごとの和を表す．のちに定義 8.37 で定める）．つまり P の上位 m 桁からなる点集合は，集合 $\{\boldsymbol{x}_0,\ldots,\boldsymbol{x}_{b^m-1}\}$ を $(\phi_m(C_1'\vec{k}),\ldots,\phi_m(C_s'\vec{k}))$ だけデジタルシフトしたものになる（あとの 8.5.1 節を参照のこと）．定理 8.60 より有限桁のデジタルシフトは t 値を変えないので，P も (t,m,s)-ネットである． $\qquad\square$

なお補題 8.18 と補題 8.8 を組み合わせると次が導かれる．特に $N = b^m$ 点のハンマースレー点集合（定義 5.22）は b 進 $(0,m,2)$-ネットである．

系 8.19 補題 8.18 の仮定と記法の下，$J \in \mathbb{F}_b^{m \times m}$ を逆対角成分がすべて 1 で他の成分がすべて 0 の行列とする．このときデジタル列 $\mathcal{S}(C_1,\ldots,C_s)$ が b 進 (t,s)-列ならば $P(C_1^{(m)},\ldots,C_s^{(m)},J)$ は b 進 $(t,m,s+1)$-ネットである．

8.2 デジタルネットとデジタル列　**155**

8.2.3 双対デジタルネットと双対定理

補題 8.16 より，生成行列の横ベクトルにもし非自明な線形関係式があれば，対応する基本直方体分割上で点の分布は一様ではない．双対デジタルネットとは，そのような非自明な線形関係式の集合である．

定義 8.20 $C_1, \ldots, C_s \in \mathbb{F}_b^{n \times m}$ とする．このとき，デジタルネット $P = P(C_1, \ldots, C_s)$ の**双対デジタルネット**（dual net）$P^\perp$ を

$$P^\perp = \left\{ \boldsymbol{k} = (k_1, \ldots, k_s) \in \mathbb{N}_0^s \;\middle|\; \sum_{j=1}^s C_j^\top \mathrm{tr}_n(\vec{k_j}) = \boldsymbol{0} \right\}$$

と定める．ただし $\mathrm{tr}_n(\vec{k_j})$ は無限次元ベクトル $\vec{k_j}$ の先頭 n 個を取り出した n 次元ベクトルである．つまり $\mathrm{tr}_n((\kappa_1, \kappa_2, \ldots)^\top) = (\kappa_1, \kappa_2, \ldots, \kappa_n)^\top$ である．

定義から，$P^\perp$ は $\mathbb{N}_0^s$ の部分集合である．この定義は双対格子の定義の三番目の式の類似である．一・二番目の定義式の類似は，指数関数の離散化にあたるウォルシュ関数を 8.4.1 節で導入してから記述する．

双対格子のザレンバ指数が格子の一様性をある程度統制するのと同様に，デジタルネットの t 値は双対デジタルネットの **NRT 距離**（Niederreiter–Rosenbloom–Tsfasman 距離）[78], [93] という値で統制される．NRT 距離はハミング距離の類似物だが，ハミング距離とは異なり各桁は平等でない．双対デジタルネットではベクトル $\mathbb{F}_b^n$ の各桁に対応する小数桁が浅いほど一様性を大きく左右することが NRT 距離の定義に反映されている．

定義 8.21（NRT 距離） 非負整数 $k \in \mathbb{N}$ の NRT 距離 $\mu_1 \colon \mathbb{N}_0 \to \mathbb{N}_0$ を $\mu_1(k) = \lfloor \log_b k \rfloor + 1$ と定める．ただし $\mu_1(0) = 0$ とする．つまり $\mu_1(k)$ は k を先頭に余計な 0 が付かないように b 進展開したときの桁数である．また，組 $\boldsymbol{k} = (k_1, \ldots, k_s) \in \mathbb{N}_0^s$ の NRT 距離を $\mu_1(\boldsymbol{k}) = \sum_{j=1}^s \mu_1(k_j)$ で定める．

定理 8.22 P を b 進デジタルネットとする．このとき以下は同値である．

1. P は b 進デジタル (t, m, s)-ネットである．
2. $\min_{\boldsymbol{k} \in P^\perp \setminus \{\boldsymbol{0}\}} \mu_1(\boldsymbol{k}) \geq m - t + 1$ が成立する．

証明 まず 1 ならば 2 の対偶を示す．$\min_{\boldsymbol{k} \in P^\perp \setminus \{\boldsymbol{0}\}} \mu_1(\boldsymbol{k}) < m - t + 1$ と仮定する．すなわち $\mu_1(\boldsymbol{k}) \leq m - t$ なる $\boldsymbol{k} \in P^\perp \setminus \{\boldsymbol{0}\}$ が存在する．$\boldsymbol{k} \in P^\perp$ なので，C_j の上 $\mu_1(k_j)$ 行からなる横ベクトルたちは k_j の b 進展開の各桁を係数とする線形関係式を持ち，特に線形従属である．よって定理 8.17 より P は $(m - \mu_1(\boldsymbol{k}), m, s)$-ネットでないので，$m - \mu_1(\boldsymbol{k}) \geq t$ とあわせて P は (t, m, s)-ネットでない．よって対偶が示された．また，この議論を逆にたどることで 2 ならば 1（の対偶）が示される．よって定理の同値性が示された．□

8.3 良いデジタルネットやデジタル列の構成

8.3.1 一般化ニーダーライター列

一般化ニーダーライター列は $\mathbb{F}_b$ 係数の有理式のローラン級数展開から得られる生成行列を使ったデジタル列である．ソボル列やフォーレ列はこの枠組みで説明できる．ここではニーダーライター[79]および手塚[103]に基づいた定義を紹介する．まず（負ベキ方向への）ローラン級数展開の定義と性質をまとめる．

定義 8.23 ある整数 r, $c_i \in \mathbb{F}_b$ ($i \geq r$) と不定元 x を用いて

$$\sum_{i=r}^{\infty} c_i x^{-i} = c_r x^{-r} + c_{r+1} x^{-r-1} + \cdots \tag{8.7}$$

と表される有限個の正ベキの項を持つ級数を，$\mathbb{F}_b$ を係数体に持つ（形式的）**ローラン級数**という．ローラン級数全体のなす集合を $\mathbb{F}_b((x^{-1}))$ と書く．

$$f(x) = \sum_{i=r}^{\infty} a_i x^{-i}, \quad g(x) = \sum_{i=u}^{\infty} b_i x^{-i}$$

に対して（$i < r$ なら $a_i = 0$, $i < u$ なら $b_i = 0$ とする），和 $f + g$ と積 fg を

$$(f+g)(x) = \sum_{i=\min(r,u)}^{\infty} (a_i + b_i) x^{-i},$$

$$(fg)(x) = \sum_{i=r+u}^{\infty} \Big(\sum_{j+k=i} a_j b_k \Big) x^{-i}$$

で定める．積に現れる $\sum_{j+k=i} a_j b_k$ は常に有限和となる．この和と積により，$\mathbb{F}_b((x^{-1}))$ は体となることが知られている．

注 8.24 負ベキ方向への展開を考えるのは，整数と多項式の類似をよりはっきりさせるためである．実数の無限小数展開（例：$1.357\cdots$）の類似物がローラン級数展開であると考える．ローラン級数展開の方向を負ベキ方向にとれば，この類似で整数が多項式に対応するのでうれしい．専門的には，負ベキ方向への展開は有理関数体の無限遠点での完備化である．

ここでローラン級数の付値を次のように定義すると，その定義から以下の補題 8.26 が直ちに従う．

定義 8.25 0 でないローラン級数 $p(x)$ に対して，x^{-i} の係数がゼロでないような最小の i を p の付値と呼び $\nu_\infty(p)$ と書く．また $\nu_\infty(0) = -\infty$ と定める．

補題 8.26 $p, q \in \mathbb{F}_b((x^{-1}))$ において，$\nu_\infty(pq) = \nu_\infty(p) + \nu_\infty(q)$ である．また $q \neq 0$ のとき，$\nu_\infty(p/q) = \nu_\infty(p) - \nu_\infty(q)$ である．

ローラン級数 $p(x)$ が多項式の場合，定義から $\nu_\infty(p) = -\deg(p)$ が成り立

つ．そこで p, q を多項式とすれば，次の系が直ちに示される．

系 8.27 $p(x), q(x) \in \mathbb{F}_b[x]$ をゼロでない多項式とする．このとき $\nu_\infty(p/q) = \deg(q) - \deg(p)$ である．ただし $\deg$ は多項式の次数を表す．

有理式のローラン級数展開を使って，一般化ニーダーライター列を次のように定義する．一般化ニーダーライター列はデジタル (t, s)-列になる．

定義 8.28 $p_1, p_2, \cdots \in \mathbb{F}_b[x]$ を互いに異なる $\mathbb{F}_b$ 係数モニック既約多項式の列とする（簡単のため $\deg(p_1) \leq \deg(p_2) \leq \cdots$ を仮定する）．各 $j \in \mathbb{N}$ に対し $e_j := \deg(p_j)$ とおく．整数 $i \geq 1$ と $0 \leq z < e_j$ に対しローラン級数展開

$$\frac{x^{e_j - z - 1}}{(p_j(x))^i} = \sum_{l=1}^\infty \frac{a^{(j)}(i, z, l)}{x^l} \in \mathbb{F}_b((x^{-1})) \tag{8.8}$$

を考える．このとき j 番目の生成行列 $C_j = (c_{k,l}^{(j)})_{k,l \in \mathbb{N}}$ を

$$c_{k,l}^{(j)} = a^{(j)} \left(\left\lfloor \frac{k-1}{e_j} \right\rfloor + 1, (k-1) \bmod e_j, l \right) \tag{8.9}$$

と定め，これらから生成されるデジタルネットを**一般化ニーダーライター列** (generalized Niederreiter sequence) という．つまり C_j の各行は，上から順に

$$\frac{x^{e_j - 1}}{p_j(x)}, \cdots, \frac{1}{p_j(x)}, \frac{x^{e_j - 1}}{(p_j(x))^2}, \cdots, \frac{1}{(p_j(x))^2}, \cdots \tag{8.10}$$

のローラン級数展開の係数を並べたものであり，C_j は上三角行列になる．

定理 8.29 定義 8.28 で定まる生成行列 $C_1, \ldots, C_s$ が生成するデジタル列 $\mathcal{S}(C_1, \ldots, C_s)$ は (t, s)-列であり，その t 値は $t \leq \sum_{j=1}^s (e_j - 1)$ を満たす．

証明 $\sum_{j=1}^s d_j \leq m - \sum_{j=1}^s (e_j - 1)$ を満たす非負整数 d_j を取る．各 $j = 1, \ldots, s$ について生成行列 C_j の上から d_j 行を集めたものが線形独立であることを示せばよい．より強く，各 j について $d_j \leq e_j f_j$ を満たす最小の整数 f_j を取り，各 j について生成行列 C_j の上から $e_j f_j$ 行を集めたものが線形独立であることを示す．d_j の仮定より $\sum_{j=1}^s e_j f_j \leq m$ である．線形独立性を示すため各 $j = 1, \ldots, s$ と $k = 1, \ldots, e_j f_j$ について $v_{j,k} \in \mathbb{F}_b$ をとり，

$$\sum_{j=1}^s \sum_{k=1}^{e_j f_j} v_{j,k} \cdot [(8.8), (8.9) \text{ で定まる } C_j \text{ の } k \text{ 行目}] = \mathbf{0}$$

と仮定して $v_{j,k} = 0$ を示す．この式をローラン級数で言い換えると

$$\sum_{j=1}^s \sum_{k=1}^{e_j f_j} v_{j,k} \frac{x^{e_j - 1 - ((k-1) \bmod e_j)}}{p_j(x)^{\lfloor (k-1)/e_j \rfloor + 1}} = (\text{左辺の } x^{-m-1} \text{ 以降の項})$$

となる．右辺の付値は，右辺が 0 でないならば $m+1$ 以上である．一方で，

式の左辺を通分して足し合わせると分母が $\sum_{j=1}^{s} e_j f_j$ 次の有理式となる．ここで系 8.27 より，左辺の付値は分母の次数以下，つまり $\sum_{j=1}^{s} e_j f_j \le m$ 以下となる．よって右辺は 0 である．よって部分分数分解の一意性より各 $v_{j,k}$ は 0 となる．よって主張が示された． □

例 8.30 ソボル列[99] は（既約より強い性質を持つ）原始多項式を用いた $\mathbb{F}_2$ 上の一般化ニーダーライター列である．ソフトウェアに実装されているデジタル列の多くはソボル列である．ソボル列の**方向数**（direction number）と呼ばれるパラメータは，(8.10) の左辺の分子の変更に相当する．詳細は [26] を参照のこと．

例 8.31 各 $i = 1, \ldots, b$ に対し $p_i(x) = x - i + 1$ は既約多項式である．この $p_1, \ldots, p_b$ から作られた一般化ニーダーライター列を**フォーレ列**[24]という．定理 8.29 より，フォーレ列は b 進デジタル $(0, b)$-列である．なお $p_i(x)$ に関する (8.8) のローラン級数展開は

$$\frac{1}{(x-i+1)^k} = \frac{x^{-k}}{(1-(i-1)x^{-1})^k} = \sum_{j=0}^{\infty} \binom{j+k}{k}(i-1)^j x^{-j-k}$$

と計算できる．この表記から，上三角のパスカル行列 P を $P_{i,j} = \binom{i+j}{j} \bmod b$ と定めれば，p_i の生成行列は P^{i-1} になることが証明できる．

注 8.32 定理 8.29 の証明を眺めると，証明中の d_j が e_j の倍数の場合は $t = 0$ でもうまくいく．この観察から導かれる (t, s)-列の一般化が (t, e, s)-列である．この枠組みとアタナソフの議論[3]を利用して，手塚[104]はニーダーライター列のディスクレパンシーの上界に現れる定数を大幅に改善した．

8.3.2 その他の構成：ニーダーライター–シン列と多項式格子

ニーダーライター–シン列（Niederreiter–Xing sequence）は，種数に比べて有理点を豊富に持つ $\mathbb{F}_b$ 上の代数曲線の有理点の周りでの関数の展開から得られる (t, s)-列である．s が大きいとき，現在知られている (t, s)-列の中で最も小さな t 値を持つ．詳細は本書の程度を超えるので，[82] を参照のこと．

多項式格子（polynomial lattice）は $\mathbb{F}_b[[x^{-1}]]$-加群の構造を持つデジタルネットであり[80]，ランク 1 格子の多項式的類似物に相当する．$p \in \mathbb{F}_b[x]$ を $\deg(p) = m$ の既約多項式とする．また $\deg(q_j) < m$ を満たす $q_1, \ldots, q_s \in \mathbb{F}_b[x]$ を取る（これらを多項式格子の生成多項式という）．このとき j 番目の生成行列 $C_j = (c_{k,l}^{(j)})_{1 \le k,l \le m}$ をローラン級数展開

$$\frac{q_j(x)}{p(x)} = \sum_{l=1}^{\infty} \frac{a_l^{(j)}}{x^l} \in \mathbb{F}_b[[x^{-1}]]$$

に基づいて，$c_{k,l}^{(j)} = a_{k+l-1}^{(j)}$ で定める．行列 $C_1, \ldots, C_s$ によって構成されるデジタルネットを特に多項式格子と呼ぶ．通常の格子と同様に CBC 構成法によって良い生成元 $q_1, \ldots, q_s$ を探索するのが一般的である[20, Section 6.4]．

8.4 ウォルシュ解析と高次収束

格子則では，$\rho(P)$ という一つの値が十分小さければ，あらゆる周期的な関数をその滑らかさに応じた収束オーダーで積分近似できた．しかしデジタルネットでは，t 値が小さい（つまり μ_1 が大きい）だけでは滑らかさに応じた高次の収束を起こすとは限らない．本節ではウォルシュ解析に基づいた，滑らかさが α のソボレフ空間に属する関数を $O(N^{-\alpha+\epsilon})$ の誤差のオーダーで積分近似できるような α 階のデジタルネットの理論の概要を紹介する[15], [16]．

8.4.1 ウォルシュ関数系

7.3 節で見たように，格子の高次収束の解析では指数関数系による被積分関数のフーリエ級数展開が重要だった．本小節では，デジタルネットの積分誤差解析で重要な役割を果たすウォルシュ関数の定義と性質をまとめる．本小節の内容の証明は，例えば [20, Section 6] や [21, Appendix A] を参照のこと．本小節では次の記法を使う．

記法 8.33 整数 $b \geq 2$ に対し，1 の原始 b 乗根 ω_b を

$$\omega_b := \exp(2\pi \mathrm{i}/b) \tag{8.11}$$

と定める．また，非負整数 $k, k' \in \mathbb{N}_0$ と実数 $x, x' \in [0, 1)$ の b 進展開を

$$k = \kappa_0 + \kappa_1 b + \kappa_2 b^2 + \cdots, \quad x = \xi_1 b^{-1} + \xi_2 b^{-2} + \xi_3 b^{-3} + \cdots,$$
$$k' = \kappa_0' + \kappa_1' b + \kappa_2' b^2 + \cdots, \quad x' = \xi_1' b^{-1} + \xi_2' b^{-2} + \xi_3' b^{-3} + \cdots$$

と表記する．ただし x, x' が b 進の有限小数で表されるとき 2 通りの小数展開を持つが，その場合 $b-1$ が無限に続かないものを選ぶ．

定義 8.34 記法 8.33 の下，実数 $x \in [0, 1)$ のベクトル表記 $\vec{x} \in \mathbb{F}_b^{\mathbb{N}}$ を

$$\vec{x} = (\xi_1, \xi_2, \xi_3, \ldots)^\top \tag{8.12}$$

と定め，$k \in \mathbb{N}_0$ と $x \in [0, 1)$ のペアリング（内積）を

$$\vec{k} \cdot \vec{x} := \kappa_0 \xi_1 + \kappa_1 \xi_2 + \cdots \tag{8.13}$$

と定める．ここで，$\vec{k}$ は定義 8.10 で定めた通りである．有限個の i を除いて $\kappa_i = 0$ なのでこの和は有限和になり，$\mathbb{F}_b$ の元として $\vec{k} \cdot \vec{x}$ の値が確定する．

160 第 8 章 準モンテカルロ法——デジタルネット

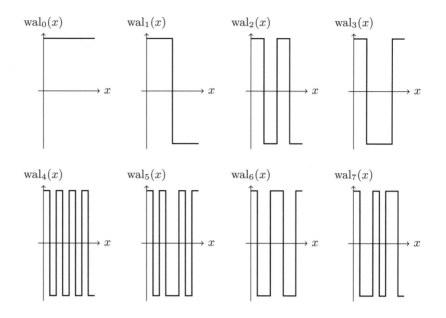

図 8.2　$b = 2, k = 0, \ldots, 7$ に対応するウォルシュ関数.

ウォルシュ関数は b 進展開の各桁の値から定まる関数である.

定義 8.35　基数 b を固定する. $k \in \mathbb{N}_0, x \in [0, 1)$ とする. 記法 8.33 の下,

$$\mathrm{wal}_k(x) = {}_b\mathrm{wal}_k(x) := \omega_b^{\vec{k} \cdot \vec{x}} = w_b^{\kappa_0 \xi_1 + \kappa_1 \xi_2 + \cdots}$$

で定まる関数 $\mathrm{wal}_k(x)$ を**ウォルシュ関数**（Walsh function）という. また $\boldsymbol{k} = (k_1, \ldots, k_s) \in \mathbb{N}_0^s, \boldsymbol{x} = (x_1, \ldots, x_s) \in [0, 1)^s$ に対し, s 次元のウォルシュ関数 $\mathrm{wal}_{\boldsymbol{k}}(\boldsymbol{x})$ を

$$\mathrm{wal}_{\boldsymbol{k}}(\boldsymbol{x}) := \prod_{j=1}^{s} \mathrm{wal}_{k_j}(x_j)$$

と定める.

例えば $b = 2$ のとき, 1 次元のウォルシュ関数は図 8.2 のような ± 1 値の関数である. $b \geq 3$ のとき, ウォルシュ関数は複素数値関数になる. 定義から, ウォルシュ関数は区分的に定数である. より正確には次の命題が成り立つ.

補題 8.36　$k < b^r$ のとき, ウォルシュ関数 $\mathrm{wal}_k(x)$ は各区間 $[a/b^r, (a+1)/b^r)$（ただし $0 \leq a < b^r$ は整数）上で定数値 $\mathrm{wal}_k(a/b^r)$ を取る.

その定義から, ウォルシュ関数は次で定める桁ごとの演算との相性が良い.

定義 8.37　記法 8.33 の下, ビットごとの和 $\oplus$ と差 $\ominus$ を

$$k \oplus k' := \lambda_0 + \lambda_1 b + \lambda_2 b^2 + \cdots, \qquad \text{ただし } \lambda_i = (\kappa_i + \kappa_i') \bmod b,$$
$$k \ominus k' := \lambda_0 + \lambda_1 b + \lambda_2 b^2 + \cdots, \qquad \text{ただし } \lambda_i = (\kappa_i - \kappa_i') \bmod b,$$
$$x \oplus x' := \eta_1 b^{-1} + \eta_2 b^{-2} + \cdots, \qquad \text{ただし } \eta_i = (\xi_i + \xi_i') \bmod b,$$
$$x \ominus x' := \eta_1 b^{-1} + \eta_2 b^{-2} + \cdots, \qquad \text{ただし } \eta_i = (\xi_i - \xi_i') \bmod b$$

と定める．すなわち $\ell = k \oplus k'$ とおくと，$\mathbb{F}_b$ 成分のベクトルとして $\vec{\ell} = \vec{k} + \vec{k'}$ である．同様に $\ell' = k \ominus k'$ とおくと $\vec{\ell'} = \vec{k} - \vec{k'}$ である．

注 8.38 $y = x \oplus x'$ とおいたとき，$\mathbb{F}_b$ 成分のベクトルとして $\vec{y} = \vec{x} + \vec{x'}$ が成り立つとは限らない．実際 $\vec{x} + \vec{x'}$ の末尾に $b - 1$ が無限に続く場合，$y = x \oplus x'$ は「繰り上がり」を起こし，$\vec{y}$ の末尾には 0 が無限に続く．一方で x を固定したとき，$\vec{y} \neq \vec{x} + \vec{x'}$ となる x' は可算個しかなく，特に測度 0 である．また x' の b 進小数表記が有限桁で終わる場合は「繰り上がり」は起こらない．

定理 8.39 $k, k' \in \mathbb{N}^s$, $\boldsymbol{x} \in [0,1)^s$ のとき

$$\mathrm{wal}_{\boldsymbol{k}}(\boldsymbol{x}) \mathrm{wal}_{\boldsymbol{k'}}(\boldsymbol{x}) = \mathrm{wal}_{\boldsymbol{k} \oplus \boldsymbol{k'}}(\boldsymbol{x}), \qquad \mathrm{wal}_{\boldsymbol{k}}(\boldsymbol{x}) \overline{\mathrm{wal}_{\boldsymbol{k'}}(\boldsymbol{x})} = \mathrm{wal}_{\boldsymbol{k} \ominus \boldsymbol{k'}}(\boldsymbol{x})$$

が成り立つ．さらに，ほとんどいたるところの $\boldsymbol{x'} \in [0,1)^s$ に対して

$$\mathrm{wal}_{\boldsymbol{k}}(\boldsymbol{x}) \mathrm{wal}_{\boldsymbol{k}}(\boldsymbol{x'}) = \mathrm{wal}_{\boldsymbol{k}}(\boldsymbol{x} \oplus \boldsymbol{x'}), \qquad \mathrm{wal}_{\boldsymbol{k}}(\boldsymbol{x}) \overline{\mathrm{wal}_{\boldsymbol{k}}(\boldsymbol{x'})} = \mathrm{wal}_{\boldsymbol{k}}(\boldsymbol{x} \ominus \boldsymbol{x'})$$

が成り立つ（成り立たない $\boldsymbol{x'}$ については注 8.38 を参照のこと）．

証明 いずれの式もほぼ同様に証明できるので，最初の式のみ示す．実際に計算を行うと，

$$\mathrm{wal}_{\boldsymbol{k}}(\boldsymbol{x}) \mathrm{wal}_{\boldsymbol{k'}}(\boldsymbol{x}) = \prod_{j=1}^{s} \omega_b^{\vec{k}_j \cdot \vec{x}_j} \prod_{j=1}^{s} \omega_b^{\vec{k'}_j \cdot \vec{x}_j} = \prod_{j=1}^{s} \omega_b^{(\vec{k}_j + \vec{k'}_j) \cdot \vec{x}_j} = \mathrm{wal}_{\boldsymbol{k} \oplus \boldsymbol{k'}}(\boldsymbol{x})$$

となり，望みの式が得られる．ここで最後の等号は定義 8.37 の最後の説明から成り立つ． $\qquad \square$

ここからは，格子と類似性のあるデジタルネットの群論的性質を述べる．ここまでの定義から，次の定理がただちに従う．

定理 8.40 $P(C_1, \ldots, C_s) = \{\boldsymbol{x}_0, \ldots, \boldsymbol{x}_{b^m-1}\}$ がデジタルネットのとき，

$$\boldsymbol{x}_i \oplus \boldsymbol{x}_j = \boldsymbol{x}_{i \oplus j}, \qquad \boldsymbol{x}_i \ominus \boldsymbol{x}_j = \boldsymbol{x}_{i \ominus j}$$

が成り立つ．特にデジタルネットは $\oplus$ を演算として群になる．

また双対デジタルネットの同値な定義として次が成り立つ．

定理 8.41 $P = P(C_1, \ldots, C_s) = \{\boldsymbol{x}_0, \ldots, \boldsymbol{x}_{b^m-1}\}$ について次は同値である．
  1. 任意の $\boldsymbol{x} \in P$ に対し $\mathrm{wal}_{\boldsymbol{k}}(\boldsymbol{x}) = 1$ が成り立つ．
  2. $\boldsymbol{k} \in P^\perp$ である．

証明 まず $\boldsymbol{k} \in P^{\perp}$ と仮定する．$\boldsymbol{x}_i = (\phi_n(C_1\vec{i}), \ldots, \phi_n(C_s\vec{i})) \in P$ だったことに注意すると，任意の $0 \leq i < b^m$ に対して

$$\mathrm{wal}_{\boldsymbol{k}}(\boldsymbol{x}_i) = \prod_{j=1}^{s} \omega_b^{\mathrm{tr}_n(\vec{k}_j)^{\top} C_j \vec{i}} = \omega_b^{\left(\sum_{j=1}^{s} \mathrm{tr}_n(\vec{k}_j)^{\top} C_j\right)\vec{i}} = \omega_b^0 = 1 \quad (8.14)$$

となる．よって任意の $\boldsymbol{x} \in P$ に対し $\mathrm{wal}_{\boldsymbol{k}}(\boldsymbol{x}) = 1$ である．

次に任意の $\boldsymbol{x} \in P$ に対して $\mathrm{wal}_{\boldsymbol{k}}(\boldsymbol{x}) = 1$ と仮定する．(8.14) と同様の変形により，任意の $0 \leq i < b^m$ に対して

$$\left(\sum_{j=1}^{s} \mathrm{tr}_n(\vec{k}_j)^{\top} C_j\right)\vec{i} = 0$$

である．$\vec{i}$ は m 次元ベクトルすべてを動くので $\sum_{j=1}^{s} \mathrm{tr}_n(\vec{k}_j)^{\top} C_j = \boldsymbol{0}$ となる．よって $\boldsymbol{k} \in P^{\perp}$ である． $\square$

定理 8.42（character property） $P(C_1, \ldots, C_s) = \{\boldsymbol{x}_0, \ldots, \boldsymbol{x}_{b^m-1}\}$ をデジタルネットとする．このとき次が成り立つ．

$$\frac{1}{b^m} \sum_{i=0}^{b^m-1} \mathrm{wal}_{\boldsymbol{k}}(\boldsymbol{x}_i) = \begin{cases} 1 & \boldsymbol{k} \in P^{\perp}, \\ 0 & \boldsymbol{k} \notin P^{\perp}. \end{cases} \quad (8.15)$$

証明 $\boldsymbol{k} \in P^{\perp}$ のとき，定理 8.41 より任意の $\boldsymbol{x} \in P$ について $\mathrm{wal}_{\boldsymbol{k}}(\boldsymbol{x}) = 1$ が成り立つので，(8.15) が成り立つ．

$\boldsymbol{k} \notin P^{\perp}$ とする．このとき定理 8.41 より，ある $\boldsymbol{x}' \in P$ について $\mathrm{wal}_{\boldsymbol{k}}(\boldsymbol{x}') \neq 1$ が成り立つ．よって定理 8.40 と定理 8.39 を順に使い

$$\sum_{i=0}^{b^m-1} \mathrm{wal}_{\boldsymbol{k}}(\boldsymbol{x}_i) = \sum_{i=0}^{b^m-1} \mathrm{wal}_{\boldsymbol{k}}(\boldsymbol{x}_i \oplus \boldsymbol{x}') = \mathrm{wal}_{\boldsymbol{k}}(\boldsymbol{x}') \sum_{i=0}^{b^m-1} \mathrm{wal}_{\boldsymbol{k}}(\boldsymbol{x}_i)$$

を得る．右辺を移項して両辺を $1 - \mathrm{wal}_{\boldsymbol{k}}(\boldsymbol{x}')$ で割れば，(8.15) が示される． $\square$

ここからはウォルシュ関数の和や積分を調べる．$k = 0$ のとき $\mathrm{wal}_k(x) = 1$ より $[0,1]$ 上での積分値は 1 である．一方 $0 \neq k < b^r$ のとき，補題 8.36 から

$$\int_0^1 \mathrm{wal}_k(x)\,dx = \sum_{a=0}^{b^r-1} \mathrm{wal}_k(a/b^r) = \prod_{i=0}^{r-1} \sum_{\alpha_i=0}^{b-1} w_b^{\kappa_i \alpha_i} = 0 \quad (8.16)$$

が成り立つ（最後の等号は，$k \neq 0$ なので記法 8.33 において $\kappa_i \neq 0$ なる $i < r$ が存在するので，その項について等比数列の和を計算するとわかる）．特にウォルシュ関数系 $\{\mathrm{wal}_k(-) \mid k \in \mathbb{N}_0\}$ について互いの L^2 内積を計算すると

$$\int_0^1 \mathrm{wal}_k(x)\overline{\mathrm{wal}_{k'}(x)}\,dx = \int_0^1 \mathrm{wal}_{k \ominus k'}(x)\,dx = \delta_{k,k'}$$

となる（$\delta_{k,k'}$ はクロネッカーのデルタを表す）．よってウォルシュ関数系は正

規直交系であるが，実はより強く完全正規直交系になる（標準的な抽象フーリエ解析の教科書や [21] を参照せよ）．この内容は s 次元に一般化できる．

定理 8.43 1. ウォルシュ関数の積分について次が成り立つ．ここで $\delta_{\boldsymbol{k},\boldsymbol{0}}$ や $\delta_{\boldsymbol{k},\boldsymbol{k}'}$ はクロネッカーのデルタを表す．

$$\int_{[0,1]^s} \mathrm{wal}_{\boldsymbol{k}}(\boldsymbol{x})\,d\boldsymbol{x} = \delta_{\boldsymbol{k},\boldsymbol{0}}, \qquad \int_{[0,1]^s} \mathrm{wal}_{\boldsymbol{k}}(\boldsymbol{x})\overline{\mathrm{wal}_{\boldsymbol{k}'}(\boldsymbol{x})}\,d\boldsymbol{x} = \delta_{\boldsymbol{k},\boldsymbol{k}'}$$

2. ウォルシュ関数系 $\{\mathrm{wal}_{\boldsymbol{k}}(-) \mid \boldsymbol{k} \in \mathbb{N}_0^s\}$ は $L^2([0,1]^s)$ の完全正規直交系である．すなわちウォルシュ関数系の張る空間は稠密である．

ウォルシュ関数系は完全正規直交系なので，次のウォルシュ展開が意味を持つ（ウォルシュ係数とフーリエ係数で同じ記号 $\widehat{f}$ を使っているが，引数の文字を $\boldsymbol{k}$ と $\boldsymbol{h}$ で使い分けている．また本節ではウォルシュ係数のみを用いる）．

定義 8.44 $f \colon [0,1]^s \to \mathbb{C}$ とする．$\boldsymbol{k} \in \mathbb{N}_0^s$ についてウォルシュ係数を

$$\widehat{f}(\boldsymbol{k}) := \int_{[0,1]^s} f(\boldsymbol{x})\overline{\mathrm{wal}_{\boldsymbol{k}}(\boldsymbol{x})}\,d\boldsymbol{x} \tag{8.17}$$

と定め，f の**ウォルシュ展開**を

$$f(\boldsymbol{x}) \sim \sum_{\boldsymbol{k}\in\mathbb{N}_0^s} \widehat{f}(\boldsymbol{k})\mathrm{wal}_{\boldsymbol{k}}(\boldsymbol{x}) \tag{8.18}$$

と定める．この展開は L^2 関数の意味で f と一致する．

8.4.2 滑らかな関数のウォルシュ係数の減衰

滑らかな関数のフーリエ級数が滑らかさに応じたオーダーで減衰するのと類似の結果がウォルシュ級数についても成り立つ．ただし，減衰のオーダーはフーリエ級数の減衰のようなシンプルな形ではなく，ディック距離とよばれる NRT 距離の一般化で記述される．指数関数の積分が何度でも同じ形に戻るのに対し，ウォルシュ関数の積分はそうではないのが要因の一つである．

定義 8.45 正整数 $k \in \mathbb{N}_0$ の b 進展開の非ゼロ項のみを書き出したものを

$$k = \kappa_1 b^{c_1-1} + \kappa_2 b^{c_2-1} + \cdots + \kappa_v b^{c_v-1} \tag{8.19}$$

とおく（ただし $\kappa_1,\ldots,\kappa_v \in \mathbb{F}_b \setminus \{0\}$, $c_1 > \cdots > c_v > 0$ とする）．このとき $\alpha \in \mathbb{N}$ に対して $k \in \mathbb{N}_0$ の**ディック距離** $\mu_\alpha(k)$ を次で定める．

$$\mu_\alpha(0) = 0, \qquad \mu_\alpha(k) = \sum_{i=1}^{\min(\alpha,v)} c_i$$

また $\boldsymbol{k} = (k_1,\ldots,k_s) \in \mathbb{N}_0^s$ のディック距離を $\mu_\alpha(\boldsymbol{k}) = \sum_{j=1}^s \mu_\alpha(k_j)$ と定める．

$\alpha = 1$ としたときのディック距離は，まさに定義 8.21 で定めた NRT 距離である．滑らかな関数のウォルシュ係数は次の定理のように減衰する．

定理 8.46 $f \in C^\alpha[0,1]$ とする．このとき b 進ウォルシュ係数について

$$|\widehat{f}(k)| \le \|f\|_\alpha C_b b^{-\mu_\alpha(k)}$$

が成り立つ．ここで $\|f\|_\alpha$ は α 階までの導関数に依存するあるノルム，C_b はある定数である．

証明 ここでは [102] に基づき $b = 2$ のときの証明の概略を示す（b が一般の場合は [21] を参照のこと）．ウォルシュ関数の n 階の原始関数 $\mathrm{wal}_k^{[n]}(x)$ を

$$\mathrm{wal}_k^{[0]}(x) = \mathrm{wal}_k(x), \qquad \mathrm{wal}_k^{[n+1]}(x) = \int_0^x \mathrm{wal}_k^{[n]}(t)\,dt \quad (n \ge 0)$$

と定める．いま $k > 0$ が (8.19) の形の b 進展開を持つとする．このとき，$\mathrm{wal}_k^{[n]}(x)$ は $1 \le n \le v$ のとき次の性質を持つことが証明できる（なお $\mathrm{wal}_k^{[v]}(x)$ は $0 < x < 1$ で正になるので $n > v$ では成り立たない）．

- $\mathrm{wal}_k^{[n]}(1) = 0$ ([102, Lemma 2.3]).
- $|\mathrm{wal}_k^{[n]}(x)| \le 2^{-\mu_n(k)}$ $(\forall x \in [0,1])$ ([102, Proposition 3.7]).

最初の性質から，定理 6.8 の証明と同様に部分積分を $v' := \min(\alpha, v)$ 回繰り返したとき部分積分の最初の項は常にゼロになるので

$$\widehat{f}(k) = -\int_0^1 \overline{\mathrm{wal}_k^{[1]}(x)} f'(x)\,dx = \cdots = (-1)^{v'} \int_0^1 \overline{\mathrm{wal}_k^{[v']}(x)} f^{(v')}(x)\,dx$$

が成り立つ．この式の絶対値をとれば，二つ目の性質から望みの式を得る．　□

8.4.3　高階のデジタルネット

定理 8.22 で確認したように，デジタルネット P の t 値は双対デジタルネット上の最小 NRT 距離から求まる．ここではその一般化として，双対デジタルネット上の最小ディック距離が大きいものを良いデジタルネットと考える．

定義 8.47 デジタルネット P に対し，最小ディック距離 $\mu_\alpha(P^\perp)$ を

$$\mu_\alpha(P^\perp) := \min_{\boldsymbol{k} \in P^\perp \setminus \{\boldsymbol{0}\}} \mu_\alpha(\boldsymbol{k}) \tag{8.20}$$

と定める．デジタルネット P が $\mu_\alpha(P^\perp) \ge \alpha m - t + 1$ を満たすとき，P を **α 階の b 進デジタル (t, m, s)-ネット**という．またデジタル列 $\mathcal{S}$ が，$\alpha m \ge t$ を満たす任意の m に対して $\mathcal{S}$ の最初の 2^m 点が α 階の b 進デジタル (t, m, s)-ネットをなすとき，$\mathcal{S}$ を **α 階の b 進デジタル (t, s)-列**という．

ディックは 1 階の αs 次元デジタルネット（列）から α 階の s 次元デジタルネット（列）を構成する**桁織込み**（digit interlacing）という手法を開発した．

8.4　ウォルシュ解析と高次収束　**165**

定義 8.48 $\alpha \in \mathbb{N}$ とする. $\boldsymbol{x} = (x_1, \ldots, x_\alpha) \in [0,1]^\alpha$ とする. $1 \leq j \leq \alpha$ に対し, x_j の b 進展開を $x_j = \sum_{i=1}^\infty \xi_{i,j} b^{-i}$ とかく. （α 階の）桁織込み関数 $\mathcal{D}_\alpha : [0,1]^\alpha \to [0,1]$ を,

$$\mathcal{D}_\alpha(x_1, \ldots, x_\alpha) := \sum_{i=1}^\infty \sum_{j=1}^\alpha \frac{\xi_{i,j}}{b^{\alpha(i-1)+j}}$$

と定める. 直感的には, $x_1, \ldots, x_\alpha$ の b 進展開の 1 桁目を順に並べ, 2 桁目を順に並べ, という操作を繰り返す. $\boldsymbol{x} \in [0,1]^{\alpha s}$ の場合は, $\boldsymbol{x}$ を α 元ずつに分け, それぞれに $\mathcal{D}_\alpha$ を適用する. つまり $\mathcal{D}_\alpha(\boldsymbol{x}) \in [0,1]^s$ を次で定める.

$$\mathcal{D}_\alpha(x_1, \ldots, x_{\alpha s}) := (\mathcal{D}_\alpha(x_1, \ldots, x_\alpha), \ldots, \mathcal{D}_\alpha(x_{\alpha(s-1)+1}, \ldots, x_{\alpha s})).$$

定義 8.49 $\mathcal{D}_\alpha$ を行列にも定義する. $C_1, \ldots, C_\alpha \in \mathbb{F}_b^{n \times m}$ に対して C_j の i 行目を $\boldsymbol{c}_j^{(i)}$ とおく. このとき $n\alpha \times m$ 行列 $\mathcal{D}_\alpha(C_1, \ldots, C_\alpha)$ を, その $(i-1)\alpha+j$ 行目が $\boldsymbol{c}_j^{(i)}$ と等しい行列, つまり行を上から下に $\boldsymbol{c}_1^{(1)}, \ldots, \boldsymbol{c}_\alpha^{(1)}, \boldsymbol{c}_1^{(2)}, \ldots, \boldsymbol{c}_\alpha^{(2)}, \ldots$ と並べた行列と定める. $s\alpha$ 個の行列に対しては, α 個ずつに分けたそれぞれに $\mathcal{D}_\alpha$ を適用して s 個の行列の組を得る.

定義 8.50 $\mathcal{D}_\alpha$ を整数にも定義する. $\boldsymbol{k} = (k_1, \ldots, k_\alpha) \in \mathbb{N}_0^\alpha$ に対し, k_j の b 進展開を $k_j = \sum_{i=0}^\infty \kappa_{i,j} b^i$ とする. このとき整数 $\mathcal{D}_\alpha(\boldsymbol{k})$ を

$$\mathcal{D}_\alpha(k_1, \ldots, k_\alpha) := \sum_{i=0}^\infty \sum_{j=1}^\alpha \kappa_{i,j} b^{\alpha i + j - 1}$$

と定める. $\boldsymbol{k} \in \mathbb{N}_0^{\alpha s}$ の場合は, $\boldsymbol{k}$ を α 元ずつに分けそれぞれに $\mathcal{D}_\alpha$ を適用する.

このとき, 操作 $\mathcal{D}_\alpha$ で得られる t 値や μ の値は次のように評価できる.

補題 8.51 $\boldsymbol{k} = (k_1, \ldots, k_\alpha) \in \mathbb{N}_0^\alpha$ とする. このとき次が成り立つ.

$$\mu_\alpha(\mathcal{D}_\alpha(\boldsymbol{k})) \geq \alpha\mu_1(\boldsymbol{k}) - \frac{\alpha(\alpha-1)}{2}.$$

証明 $S = \{1 \leq j \leq \alpha \mid k_j > 0\}$ とおく. $\mu_\alpha(\mathcal{D}_\alpha(\boldsymbol{k}))$ のゼロでない桁のうち, 定義 8.50 において各 k_j のゼロでない最大の桁に対応する桁のみを見れば,

$$\mu_\alpha(\mathcal{D}_\alpha(\boldsymbol{k})) \geq \sum_{j \in S}((\mu_1(k_j) - 1)\alpha + j) \geq \alpha \sum_{j \in S} \mu_1(k_j) - \sum_{j \in S}(\alpha - j)$$

とわかる. ここで右辺の一つ目の和は $\mu_1(\boldsymbol{k})$ に等しく, 二つ目の和は $\alpha(\alpha-1)/2$ 以下である. よって補題が示された. $\qquad\square$

定理 8.52 $C_1, \ldots, C_{\alpha s} \in \mathbb{F}_b^{n \times s}$ とし, $P = P(C_1, \ldots, C_{\alpha s})$ が b 進デジタル $(t, m, \alpha s)$-ネットであるとする. このとき $\mathcal{D}_\alpha(P) = \{\mathcal{D}_\alpha(\boldsymbol{x}) \mid \boldsymbol{x} \in P\}$ は $\mathcal{D}_\alpha(C_1, \ldots, C_{\alpha s})$ で生成される α 階の b 進デジタル (t_α, m, s)-ネットである. ただし $t_\alpha := \alpha \min\left(m, t + \left\lfloor \frac{s(\alpha-1)}{2} \right\rfloor\right)$ と定める.

証明 $\mathcal{D}_\alpha(P)$ の生成行列に関する主張は $\mathcal{D}_\alpha$ の定義からわかる．以下 t 値の上界を求める．双対デジタルネットについて，その定義から

$$(\mathcal{D}_\alpha(P))^\perp = \{\mathcal{D}_\alpha(\boldsymbol{k}) \mid \boldsymbol{k} \in P^\perp\}$$

が成り立つ．以下 $\boldsymbol{k}^{(i)} = (k_{(i-1)\alpha+1}, \ldots, k_{i\alpha})$ とおき，$\boldsymbol{k} = (\boldsymbol{k}^{(1)}, \ldots, \boldsymbol{k}^{(s)}) \in P^\perp \setminus \{\boldsymbol{0}\}$ と仮定する．すると補題 8.51 より

$$\mu_\alpha(\mathcal{D}_\alpha(\boldsymbol{k})) = \sum_{i=1}^s \mu_\alpha(\mathcal{D}_\alpha(\boldsymbol{k}^{(i)})) \geq \sum_{i=1}^s \left(\alpha\mu_1(\boldsymbol{k}^{(i)}) - \frac{\alpha(\alpha-1)}{2} \right)$$
$$= \alpha\mu_1(\boldsymbol{k}) - \frac{s\alpha(\alpha-1)}{2}$$

である．ここで P は $(t, m, \alpha s)$-ネットなので，定理 8.22 から $\boldsymbol{k} \in P^\perp \setminus \{\boldsymbol{0}\}$ に対して $\mu_1(\boldsymbol{k}) \geq m - t + 1$ が成り立つ．よって計算を続けると

$$\mu_\alpha(\mathcal{D}_\alpha(\boldsymbol{k})) \geq \alpha(m - t + 1) - \frac{s\alpha(\alpha-1)}{2} \geq \alpha m - t_\alpha + 1$$

が成り立つ．よって双対デジタルネット $(\mathcal{D}_\alpha(P))^\perp$ 上の最小ディック距離は $\alpha m - t_\alpha + 1$ 以上になる．よって定理の主張が示された． $\square$

同様の議論により次が成り立つ．

定理 8.53 $C_1, \ldots, C_{\alpha s} \in \mathbb{F}_b^{\mathbb{N}\times\mathbb{N}}$ とし，$\mathcal{S} = \mathcal{S}(C_1, \ldots, C_{\alpha s}) = (\boldsymbol{x}_i)_{i \geq 0}$ を b 進デジタル $(t, \alpha s)$-列とする．このとき $\mathcal{D}_\alpha(\mathcal{S}) = (\mathcal{D}_\alpha(\boldsymbol{x}_i))_{i \geq 0}$ は α 階の b 進デジタル (t_α, s)-列であり，その t 値は次を満たす．

$$t_\alpha \leq \alpha t + \frac{s\alpha(\alpha-1)}{2}.$$

注 8.54 8.3 節で紹介したように任意の次元 s でデジタル列が構成できるので，α 階のデジタルネットやデジタル列も具体的に構成できる．また P として CBC 構成法で見つけた αs 次元の多項式格子を使い $\mathcal{D}_\alpha$ を施した点集合 (interlaced polynomial lattice) を用いる研究もある[37]．

注 8.55 生成行列の精度桁が n のとき $k = (b^{n+1}, 0, 0, \ldots) \in P^\perp$ なので $\mu_\alpha(P^\perp) \leq \mu(k) = n + 1$ である．よって α 階のデジタルネットを作るためには $n \sim \alpha m$ が必要である．これを回避する手法として，精度桁 m での積分値にリチャードソン補外を適用する手法が調べられている[36]．

8.4.4 滑らかな関数の積分誤差の高次収束

ここでは 7.3.1 節の類似として，デジタルネットによる積分誤差の高次収束理論の概要を説明する．詳細は [21] や筆者らのサーベイ[39]を参照のこと．

$$W_{\alpha,s} = \{f \colon [0,1]^s \to \mathbb{R} \mid \|f\|_{\alpha,s} < \infty\},$$

$$\|f\|_{\alpha,s} = \sup_{\boldsymbol{k}\in\mathbb{N}_0^s} |\widehat{f}(\boldsymbol{k})| b^{\mu_\alpha(\boldsymbol{k})}$$

で定まるノルム空間 $W_{\alpha,s}$ を考える．定理 8.46 により，$\frac{\partial^\alpha}{\partial x_1^\alpha}\cdots\frac{\partial^\alpha}{\partial x_s^\alpha}f$ が存在して連続になるような関数 f は $W_{\alpha,s}$ の元である．P をデジタルネットとする．$\alpha \geq 2$ のとき，ウォルシュ展開に対してもポアソン和公式

$$\frac{1}{N}\sum_{\boldsymbol{x}\in P} f(\boldsymbol{x}) = \frac{1}{N}\sum_{\boldsymbol{x}\in P}\sum_{\boldsymbol{k}\in\mathbb{N}_0^s} \widehat{f}(\boldsymbol{k})\mathrm{wal}_{\boldsymbol{k}}(\boldsymbol{x})$$
$$= \sum_{\boldsymbol{k}\in\mathbb{N}_0^s} \widehat{f}(\boldsymbol{k})\frac{1}{N}\sum_{\boldsymbol{x}\in P}\mathrm{wal}_{\boldsymbol{k}}(\boldsymbol{x}) = \sum_{\boldsymbol{k}\in P^\perp}\widehat{f}(\boldsymbol{k})$$

が成り立つ．7.3.1 節での議論と同様の議論により，積分誤差は

$$|\mathrm{Err}(f;P)| = \left|\sum_{\boldsymbol{k}\in P^\perp\setminus\{\boldsymbol{0}\}}\widehat{f}(\boldsymbol{k})\right| \leq \sum_{\boldsymbol{k}\in P^\perp\setminus\{\boldsymbol{0}\}}|\widehat{f}(\boldsymbol{k})| \tag{8.21}$$

と評価でき，特に $f \in W_{\alpha,s}$ のときコクスマ–ラフカ型の不等式

$$|\mathrm{Err}(f;P)| \leq \|f\|_{\alpha,s}\sum_{\boldsymbol{k}\in P^\perp\setminus\{\boldsymbol{0}\}} b^{-\mu_\alpha(\boldsymbol{k})} \tag{8.22}$$

が導かれる．ここで一次方程式の解の個数の議論と α 階のデジタルネットの定義から，$z \geq \mu_\alpha(P^\perp)$ のとき

$$|\{\boldsymbol{k}\in P^\perp \mid \mu_\alpha(\boldsymbol{k}) = z\}| \leq (b-1)^{s\alpha}b^{(z-\mu_\alpha(P^\perp))/\alpha}(z+2)^{s\alpha-1}$$

が成り立ち，$z < \mu_\alpha(P^\perp)$ のとき左辺の値は 0 となる．よって P が α 階の (t,m,s)-ネットのとき (8.22) の和は

$$\sum_{\boldsymbol{k}\in P^\perp\setminus\{\boldsymbol{0}\}} b^{-\mu_\alpha(\boldsymbol{k})} \leq \sum_{z=\alpha n-t+1}^{\infty} (b-1)^{s\alpha}b^{(z-\mu_\alpha(P^\perp))/\alpha}(z+2)^{s\alpha-1}$$
$$\leq C(\alpha n - t + 2)^{s\alpha}b^{-\alpha n-t}$$

となる（$C = C(\alpha,s,b)$ は定数）．ここまでの議論から高次収束が示される．

定理 8.56 P を α 階の b 進デジタル (t,m,s)-ネットとする．このとき $W_{\alpha,s}$ における P による QMC の最悪誤差は

$$e^{\mathrm{wor}}(W_{\alpha,s}, P) \leq C\frac{(\log N)^{s\alpha}}{N^\alpha}$$

を満たす．ただし $C = C(\alpha,s,b)$ は定数である．

注 8.57 6.5 節で導入した基点なしソボレフ空間 $\mathcal{H}(K_{\alpha,\boldsymbol{\gamma},s}^{\mathrm{sob}})$ に関しても，コロボフ空間の積分誤差の議論の類似とここまでの議論の合わせ技により同様の収束オーダーが成り立つ．なお筆者らと芳木は，P が $2\alpha+1$ 階の b 進デジタル (t,m,s)-ネットのとき，ソボレフ空間の最悪誤差について

$$e^{\mathrm{wor}}(\mathcal{H}(K_{\alpha,\gamma,s}^{\mathrm{sob}}), P) \leq C \frac{(\log N)^{(s-1)/2}}{N^{\alpha}}$$

を示した[42]．この評価は $\log N$ の指数部分を含め最良オーダーである．

注 8.58 形式的に $\alpha = \infty$ 階のディック距離は問題なく定義できる．この重みに対応する非一様度が，松本らにより定義された尺度 **WAFOM** である[74]．WAFOM は実際にとある無限微分可能な関数空間の最悪誤差の上界として現れ[101]，対応する空間のウォルシュ解析も行われている[102],[109]．

注 8.59 格子やデジタルネットにおける双対，直交関数展開，ポアソン和公式といった概念はアーベル位相群のポントリャーギン双対を通して統一的に説明できる．格子では $(\mathbb{R}/\mathbb{Z})^s$ と $\mathbb{Z}^s$ がフーリエ関数系 $\exp(2\pi \mathbf{i} \boldsymbol{h} \cdot \boldsymbol{x})$ を通して互いに双対の関係にある．デジタルネットの場合は $(\mathbb{F}_b^{\mathbb{N}})^s$ と $(\mathbb{F}_b^{\oplus \mathbb{N}})^s$ がウォルシュ関数系 $\mathrm{wal}_{\boldsymbol{k}}(\boldsymbol{x})$ を通して互いに双対の関係にある．

8.5 乱択化

本節ではデジタルネットに適用できる 2 種類の乱択化，デジタルシフトとスクランブルを紹介する．デジタルシフトは格子のシフト（7.5 節）の類似である．スクランブルはデジタルネット特有の乱択化であり，誤差の収束オーダーもこちらが優れている．

8.5.1 デジタルシフト

シフトはランダムなベクトルを（mod 1 で）足す操作だった．デジタルシフトはランダムな数とのビット和（定義 8.37）を取る操作である．点集合 $P \subset [0,1)^s$ を $\Delta \in [0,1)^s$ だけデジタルシフトさせた点集合 $P \oplus \Delta$ を

$$P \oplus \Delta := \{\boldsymbol{x} \oplus \Delta \mid \boldsymbol{x} \in P\}$$

と定める．デジタルシフトは基本直方体の置換を誘導するので次が示される．

定理 8.60 P が (t,m,s)-ネットのとき，注 8.14 で説明した「繰り上がり」が起こらない限りは $P \oplus \Delta$ も (t,m,s)-ネットである．

以下，P をデジタルネットとする．このとき，デジタルシフトされたデジタルネット則は $\mathcal{P} = \{P \oplus \Delta \mid \Delta \in [0,1)^s\}$ による RQMC である．また，この RQMC の分散は次のように表せる．

定理 8.61 $f \colon [0,1]^s \to \mathbb{R}$ を二乗可積分な関数とし，P をデジタルネットとする．$\Delta \in [0,1)^s$ を一様ランダムにとったとき，$I(f; P \oplus \Delta)$ は $I(f)$ の不偏推定量であり，その分散は次で表される．

$$\mathbb{V}[I(f; P \oplus \Delta)] = \sum_{\boldsymbol{k} \in P^\perp \setminus \{\boldsymbol{0}\}} |\widehat{f}(\boldsymbol{k})|^2. \tag{8.23}$$

証明は定理 7.25 と同様である．さらに f が α 階の滑らかさを持つと仮定し，P を α 階のデジタルネットとする．定理 8.56 と同様の議論と (8.23) を組み合わせれば，このとき積分誤差の分散が $O(N^{-2\alpha+\epsilon})$ となり，この RQMC は平均的に $O(N^{-\alpha+\epsilon})$ で収束することが証明できる．

8.5.2 スクランブル

デジタルネットに対する乱択化の中でも非常によく使われるのがスクランブルである．スクランブルはデジタルシフトよりも複雑な変換だが，特定の関数空間ではデジタルシフトより分散の収束オーダーが良い．

定義 8.62 点 $x \in [0,1)$ に対し，x の「ランダムにスクランブル」された点を $\Pi(x) = y \in [0,1]$ と書き，x, y の b 進展開を次で与える．

$$x = \xi_1 b^{-1} + \xi_2 b^{-2} + \xi_3 b^{-3} + \cdots,$$
$$y = \eta_1 b^{-1} + \eta_2 b^{-2} + \eta_3 b^{-3} + \cdots.$$

このとき $\eta_1, \eta_2, \ldots$ を次で定める．

$$\eta_1 = \sigma(\xi_1), \qquad \eta_2 = \sigma_{\xi_1}(\xi_2), \qquad \eta_3 = \sigma_{\xi_1,\xi_2}(\xi_3), \cdots.$$

ただし，$\sigma, \sigma_0, \ldots, \sigma_{b-1}, \sigma_{0,0}, \ldots, \sigma_{b-1,b-1}, \ldots$ はすべて互いに独立かつ一様ランダムに選ばれた $\{0, 1, \ldots, b-1\}$ の置換である．この置換たち，または Π による乱択化を**オーエンスクランブル**（Owen scramble）という．

また s 次元の点 $\boldsymbol{x} \in [0,1)^s$ のスクランブルを，上記の操作を次元ごとに独立に行ったものと定め，スクランブルされた点 $\boldsymbol{y}$ を同じ記号で $\boldsymbol{y} = \Pi(\boldsymbol{x})$ と表す．また点集合 P のスクランブルを $\Pi(P) = \{\Pi(\boldsymbol{x}) \mid \boldsymbol{x} \in P\}$ と定める．

直感的には，上位の桁から順に置換をし，各桁の置換はその上位桁すべてに依存する．図 8.3 は，三角形の図形の x 軸のみをスクランブルしたとき，上の桁から順に置換していく様子の一例である（2 次元のスクランブルではないことに注意）．

定義より，一点 x を固定したときスクランブルされた点 $y = \Pi(x)$ は $[0,1]^s$ 上の一様分布に従い，特に点集合のスクランブルから定まる積分値の推定量は不偏推定量になる．またスクランブルの定義に現れるそれぞれの置換は基本直方体の入れ替えに対応するので，スクランブルにより点集合の t 値が保たれる（厳密には注 8.14 で説明した「繰り上がり」により t 値が保存されない場合があるが，その確率は 0 である）．以上の性質を次の定理にまとめた．

定理 8.63 スクランブル Π は次の性質を持つ．

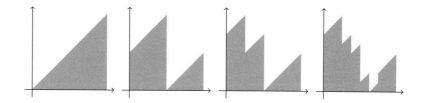

図 8.3 x 座標のみに 2 進のスクランブルを施したときの一例. 初期状態は最も左で，右にいくごとに下位の桁の置換が行われる.

1. 任意の $x \in [0,1)$ に対し，$y = \Pi(x)$ は $[0,1]$ 上の一様分布に従う.
2. 任意の点集合 P に対し，QMC 積分値 $I(f; \Pi(P))$ は $I(f)$ の不偏推定量である.
3. スクランブルは t 値を確率 1 で保存する操作である. つまり P が (t,m,s)-ネットのとき $\Pi(P)$ は確率 1 で (t,m,s)-ネットになる.

ここからはスクランブルによる RQMC の分散を調べる. スクランブルの定義から，次の補題が成り立つ.

補題 8.64 $x \neq x'$ をランダムにスクランブルしたときの行き先を y, y' とおく. x, y, x', y' の b 進展開を次で定める.

$$x = \xi_1 b^{-1} + \xi_2 b^{-2} + \xi_3 b^{-3} + \cdots, \quad y = \eta_1 b^{-1} + \eta_2 b^{-2} + \eta_3 b^{-3} + \cdots,$$
$$x' = \xi'_1 b^{-1} + \xi'_2 b^{-2} + \xi'_3 b^{-3} + \cdots, \quad y' = \eta'_1 b^{-1} + \eta'_2 b^{-2} + \eta'_3 b^{-3} + \cdots.$$

また $\xi_i \neq \xi'_i$ を満たす最小の i を $i = r$ とおく. このとき次が成り立つ.
- $i < r$ のとき，$\eta_i = \eta'_i$ は 0 以上 $b-1$ 以下の整数上の一様分布となる.
- $i = r$ のとき，組 (η_r, η'_r) は $b(b-1)$ 元集合 $\{(c,d) \in \mathbb{F}_b \times \mathbb{F}_b \mid c \neq d\}$ 上の一様分布となる.
- $i, i' > r$ のとき，η_i と $\eta'_{i'}$ は独立である.
- 確率変数 $\{\eta_i \mid i < r\}$, $\{(\eta_r, \eta'_r)\}$, $\{\eta_i \mid i > r\}$, $\{\eta'_i \mid i > r\}$ は独立である.

補題 8.65 補題 8.64 の記法の下，$k \neq k'$ のとき $\mathbb{E}\left[\mathrm{wal}_k(y)\overline{\mathrm{wal}_{k'}(y')}\right] = 0$ である. この式は $x = x'$ のときも成り立つ. $k = k'$ のときは，関数 G を $G(c, x, x') = \chi(\lfloor b^c x \rfloor = \lfloor b^c x' \rfloor)$ と定め，$b^\ell \leq k < b^{\ell+1}$ を満たす非負整数 ℓ を取ると，$x \neq x'$ の下で

$$\mathbb{E}\left[\mathrm{wal}_k(y)\overline{\mathrm{wal}_k(y')}\right] = \frac{b \cdot G(\ell+1, x, x') - G(\ell, x, x')}{b-1} \quad (8.24)$$

が成り立つ. つまり補題 8.64 のように $\xi_i \neq \xi'_i$ を満たす最小の i を r とおくと，$\ell + 1 < r$ なら 1，$\ell + 1 = r$ なら $-1/(b-1)$，$\ell \geq r$ なら 0 の値を取る.

証明 k, k' の b 進展開を $k = \sum_{i=0}^\infty \kappa_i b^i$, $k' = \sum_{i=0}^\infty \kappa'_i b^i$ とおく. 補題 8.64

で述べられた確率変数の独立性より，ここで計算したい値は

$$\mathbb{E}\left[\text{wal}_k(y)\overline{\text{wal}_{k'}(y')}\right] = \mathbb{E}\left[\prod_{i=1}^{r}\text{wal}_{\kappa_i}(\eta_i)\overline{\text{wal}_{\kappa_i'}(\eta_i')}\right]$$

$$= \prod_{i<r}\mathbb{E}\left[\text{wal}_{\kappa_i}(\eta_i)\overline{\text{wal}_{\kappa_i'}(\eta_i)}\right] \times \mathbb{E}\left[\text{wal}_{\kappa_r}(\eta_r)\overline{\text{wal}_{\kappa_r'}(\eta_r)}\right]$$

$$\times \prod_{i>r}\mathbb{E}\left[\text{wal}_{\kappa_i}(\eta_i)\right] \times \prod_{i>r}\mathbb{E}\left[\overline{\text{wal}_{\kappa_i'}(\eta_i')}\right]$$

と等しい．この式の 4 つの項をそれぞれ計算する．第 1 項は，すべての $i < r$ について $\kappa_i = \kappa_i'$ のとき 1，そうでないとき 0 になる．第 3 項はすべての $i > r$ について $\kappa_i = 0$ のとき 1，そうでないとき 0 になる．第 4 項はすべての $i > r$ について $\kappa_i' = 0$ のとき 1，そうでないとき 0 になる．第 2 項は次のように計算できる．

$$\mathbb{E}\left[\text{wal}_{\kappa_r}(\eta_r)\overline{\text{wal}_{\kappa_r'}(\eta_r)}\right] = \frac{1}{b^2 - b}\sum_{\eta_r \neq \eta_r'}\text{wal}_{\kappa_r}(\eta_r)\overline{\text{wal}_{\kappa_r'}(\eta_r)}$$

$$= \frac{1}{b^2 - b}\left(\sum_{\eta_r=0}^{b-1}\sum_{\eta_r'=0}^{b-1}\text{wal}_{\kappa_r}(\eta_r)\overline{\text{wal}_{\kappa_r'}(\eta_r')} - \sum_{\eta_r=0}^{b-1}\text{wal}_{\kappa_r}(\eta_r)\overline{\text{wal}_{\kappa_r'}(\eta_r)}\right)$$

$$= \frac{b^2 \cdot \chi_{\kappa_r=\kappa_r'=0} - b \cdot \chi_{\kappa_r=\kappa_r'}}{b^2 - b} = \begin{cases} 1 & \kappa_r = \kappa_r' = 0, \\ -\dfrac{1}{b-1} & \kappa_r = \kappa_r' \neq 0, \\ 0 & \text{otherwise} \end{cases}$$

となる．$k \neq k'$ の場合は $\kappa_i \neq \kappa_i'$ なる i が存在するので，どこかの項が 0 になる．$k = k'$ の場合は，上記の計算を整理すると所望の結果を得る．　　　□

この補題をもとに，スクランブルによる積分近似値の分散を計算する．スクランブル Π を一つ固定し $\boldsymbol{y}_i = \Pi(\boldsymbol{x}_i)$ とおくと，積分誤差の二乗の値は

$$|I(f;\Pi(P)) - I(f)|^2 = \left|\frac{1}{N}\sum_{i=0}^{N-1}\sum_{\boldsymbol{k}\neq\boldsymbol{0}}\widehat{f}(\boldsymbol{k})\text{wal}_{\boldsymbol{k}}(\boldsymbol{y}_i)\right|^2$$

$$= \frac{1}{N^2}\sum_{\boldsymbol{k}\neq\boldsymbol{0}}\sum_{\boldsymbol{k}'\neq\boldsymbol{0}}\sum_{i=0}^{N-1}\widehat{f}(\boldsymbol{k})\text{wal}_{\boldsymbol{k}}(\boldsymbol{y}_i)\sum_{i'=0}^{N-1}\overline{\widehat{f}(\boldsymbol{k}')\text{wal}_{\boldsymbol{k}'}(\boldsymbol{y}_{i'})}$$

である．この式のスクランブル Π に関する期待値を取る．スクランブルは次元ごとに独立に定まるので，$\boldsymbol{y}_i = (y_{i,1},\ldots,y_{i,s})$ とおくと

$$\mathbb{E}\left[\text{wal}_{\boldsymbol{k}}(\boldsymbol{y}_i)\overline{\text{wal}_{\boldsymbol{k}'}(\boldsymbol{y}_{i'})}\right] = \prod_{j=1}^{s}\mathbb{E}\left[\text{wal}_{k_j}(y_{i,j})\overline{\text{wal}_{k_j'}(y_{i',j})}\right]$$

が成り立つので，補題 8.65 より $\boldsymbol{k} \neq \boldsymbol{k}'$ のときこの期待値は 0 となり，

$$\mathbb{E}\left[|I(f;\Pi(P)) - I(f)|^2\right]$$

172　第 8 章　準モンテカルロ法—デジタルネット

$$= \frac{1}{N^2} \sum_{\mathbf{k} \neq \mathbf{0}} \sum_{\mathbf{k}' \neq \mathbf{0}} \widehat{f}(\mathbf{k}) \overline{\widehat{f}(\mathbf{k}')} \sum_{i=0}^{N-1} \sum_{i'=0}^{N-1} \mathbb{E}\left[\mathrm{wal}_{\mathbf{k}}(y_i) \overline{\mathrm{wal}_{\mathbf{k}'}(y_{i'})} \right]$$

$$= \frac{1}{N^2} \sum_{\mathbf{k}=\mathbf{k}' \neq \mathbf{0}} |\widehat{f}(\mathbf{k})|^2 \sum_{i,i'=0}^{N-1} \prod_{j=1}^{s} \mathbb{E}\left[\mathrm{wal}_{k_j}(y_{i,j}) \overline{\mathrm{wal}_{k_j}(y_{i',j})} \right] \tag{8.25}$$

を得る．補題 8.65 を使いさらにこの式の計算を進める．この補題は各 k_j の b 進桁数が等しいとき同じ値を返すので，その部分をまとめた**入れ子型 ANOVA 分解**を考える．集合 $u \subset \{1, \ldots, s\}$ と $\boldsymbol{l} \in \mathbb{N}_0^{|u|}$ に対して

$$\sigma_{u,\boldsymbol{\ell}}^2 = \sum_{\substack{b^{\ell_j} \leq k_j < b^{\ell_j+1} \\ j \in u}} |\widehat{f}(\boldsymbol{k}_u, \boldsymbol{0})|^2 \tag{8.26}$$

と定める．さらに点集合の利得係数を次で定める．

定義 8.66 $\emptyset \neq u \subset 1{:}s$ と $\boldsymbol{\ell} = (\ell_j)_{j \in u} \in \mathbb{N}_0^{|u|}$ に対して，N 元集合 $P_N = \{\boldsymbol{x}_0, \ldots, \boldsymbol{x}_{N-1}\} \subset [0,1)^s$ の**利得係数** (gain coefficient) を次で定める．ただし関数 G は補題 8.65 で定めたものと同じである．

$$\Gamma_{u,\boldsymbol{\ell}} := \frac{1}{N} \sum_{i,i'=0}^{N-1} \prod_{j \in u} \frac{b \cdot G(\ell_j + 1, x_{i,j}, x_{i',j}) - G(\ell_j, x_{i,j}, x_{i',j})}{b-1}.$$

この定義の下 (8.25) を計算して，次の結果を得る．

定理 8.67 定義 8.66 および (8.26) の記法の下，スクランブルされた点集合 P による QMC 積分値の分散は次で与えられる．

$$\mathbb{V}[I(f; \Pi(P))] = \frac{1}{N} \sum_{\emptyset \neq u \subset 1{:}s} \sum_{\boldsymbol{\ell} \in \mathbb{N}_0^{|u|}} \Gamma_{u,\boldsymbol{\ell}} \sigma_{u,\boldsymbol{\ell}}^2.$$

この式と N サンプルのモンテカルロ法の分散

$$\frac{1}{N} \sum_{\emptyset \neq u \subset 1{:}s} \sum_{\boldsymbol{\ell} \in \mathbb{N}_0^{|u|}} \sigma_{u,\boldsymbol{\ell}}^2$$

と比較すれば，利得係数 $\Gamma_{u,\boldsymbol{\ell}}$ はモンテカルロ法の分散の何倍かを表す倍率である．特に P がデジタルネットのときは次が知られている[40]．

定理 8.68 P を b 進デジタル (t, m, s)-ネットとする．このとき，次が成り立つ．

1. 集合 $\emptyset \neq u \subset 1{:}s$ に対し，次の利得係数は次の上界を持つ．

$$\Gamma_{u,\boldsymbol{\ell}} \leq \begin{cases} 0 & \text{if } |\boldsymbol{\ell}|_1 \leq m - t - |u|, \\ \dfrac{b^{t+|u|-1}}{(b-1)^{|u|-1}} & \text{if } m - t - |u| < |\boldsymbol{\ell}|_1 \leq m - t, \\ b^t & \text{if } |\boldsymbol{\ell}|_1 > m - t. \end{cases}$$

8.5 乱択化 **173**

特に $\Gamma_{u,\ell} \le b^{t+s-1}/(b-1)^{s-1}$ である.

2. (8.26) の記法の下, スクランブルされた点集合 P による QMC 積分値の分散は次で与えられる.

$$\mathbb{V}[I(f;\Pi(P))] = \left(\frac{b}{b-1}\right)^{s-1} b^t \frac{1}{b^m} \sum_{\substack{\boldsymbol{\ell} \in \mathbb{N}_0^s \\ |\boldsymbol{\ell}|_1 > m-t}} \sigma_{\boldsymbol{\ell}}^2(f). \tag{8.27}$$

特に, スクランブルによる RQMC の推定量の分散は最悪でもモンテカルロ法の分散の $(b/(b-1))^{s-1}b^t$ 倍である. またデジタル (t,s)-列を使い t の値を保ったまま $m \to \infty$ とすることで (8.27) の右辺のシグマは 0 に収束するので, 漸近的にはスクランブルによる RQMC の推定量はモンテカルロ法より優れている.

注 8.69 さらに被積分関数が十分滑らかなとき, スクランブルによる RQMC の推定量の標準偏差は $O(N^{-3/2+\varepsilon})$ (ただし $\varepsilon > 0$ は任意) で収束することが知られている (証明のあらすじ: 関数の滑らかさから $\sigma_{u,\boldsymbol{\ell}}^2 = O(b^{-2|\boldsymbol{\ell}|_1})$ が証明できる). この「最悪誤差の設定と比べて, 標準偏差のオーダーが $\sqrt{N}$ 倍良い」という現象は乱択化格子則 (注 7.26) でも見られたもので, 単なるシフトやデジタルシフトによる乱択化にはない優れた特徴である. 高階デジタルネットの乱択化でも, P をデジタル $(t,m,\alpha s)$-ネットまたは αs 次元の多項式格子点集合とし, P をスクランブルしてから桁織込みして得られる点集合 $\mathcal{D}_\alpha(\Pi(P))$ を使うと標準偏差のオーダーが $O(N^{-\alpha-1/2+\varepsilon})$ となることが示されている[17],[37].

8.5.3 線形スクランブル

実用上, オーエンスクランブルは置換の状態空間が広すぎる, 計算に時間がかかる, というデメリットがある. 線形スクランブルはこれらの弱点がなく, かつ補題 8.64 で述べた性質が成り立つ. 特に, それ以降の定理もすべて成り立つ.

定義 8.70 P を $(C_1,\ldots,C_s)$ で生成される b 進デジタルネット (デジタル列) とする. P の**線形オーエンスクランブル** (もしくは**手塚–マトウシェクスクランブル**) を次で定める. $\mathcal{L}$ を正則下三角行列すべてからなる集合とする. $L_1,\ldots,L_s$ を $\mathcal{L}$ の中から独立かつ一様ランダムに選び, さらにベクトル $\Delta \in [0,1)^s$ を一様ランダムに選ぶ. このとき, P' を $(L_1 C_1,\ldots,L_s C_s)$ で生成される b 進デジタルネット (デジタル列) として, P の線形オーエンスクランブルをランダムな点集合 (点列) $P' \oplus \Delta$ と定める.

注 8.71 筆者らは次の事実を示した[41]: $\alpha \in \mathbb{N}$ を任意に固定すると, デジタル (t,m,s)-ネットの線形オーエンスクランブルは確率的に α 階のデジタルネッ

トであり，十分に滑らかな関数に対して，この RQMC は確率的ではあるが高次収束を起こす．ただし "悪い" スクランブルの存在により，関数がいくら滑らかでも標準偏差の収束は $N^{-3/2+\varepsilon}$ のオーダーに留まる．注 7.22 と同様，中央値を推定量とすれば極めて高い確率でほぼ最適なオーダーが達成できる．

第 9 章
いくつかの応用

　本章ではモンテカルロ法，準モンテカルロ法の数値計算例や応用例を紹介する．前半では，QMC をどのように使うか，またどのような関数が QMC に適しているかを確認する．後半では，金融工学，確率密度関数の積分，ランダム係数の偏微分方程式など様々な分野への応用を紹介する．なお，マルチレベルモンテカルロ法の応用例は 4.5 節で述べているので，そちらをご覧いただきたい．

9.1　QMC 実用ガイド

　ここではモンテカルロ法を（乱択化）準モンテカルロ法に置き換えるときの心構えや参考実装，注意点をまとめる．

9.1.1　事前準備と前処理

　前提として，準モンテカルロ法は次元 s を固定して均等なサンプリングを得る手法なので，何次元の問題を扱っているかを明確にする必要がある．例えば 1 次元 2 進ファン・デル・コルプト列（5.4.5 節）を $(x_0, x_1), (x_2, x_3), \ldots$ と二つずつペアにして 2 次元点列を作ると，点は座標平面上で一直線に並んでしまう（実際 $x_{2i} + 0.5 = x_{2i+1}$ が成り立つ）．次元を無視して単純に乱数列を一次元の超一様点列に置き換えてはならない．

　また積分領域にも注意が必要である．9.4 節の問題など，$\mathbb{R}^s$ 上の確率分布での積分に帰着される問題は多い．この場合は逆関数法（2.2.1 節）で積分領域を $[0,1]^s$ に変換すると準モンテカルロ法が適用できる．ただし $[0,1]$ の端点は $\pm\infty$ に対応するので，各座標成分は $0, 1$ と異なる必要がある．多くの QMC 点集合は原点を含むので，シフトやスクランブルされた点集合を使う必要がある．なお，単に原点だけを取り除くと点集合の一様性が崩れてしまうので絶対に避けること．

9.1.2 どの QMC を使えばよいか？

まず QMC 点集合の選択よりも重要なのは，被積分関数が QMC に適している（**QMC-friendly**）かどうかを判断することである．そのためには 9.1.3 節で紹介するライブラリを使い QMC を数値的に試すのが手っ取り早い．初手としては，幅広い関数に対して有効だと考えられているスクランブルされたソボル列を使い，点集合のサイズに応じた分散の減少を観察するのがよい．適切に実装されたソフトウェアならば格子やハルトン列を使っても問題は起こらないだろう．自分で点集合を実装する場合，ソボル列ならば方向数を，格子ならば生成ベクトルを適切に選ぶ必要がある．またハルトン列ならば 5.4.6 節で説明した一様性向上の技法を使わない場合，数値的にはソボル列に劣る傾向にある．

被積分関数が QMC に適している場合は，被積分関数の性質に応じた QMC を試す価値がある．関数に周期性があれば格子則（＋シフト）を試すべきだし，関数が滑らかなら 2 階（以上）のデジタルネット（＋デジタルシフト）が有効な可能性がある．さらに言えば，重み付き関数空間の性質を数学的に調べて CBC 構成法で重みに合わせた点集合を構成することもできる．

そうでない場合は，はじめに戻って扱っている問題を積分に帰着するときに工夫する必要がある．例えば重点サンプリング（3.4 節）と組み合わせることが考えられる．金融工学ではブラウン運動の経路のサンプリングを工夫して実効次元を減らす例がある（9.4 節の最後のコメントや [65] を参照のこと）．

9.1.3 QMC のライブラリ

ここでは QMC のライブラリを実用性重視で紹介する．個別の QMC 点集合の実装などは各ライブラリのページや [116] の記述を参照のこと．なお，QMC の具体的なチュートリアルとしては金融工学の計算例も含まれているレクチャーノート[60]を挙げる．

- Python の SciPy, QMCPy：9.2 節で詳しく説明する．
- MATLAB の Statistics and Machine Learning Toolbox：ラテン超方格サンプリング，ハルトン列，ソボル列やその乱択化を行う組み込み関数がある．
- R 言語の randtoolbox：上記と同様の機能を提供している．また，パッケージ LowWAFOMSobol が提供するソボル列は滑らかさが高い関数にもある程度対応している．
- LatNet Builder：レキュイエのグループによる，格子やデジタルネットの C++ 実装と Python インターフェース[63]．専門家向けの様々な点集合のカスタマイズもある．

9.2 Python の QMC ライブラリを試す

　ここでは QMC に関連する Python のパッケージとその使い方を簡単に紹介する．科学計算ライブラリ SciPy には Quasi-Monte Carlo submodule (scipy.stats.qmc) があり，QMC 点列の生成とディスクレパンシーの計算を行う関数が実装されている．QMC 分野の研究者グループが管理しているパッケージ **QMCPy** は，点列の内部実装を意識せずに RQMC による数値積分ができる．ここでは QMCPy[11] を使った数値積分例を紹介する．より丁寧なチュートリアルやサンプルコードが QMCPy のウェブページにあるので，興味を持った方はそちらを参照のこと．

　QMCPy パッケージは，通常通り pip コマンドでインストールできる．合わせて NumPy もインポートしておく．以下は $s = 20$ として $f(\boldsymbol{x}) = e^{x_1 + \cdots + x_s}$ の $[0, 1]^s$ 上の積分値を相対誤差 10^{-3} で求めるコードである．

```
1  !pip install qmcpy
2  import qmcpy as qp
3  import numpy as np
4
5  s = 20
6  sequence = qp.DigitalNetB2(s) # 点列を指定
7  measure = qp.Uniform(sequence) # 分布を指定
8  integrand = qp.CustomFun(measure,
9                           g=lambda X: np.exp(np.sum(X,1))
10                          ) # 被積分関数を指定
11 algorithm = qp.CubQMCNetG(integrand, rel_tol=1e-3) #手法を指定
12 solution,data = algorithm.integrate() # 積分を実行
13 print(solution, (np.e-1)**s) # 数値解と厳密解を表示
```

　このコードを実行すると [50307.95209602] 50337.071483652304 のように表示され（結果は毎回変わる），確かに相対誤差 10^{-3} 以下の数値解が得られた．

　QMCPy で主に使うのは次の 4 つの抽象クラスである．

DiscreteDistribution： $[0, 1]^d$ 上の点列の抽象クラス．

TrueMeasure： 一般の集合上の測度・分布を模倣する点列の抽象クラス．

Integrand： 被積分関数の抽象クラス．

StoppingCriterion： 誤差が小さくなるまで積分を実行する抽象クラス．

　QMCPy を使った数値積分では，これらのクラスを一つずつ設定することになる．上のコードでは，まず点列として s 次元のデジタルネットを指定し，それを一様分布上の点列に変換している．StoppingCriterion では，誤差が一定以下になるまでサンプルサイズを増やしながら数値積分を続ける処理が入っ

178　第 9 章　いくつかの応用

ている．この処理のため，Integrand クラスのインスタンスを作るときは引数に TrueMeasure クラスが必要である．data には数値積分実行時の誤差の情報や計算時間，StoppingCriterion の構築時に指定した各データの内容が格納されている．

CustomFun 関数を使うと，自分で用意した被積分関数から Integrand クラスのインスタンスが生成できる．被積分関数は引数 g で指定する．g は $N \times s$ の ndarray（N 個の s 次元の点の集合とみなす）を引数として，各点での関数値を成分とする N 次元ベクトルを返す関数である．

9.3　QMC の数値実験例

本節では具体的な関数の数値積分を観察し，QMC がいつどのように有効かを確認する．本書では，Python を用いて数値計算を行った．数値計算に使った Python スクリプトは https://github.com/qmcsuzuki/QMCexamples にアップロードしている．なお，筆者らのサーベイ論文[116] では類似の実験を MATLAB を使い行った．

例 9.1（等方的な expsum 関数） 被積分関数を expsum 関数 $f(\boldsymbol{x}) = \exp(x_1 + \cdots + x_s)/C_s$ とする（ただし積分値が 1 となるように C_s を定める）．$[0,1]^s$ 上の積分値について，モンテカルロ積分（乱数は 1 系列のみ発生）とソボル列とハルトン列を使った QMC 積分を比較する．この実験では，ソボル列とハルトン列にはランダムネスを加えていない．

次元 $s = 3, 6, 10, 20$ における積分誤差 $|\mathrm{Err}(f; P)|$ をプロットした結果を図 9.1 に示す．横軸はサンプル点の個数 N の関数の log，縦軸は積分誤差の log をプロットした両対数グラフである．両対数グラフなので，収束オーダーがちょうど $N^{-\alpha}$ のとき傾き $-\alpha$ の直線が見えることに注意しよう．

実験結果を観察する．全体を通して，ランダムネスを加えていない場合はソボル列はハルトン列に勝っているように見える．$s = 3, 6$ のときは，QMC による積分誤差はほぼ N^{-1} に近いオーダーで収束した．$s = 10$ の場合は，誤差の振動が激しいが $N = 2^{10}$ 点くらいまで待てば N^{-1} に漸近する収束オーダーが観察できた．$s = 20$ になると，$N = 2^{20}$ 点まで増やしてもモンテカルロ法と同程度の誤差にとどまった．このように，被積分関数によっては 20 次元程度でも QMC の優位性がなくなることがある．

なお同じサイズの点集合の生成と誤差計算に関して，QMC はモンテカルロ法の 1.5 倍ほどの時間がかかることが多い．しかし，これは QMC の収束オーダーの良さを覆すような差ではない．

例 9.2（重み付きの expsum 関数） 次に被積分関数 $f(\boldsymbol{x}) = \exp(x_1/1 + x_2/4 + \cdots + x_s/s^2)/C_s$（ただし積分値が 1 となるように C_s を定める）に対

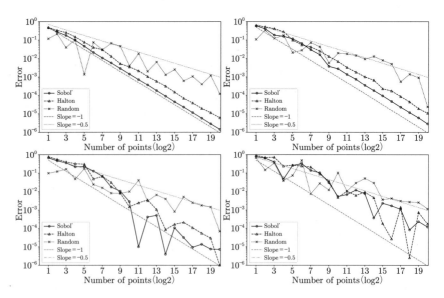

図 9.1　$f(\boldsymbol{x}) = \exp(\sum_{j=1}^{s} x_j)$ に対する QMC 積分：サンプル点の個数と相対積分誤差を両対数でプロットした．左上，右上，左下，右下のグラフはそれぞれ $s = 3, 6, 10, 20$ の場合を表す．

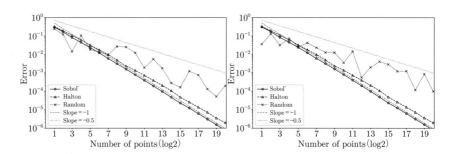

図 9.2　$f(\boldsymbol{x}) = \exp(\sum_{j=1}^{s} x_j/j^2)$ に対する QMC 積分：サンプル点の個数と相対積分誤差を両対数でプロットした．左，右のグラフはそれぞれ $s = 20, 99$ の場合を表す．

して，$s = 20, 99$ として同様の計算を行った．この関数は j が大きいほど変数 x_j の重要度が下がるような重みが付いた関数であり，5.7 節で説明したように QMC が有効だと期待される．実際，図 9.2 のように $s = 99$ という高次元の設定であっても，ソボル列，ハルトン列ともに $O(N^{-1})$ に近い収束が見られた．

例 9.3（RQMC の例） ここでは $s = 4$ の被積分関数 $f(\boldsymbol{x}) = \exp(x_1 + \cdots + x_4)/C_s$（ただし積分値が 1 となるように C_s を定める）を考える．ここでは，ソボル列，ハルトン列，格子に対して QMCPy のデフォルトの乱択化（それぞれ線形スクランブル，QRNG 方式（本書では説明していない），シフト）を施し，その積分誤差や分散を観察する．

図 9.3 の左に示したのは，乱数を 1 系列のみ発生のみ発生させて積分誤差を

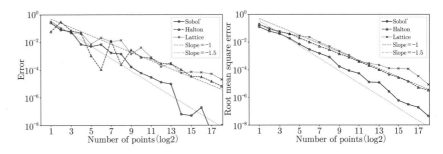

図 9.3　$f(\bm{x}) = \exp(\sum_{j=1}^{4} x_j)$ に対する RQMC 積分：独立試行の結果（左）と $R = 50$ 回の結果から推定された平均二乗誤差（右）．

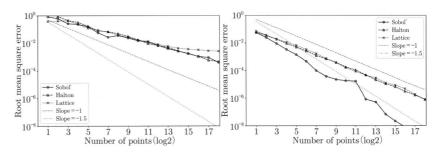

図 9.4　高次元の RQMC 積分：$R = 50$ 回の結果から推定された平均二乗誤差を両対数グラフにプロットした．$f_1(\bm{x}) = \exp(\sum_{j=1}^{s} x_j)$ の場合（左）と $f_2(\bm{x}) = \exp(\sum_{j=1}^{s} x_j/j^2)$ の場合（右）．

グラフにしたものである．横軸はサンプル点の個数 N の関数の log，縦軸は積分誤差の log をプロットした両対数グラフである．図を見ると，ソボル列のスクランブルは $R=1$ であっても収束オーダーが $O(N^{-1.5})$ に近い．つまり統計量を得る目的でなくても，ソボル列はスクランブルしたほうがよさそうだ．

図 9.3 の右に示したのは，全部で $R=50$ 回の独立な乱択化を行ったときの積分値の推定値の標準偏差を両対数グラフにプロットしたものである．ハルトン列と格子は $O(N^{-1})$，ソボル列は $O(N^{-1.5})$ の収束オーダーが確認できた．

例 9.4（高次元の RQMC の例）　ここでは先ほどと同様な実験を高次元で行う．$s = 20$ の被積分関数 $f_1(\bm{x}) = \exp(x_1 + \cdots + x_s)/C_s$ および $f_2(\bm{x}) = \exp(x_1/1 + \cdots + x_s/s^2)/C_s$（ただし積分値が 1 となるように C_s を定める）について，全部で $R=50$ 回の独立な乱択化を行ったときの積分値の推定値の標準偏差を両対数グラフにプロットした．図 9.4 の左に示したのは，等方的な関数 f_1 に関する実験結果である．収束速度はモンテカルロ法と同等の $O(N^{-0.5})$ に見える．つまり，関数が QMC-friendly でないことが再確認できた．一方で，図 9.4 の右に示したのは重み付きの関数 f_2 に関する実験結果である．この場合，十分現実的な点集合のサイズでハルトン列と格子は $O(N^{-1})$，ソボル列は $O(N^{-1.5})$ の収束オーダーが確認できた．

例 9.5（高次の収束オーダー） ここでは，滑らかな関数に対して 2 階のソボ
ル列，格子による QMC の収束オーダーが高速であることを数値計算で確認す
る．ここで 2 階のソボル列（以後の図中では HOSobol と略す）とは，$2s$ 次元
のソボル列に定義 8.48 の桁織込みを適用して得られる s 次元の無限点列のこ
とである．

ここでは $g(x) = x^3 - 3x^2/2 + x/2$ を 3 次のベルヌーイ多項式として

$$F(\boldsymbol{x}) = e^{x_1+x_2+x_3+x_4}, \qquad G(\boldsymbol{x}) = \prod_{j=1}^{4}(1 + g(x_j))$$

を被積分関数とする．$G(\boldsymbol{x})$ の真の積分値は 1 である．

F の積分誤差のグラフを図 9.5 の左に示す．F は滑らかだが周期性を持たな
い．実験では，予想通り格子による積分誤差は $O(N^{-1})$ に近いオーダーだっ
た．一方 2 階のソボル列による QMC の積分誤差は N^{-2} に近いオーダーで収
束すると期待され，実際にそのような良い結果が得られた．

次に G の積分誤差のグラフを同図の右に示す．g は 3 次のベルヌーイ多項
式で，フーリエ係数が 3 乗のオーダーで減衰する．よって格子則の積分誤差
は N^{-3} に近いオーダーで収束することが期待され，実際にそのような結果が
得られた．また関数が 2 回微分可能なので，2 階のソボル列でも N^{-2} に近い
オーダーで収束することが期待され，実際にそのような結果が得られた．

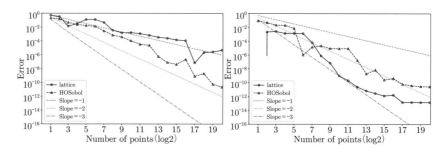

図 9.5 $F(\boldsymbol{x})$（左図），$G(\boldsymbol{x})$（右図）を被積分関数とする QMC 積分の積分誤差．サ
ンプル点の個数と相対積分誤差を両対数でプロットした．HOSobol は 2 階
のソボル列による結果を表す．

9.4 金融工学における応用例

金融工学は（準）モンテカルロ法の一大応用分野であり，実効次元などの概
念が生まれた源流でもある．ここではアジアンオプションの価格付けの問題を
通して数理ファイナンスにモンテカルロ法が応用される一例を紹介する．個別

の問題や手法は [33], [65] などの書籍を参照のこと.

時刻 t での株価 S_t がリスク中立測度の下，ブラック–ショールズモデル

$$dS_t = rS_t dt + \sigma S_t dW_t \tag{9.1}$$

に従うと仮定する．ここで W_t は標準ブラウン運動，r は無リスク利子率，σ はボラティリティと呼ばれる項である．ここでは r, σ は定数とする．権利行使価格 K，満期 T のアジアンオプションのペイオフ関数は，満期 T での価格だけでなく過去の価格にも依存する次のような関数である．$[0, T]$ を s 分割して $\Delta t = T/s$, $t_i = i \Delta t$ と定め，また $(X)^+ := \max(0, X)$ と定める．このときペイオフ関数は $f(S_t) = \left(\frac{1}{s} \sum_{i=1}^{s} S_{t_i} - K\right)^+$ という形を持つ．このとき時刻 0 でのオプションの価値は $\mathbb{E}\left[e^{-rT} f(S_t)\right]$ となる．(9.1) は厳密解 $S_t = S_0 \exp((r - \sigma^2/2)t + \sigma W_t)$ を持つので，ブラウン運動の経路（sample path）をシミュレーションできればよい．標準的な構成により，$W_{t_i} = W_{t_{i-1}} + \sqrt{\Delta t} Z_i$（ただし $Z_i \sim N(0, 1)$ は正規分布に従う互いに独立な確率変数）と順に定まる．よって

$$\phi(\boldsymbol{z}) = \frac{1}{(2\pi)^{d/2}} \exp\left(-\frac{z_1^2 + \cdots + z_s^2}{2}\right)$$

を多変量正規分布の確率密度関数として，求める期待値は $\mathbb{R}^s$ 上の積分として

$$\int_{\mathbb{R}^s} e^{-rT} \left(\frac{1}{s} \sum_{i=1}^{s} S_0 \exp\left[\left(r - \frac{\sigma^2}{2}\right) t_i + \sigma \sqrt{\Delta t} \sum_{j=1}^{i} z_j\right] - K\right)^+ \phi(\boldsymbol{z}) \, d\boldsymbol{z}$$

と表される．この積分は，逆関数法によりモンテカルロ法や QMC で近似できる．つまり Φ を 1 変数正規分布の累積分布関数として，$\boldsymbol{x} = (x_1, \ldots, x_s) \in (0, 1)^s$ に対して $\boldsymbol{z} = (\Phi^{-1}(x_1), \ldots, \Phi^{-1}(x_s))$ を対応させればよい．この場合，各座標について $x_i \neq 0$ が必要である．多くの QMC 点集合は原点を含むので，シフトやスクランブルされた点集合を使う必要がある．

なお本問題の場合は，ブラウン運動の経路のシミュレーションとして主成分分析（principal component analysis: PCA）やブラウン橋（Brownian bridge）を使うと，実効次元が減少し QMC がより効果的になることが知られている[107].

9.5　多変量正規分布の累積分布関数の計算

平均 $\boldsymbol{0}$, 分散共分散行列 $\Sigma \in \mathbb{R}^{s \times s}$ の多変量正規分布の確率密度関数は

$$f(\boldsymbol{x}) = \frac{1}{\sqrt{(2\pi)^s \det(\Sigma)}} \exp\left(-\frac{1}{2} \boldsymbol{x}^\top \Sigma^{-1} \boldsymbol{x}\right)$$

と定義されるのだった（2.2.2.3 節）．この節の主題は，確率密度関数の積分

$$F(\boldsymbol{a}, \boldsymbol{b}) = \int_{[\boldsymbol{a},\boldsymbol{b}]} f(\boldsymbol{x}) \, d\boldsymbol{x}$$

の計算である．積分領域は超直方体なので，モンテカルロ法や QMC を素直に適用できるが，s が大きいときは関数の分散が大きく精度が高くないことが知られている．ここでは**ゲンツの手法**[29]を紹介する．なお，ボテフはこの方法と minimax tilting という手法を組み合わせたアルゴリズムを提案している[8]．

ゲンツの手法では変数変換を繰り返す．まず 2.2.2.3 節のようにコレスキー分解により $\Sigma = LL^\top$ なる $L = (\ell_{jk})_{j,k}$ をとり，$\boldsymbol{x} = L\boldsymbol{y}$ と変数変換すると

$$F(\boldsymbol{a}, \boldsymbol{b}) = \frac{1}{\sqrt{(2\pi)^s}} \int_{\boldsymbol{a} \le L\boldsymbol{y} \le \boldsymbol{b}} \exp\left(-\frac{1}{2} \boldsymbol{y}^\top \boldsymbol{y}\right) d\boldsymbol{y} \qquad (\boldsymbol{x} = L\boldsymbol{y})$$

を得る．ここで $\boldsymbol{a} \le L\boldsymbol{y} \le \boldsymbol{b}$ の同値な条件は，各 $j = 1, \dots, s$ に対して

$$\left(a_j - \sum_{k=1}^{j-1} \ell_{jk} y_k\right) \ell_{jj}^{-1} \le y_j \le \left(b_j - \sum_{k=1}^{j-1} \ell_{jk} y_k\right) \ell_{jj}^{-1}$$

が成り立つことである．2.2.2.4 節との類似性に注意して，正規分布の累積分布関数 $\Phi(y) = \int_{-\infty}^{y} \exp(-t^2/2) \, dt$ を使い $y_j = \Phi^{-1}(z_j)$ と変数変換すると

$$F(\boldsymbol{a}, \boldsymbol{b}) = \int_{d_1}^{e_1} \int_{d_2(z_1)}^{e_2(z_1)} \cdots \int_{d_s(z_1,\dots,z_{s-1})}^{e_s(z_1,\dots,z_{s-1})} d\boldsymbol{z}$$

となる．ここで d_j, e_j は $z_1, \dots, z_{j-1}$ に依存する変数

$$d_j = \left(a_j - \sum_{k=1}^{j-1} \ell_{jk} \Phi^{-1}(z_k)\right) \ell_{jj}^{-1}, \quad e_j = \left(b_j - \sum_{k=1}^{j-1} \ell_{jk} \Phi^{-1}(z_k)\right) \ell_{jj}^{-1}$$

である．さらに $z_j = d_j + w_j(e_j - d_j)$ と変数変換すれば，

$$F(\boldsymbol{a}, \boldsymbol{b}) = \int_{[0,1]^s} (e_1 - d_1) \cdots (e_s - d_s) \, d\boldsymbol{w} \tag{9.2}$$

と $[0,1]^s$ 上の数値積分の形になった．d_j, e_j は $w_1, \dots, w_{j-1}$ に依存しているので，変数 w_1 は $d_2, e_2, \dots, e_s, d_s$ のすべてに影響し，逆に変数 w_s はどこにも現れない．つまり変数 w_1 が最も重要で w_s の重要度が一番低いという，QMC でうまく扱える可能性が高い問題設定に変換できた．あとは（準）モンテカルロ法で (9.2) の解を求めればよい．

9.6 ランダム係数の偏微分方程式

本節では**不確実性定量化**（uncertainty quantification: UQ）という分野に属する，**ランダム係数の偏微分方程式**（PDEs with random coefficients）の問題を簡単に紹介する．詳細は [61] とそのサポートページを参照のこと．

例えば砂層を通る水の流れは偏微分方程式の形で表される**ダルシーの法則**

（Darcy's law）で理解できる．ここで砂層の透水性は完全に決定することができず，ある確率分布でモデル化されるとする．この場合，ランダム係数の偏微分方程式を解くことで水の流れの確率分布が得られる．その期待値や他の統計量を求めることが目標である．

典型的な設定として，良い領域 D 上の楕円型ディリクレ問題

$$
\begin{cases}
-\nabla \cdot (a(\boldsymbol{x}, \boldsymbol{y}) \nabla u(\boldsymbol{x}, \boldsymbol{y})) = 0, & \boldsymbol{x} \in D, \\
u(\boldsymbol{x}, \boldsymbol{y}) = 0, & \boldsymbol{x} \in \partial D
\end{cases}
$$

がある．ここで $\boldsymbol{y}$ は不確実性を表すパラメータであり，一般には無限次元を考える．求めたい量は，解 u を汎関数 G で写した量の期待値

$$
\int_{\boldsymbol{y}} G(u(\cdot, \boldsymbol{y})) \, d\boldsymbol{y}
$$

である．$\boldsymbol{y}$ の分布に関する適切な仮定の下，この値は

$$
\lim_{s \to \infty} \int \cdots \int G(u(\cdot, (y_1, \ldots, y_s, 0, \ldots))) \, dy_1 \cdots dy_s
$$

に等しい．この式は高次元積分の形になっている．そこでサンプル点として格子などの QMC 点集合を使う，マルチレベルモンテカルロ法と組み合わせる，などの手法により収束速度が向上することが示されている．

9.6 ランダム係数の偏微分方程式 **185**

参考文献

[1] O. Abril-Pla, V. Andreani, C. Carroll, L. Dong, C. J. Fonnesbeck, M. Kochurov, R. Kumar, J. Lao, C. C. Luhmann, O. A. Martin, M. Osthege, R. Vieira, T. Wiecki, and R. Zinkov. PyMC: a modern, and comprehensive probabilistic programming framework in Python. *PeerJ Comput. Sci.*, **9**:e1516, 2023.

[2] S. Asmussen and P. W. Glynn. *Stochastic Simulation: Algorithms and Analysis.* Springer, 2007.

[3] E. I. Atanassov. On the discrepancy of the Halton sequences. *Math. Balkanica (NS)*, **18**(1-2):15–32, 2004.

[4] L. Bassham, A. Rukhin, J. Soto, J. Nechvatal, M. Smid, E. Barker, S. Leigh, M. Levenson, M. Vangel, D. Banks, N. Heckert, J. Dray, and S. Vo. NIST SP 800-22 Rev. 1: A statistical test suite for random and pseudorandom number generators for cryptographic applications. Technical report, National Institute of Standards and Technology, 2008.

[5] J. Beck. Probabilistic diophantine approximation, I. Kronecker sequences. *Ann. Math.*, **140**(2):449–502, 1994.

[6] A. Beskos, N. Pillai, G. Roberts, J.-M. Sanz-Serna, and A. Stuart. Optimal tuning of the hybrid Monte Carlo algorithm. *Bernoulli*, **19**(5A):1501–1534, 2013.

[7] D. Bilyk. On Roth's orthogonal function method in discrepancy theory. *Unif. Distrib. Theory*, **6**(1):143–184, 2011.

[8] Z. I. Botev. The normal law under linear restrictions: simulation and estimation via minimax tilting. *J. R. Stat. Soc. Ser. B Methodol.*, **79**(1):125–148, 2017.

[9] V. A. Bykovskiǐ. The discrepancy of the Korobov lattice points. *Izv. Math.*, **76**(3):446–465, 2012.

[10] B. Carpenter, A. Gelman, M. D. Hoffman, D. Lee, B. Goodrich, M. Betancourt, M. A. Brubaker, J. Guo, P. Li, and A. Riddell. Stan: A probabilistic programming language. *J. Stat. Softw.*, **76**(1):1–32, 2017.

[11] S.-C. T. Choi, F. J. Hickernell, M. McCourt, and A. Sorokin. QMCPy: A quasi-Monte Carlo Python library, 2020+.

[12] Y. S. Chow and H. Teicher. *Probability Theory: Independence, Interchangeability, Martingales.* Springer Science & Business Media, 1997.

[13] P. Craven and G. Wahba. Smoothing noisy data with spline functions: estimating the correct degree of smoothing by the method of generalized cross-validation. *Numer. Math.*, **31**(4):377–403, 1978.

[14] L. Devroye. *Non-Uniform Random Variate Generation.* Springer-Verlag, New York,

NY, 1986.

[15] J. Dick. Explicit constructions of quasi-Monte Carlo rules for the numerical integration of high-dimensional periodic functions. *SIAM J. Numer. Anal.*, **45**(5):2141–2176, 2007.

[16] J. Dick. Walsh spaces containing smooth functions and quasi-Monte Carlo rules of arbitrary high order. *SIAM J. Numer. Anal.*, **46**(3):1519–1553, 2008.

[17] J. Dick. Higher order scrambled digital nets achieve the optimal rate of the root mean square error for smooth integrands. *Ann. Stat.*, **39**(3):1372–1398, 2011.

[18] J. Dick, T. Goda, and K. Suzuki. Component-by-component construction of randomized rank-1 lattice rules achieving almost the optimal randomized error rate. *Math. Comp.*, **91**(338):2771–2801, 2022.

[19] J. Dick, P. Kritzer, and F. Pillichshammer. *Lattice rules.* Springer, 2022.

[20] J. Dick, F. Y. Kuo, and I. H. Sloan. High-dimensional integration: the quasi-Monte Carlo way. *Acta Numer.*, **22**:133–288, 2013.

[21] J. Dick and F. Pillichshammer. *Digital nets and sequences: Discrepancy theory and quasi-Monte Carlo integration.* Cambridge University Press, Cambridge, 2010.

[22] M. Drmota and R. F. Tichy. *Sequences, discrepancies and applications.* Springer, 2006.

[23] S. Duane, A. D. Kennedy, B. J. Pendleton, and D. Roweth. Hybrid Monte Carlo. *Phys. Lett. B*, **195**(2):216–222, 1987.

[24] H. Faure. Discrépance de suites associées à un système de numération (en dimension s). *Acta Arith.*, **41**(4):337–351, 1982.

[25] H. Faure. Good permutations for extreme discrepancy. *J. Number Theory*, **42**(1):47–56, 1992.

[26] H. Faure and C. Lemieux. Irreducible Sobol' sequences in prime power bases. *Acta Arith.*, **173**(1):59–80, 2016.

[27] M. Fushimi and S. Tezuka. The k-distribution of generalized feedback shift register pseudorandom numbers. *Commun. ACM*, **26**(7):516–523, 1983.

[28] S. Geman and D. Geman. Stochastic relaxation, Gibbs distributions, and the Bayesian restoration of images. *IEEE Trans. Pattern Anal. Mach. Intell.*, **6**(6):721–741, 1984.

[29] A. Genz. Numerical computation of multivariate normal probabilities. *J. Comput. Graph. Statist.*, **1**(2):141–149, 1992.

[30] M. B. Giles. Multilevel Monte Carlo path simulation. *Oper. Res.*, **56**(3):607–617, 2008.

[31] M. B. Giles. Multilevel Monte Carlo methods. *Acta Numer.*, **24**:259–328, 2015.

[32] W. R. Gilks, S. Richardson, and D. Spiegelhalter. *Markov Chain Monte Carlo in Practice.* Chapman and Hall/CRC, 1996.

[33] P. Glasserman. *Monte Carlo methods in financial engineering*, Vol. 53. Springer Science & Business Media, 2003.

[34] P. W. Glynn and C.-H. Rhee. Exact estimation for Markov chain equilibrium expectations. *J. Appl. Probab.*, **51A**:377–389, 2014.

[35] M. Gnewuch, A. Srivastav, and C. Winzen. Finding optimal volume subintervals with k points and calculating the star discrepancy are NP-hard problems. *J. Complexity*, **25**(2):115–127, 2009.

[36] T. Goda. Richardson extrapolation allows truncation of higher-order digital nets and sequences. *IMA J. Numer. Anal.*, **40**(3):2052–2075, 2020.

[37] T. Goda and J. Dick. Construction of interlaced scrambled polynomial lattice rules of arbitrary high order. *Found. Compt. Math.*, **15**(5):1245–1278, 2015.

[38] T. Goda and P. L'Ecuyer. Construction-free median quasi-Monte Carlo rules for function spaces with unspecified smoothness and general weights. *SIAM J. Sci. Comput.*, **44**(4):A2765–A2788, 2022.

[39] T. Goda and K. Suzuki. *4. Recent advances in higher order quasi-Monte Carlo methods*, pp. 69–102. De Gruyter, Berlin, Boston, 2020.

[40] T. Goda and K. Suzuki. Improved bounds on the gain coefficients for digital nets in prime power base. *J. Complexity*, **76**:101722, 2023.

[41] T. Goda, K. Suzuki, and M. Matsumoto. A universal median quasi-Monte Carlo integration. *SIAM J. Numer. Anal.*, **62**(1):533–566, 2024.

[42] T. Goda, K. Suzuki, and T. Yoshiki. Optimal order quadrature error bounds for infinite-dimensional higher-order digital sequences. *Found. Compt. Math.*, **18**:433–458, 2018.

[43] T. Goda, K. Suzuki, and T. Yoshiki. Lattice rules in non-periodic subspaces of Sobolev spaces. *Numer. Math.*, **141**:399–427, 2019.

[44] J. H. Halton. On the efficiency of certain quasi-random sequences of points in evaluating multi-dimensional integrals. *Numer. Math.*, **2**:84–90, 1960.

[45] J. M. Hammersley and K. W. Morton. A new Monte Carlo technique: antithetic variates. *Math. Proc. Camb. Philos. Soc.*, **52**(3):449–475, 1956.

[46] G. H. Hardy, J. E. Littlewood, and G. Pólya. *Inequalities*. Cambridge University Press, 1952.

[47] W. K. Hastings. Monte Carlo sampling methods using Markov chains and their applications. *Biometrika*, **57**(1):97–109, 1970.

[48] S. Heinrich. Efficient algorithms for computing the L_2-discrepancy. *Math. Comp.*, **65**(216):1621–1633, 1996.

[49] S. Heinrich. Monte Carlo complexity of global solution of integral equations. *J. Complexity*, **14**(2):151–175, 1998.

[50] S. Heinrich, E. Novak, G. W. Wasilkowski, and H. Wozniakowski. The inverse of the star-discrepancy depends linearly on the dimension. *Acta Arith.*, **96**(3):279–302, 2001.

[51] F. Hickernell. A generalized discrepancy and quadrature error bound. *Math. Comp.*, **67**(221):299–322, 1998.

[52] E. Hlawka. Funktionen von beschränkter Variation in der Theorie der Gleichverteilung. *Ann. Mat. Pura Appl. (4)*, **54**:325–333, 1961.

[53] M. D. Hoffman and A. Gelman. The No-U-Turn sampler: adaptively setting path lengths in Hamiltonian Monte Carlo. *J. Mach. Learn. Res.*, **15**(1):1593–1623, 2014.

[54] T. E. Hull and A. R. Dobell. Random number generators. *SIAM Rev.*, **4**(3):230–254, 1962.

[55] P. E. Jacob, J. O'Leary, and Y. F. Atchadé. Unbiased Markov chain Monte Carlo methods with couplings. *J. R. Statist. Soc. B*, **82**(3):543–600, 2020.

[56] S. Joe and F. Y. Kuo. Constructing Sobol sequences with better two-dimensional projections. *SIAM J. Sci. Comput.*, **30**(5):2635–2654, 2008.

[57] J. F. Koksma. A general theorem from the theory of uniform distribution modulo 1. *Mathematica, Zutphen. B.*, **11**:7–11, 1942.

[58] P. Kritzer, F. Y. Kuo, D. Nuyens, and M. Ullrich. Lattice rules with random n achieve nearly the optimal $O(n^{-\alpha-1/2})$ error independently of the dimension. *J. Approx. Theory*, **240**:96–113, 2019.

[59] D. P. Kroese, T. Taimre, and Z. I. Botev. *Handbook of Monte Carlo Methods*. John Wiley & Sons, Inc., Hoboken, New Jersey, USA, 2011.

[60] F. Y. Kuo and D. Nuyens. A practical guide to quasi-Monte Carlo methods. `https://people.cs.kuleuven.be/~dirk.nuyens/taiwan/` 2024 年 9 月 1 日閲覧.

[61] F. Y. Kuo and D. Nuyens. Application of quasi-Monte Carlo methods to elliptic PDEs with random diffusion coefficients: a survey of analysis and implementation. *Found. Compt. Math.*, **16**:1631–1696, 2016.

[62] F. Y. Kuo, I. H. Sloan, and H. Woźniakowski. Periodization strategy may fail in high dimensions. *Numer. Algorithms*, **46**:369–391, 2007.

[63] P. L'Ecuyer and D. Munger. LatNet Builder. `http://umontreal-simul.github.io/latnetbuilder/` 2024 年 9 月 1 日閲覧.

[64] P. L'Ecuyer and R. Simard. TestU01: A C library for empirical testing of random number generators. *ACM Trans. Math. Softw.*, **33**(4):1–40, 2007.

[65] C. Lemieux. *Monte Carlo and Quasi-Monte Carlo Sampling*. Springer, New York, 2009.

[66] G. Leobacher and F. Pillichshammer. *Introduction to quasi-Monte Carlo integration and applications*. Springer, 2014.

[67] T. G. Lewis and W. H. Payne. Generalized feedback shift register pseudorandom number algorithm. *J. ACM*, **20**(3):456–468, 1973.

[68] J. S. Liu. *Monte Carlo Strategies in Scientific Computing*. Springer, 2008.

[69] D. Lunn, D. Spiegelhalter, A. Thomas, and N. Best. The BUGS project: Evolution, critique and future directions. *Stat. Med.*, **28**(25):3049–3067, 2009.

[70] J. Matoušek. *Geometric discrepancy: An illustrated guide*, Vol. 18. Springer, 1999.

[71] M. Matsumoto and Y. Kurita. Twisted GFSR generators. *ACM Trans. Model. Comput. Simul.*, **2**(3):179–194, 1992.

[72] M. Matsumoto and Y. Kurita. Twisted GFSR generators II. *ACM Trans. Model. Com-*

put. Simul., **4**(3):254–266, 1994.

[73] M. Matsumoto and T. Nishimura. Mersenne twister: a 623-dimensionally equidistributed uniform pseudo-random number generator. *ACM Trans. Model. Comput. Simul.*, **8**(1):3–30, 1998.

[74] M. Matsumoto, M. Saito, and K. Matoba. A computable figure of merit for quasi-Monte Carlo point sets. *Math. Comp.*, **83**(287):1233–1250, 2014.

[75] M. D. McKay, R. J. Beckman, and W. J. Conover. A comparison of three methods for selecting values of input variables in the analysis of output from a computer code. *Technometrics*, **21**(2):239–245, 1979.

[76] N. Metropolis, A. W. Rosenbluth, M. N. Rosenbluth, A. H. Teller, and E. Teller. Equation of state calculations by fast computing machines. *J. Chem. Phys.*, **21**(6):1087–1092, 1953.

[77] R. M. Neal. Slice sampling. *Ann. Stat.*, **31**(3):705–767, 2003.

[78] H. Niederreiter. Low-discrepancy point sets. *Monatsh. Math.*, **102**(2):155–167, 1986.

[79] H. Niederreiter. Low-discrepancy and low-dispersion sequences. *J. Number Theory*, **30**(1):51–70, 1988.

[80] H. Niederreiter. Low-discrepancy point sets obtained by digital constructions over finite fields. *Czechoslov. Math. J.*, **42**(1):143–166, 1992.

[81] H. Niederreiter. *Random number generation and quasi-Monte Carlo methods*, Vol. 63 of *CBMS-NSF Regional Conference Series in Applied Mathematics*. Society for Industrial and Applied Mathematics (SIAM), Philadelphia, PA, 1992.

[82] H. Niederreiter and C. Xing. *Rational points on curves over finite fields: theory and applications*, Vol. 285 of *London Mathematical Society Lecture Note Series*. Cambridge University Press, Cambridge, 2001.

[83] E. Novak and H. Woźniakowski. *Tractability of multivariate problems. Volume I: Linear information*, Vol. 6 of *EMS Tracts in Mathematics*. European Mathematical Society (EMS), Zürich, 2008.

[84] D. Nuyens and R. Cools. Fast algorithms for component-by-component construction of rank-1 lattice rules in shift-invariant reproducing kernel Hilbert spaces. *Math. Comp.*, **75**(254):903–920, 2006.

[85] A. B. Owen. *Monte Carlo theory, methods and examples.* `https://artowen.su.domains/mc/`, 2013.

[86] A. B. Owen. A randomized halton algorithm in R. *CoRR*, abs/1706.02808, 2017.

[87] S. H. Paskov and J. F. Traub. Faster valuation of financial derivatives. *J. Portf. Manag.*, **22**(1):113, 1995.

[88] C.-H. Rhee and P. W. Glynn. Unbiased estimation with square root convergence for SDE models. *Oper. Res.*, **63**(5):1026–1043, 2015.

[89] C. P. Robert and G. Casella. *Monte Carlo Statistical Methods.* Springer, 2nd edition,

2004.

[90] G. O. Roberts, A. Gelman, and W. R. Gilks. Weak convergence and optimal scaling of random walk Metropolis algorithms. *Ann. Appl. Probab.*, **7**(1):110–120, 1997.

[91] G. O. Roberts and J. S. Rosenthal. Optimal scaling of discrete approximations to Langevin diffusions. *J. R. Statist. Soc. B*, **60**(1):255–268, 1998.

[92] M. Rosenblatt. Remarks on a multivariate transformation. *Ann. Math. Statist.*, **23**(3):470–472, 1952.

[93] M. Y. Rosenbloom and M. A. Tsfasman. Codes for the m-metric. *Probl. Peredachi Inf.*, **33**(1):55–63, 1997.

[94] K. F. Roth. On irregularities of distribution. *Mathematika*, **1**(2):73–79, 1954.

[95] V. Serov. *Fourier series, Fourier transform and their applications to mathematical physics*, Vol. 197. Springer, 2017.

[96] I. H. Sloan and S. Joe. *Lattice methods for multiple integration*. Oxford Science Publications. The Clarendon Press, Oxford University Press, New York, 1994.

[97] I. H. Sloan and H. Woźniakowski. When are quasi-Monte Carlo algorithms efficient for high-dimensional integrals? *J. Complexity*, **14**(1):1–33, 1998.

[98] I. Sloan and A. Reztsov. Component-by-component construction of good lattice rules. *Math. Comp.*, **71**(237):263–273, 2002.

[99] I. M. Sobol'. Distribution of points in a cube and approximate evaluation of integrals. *Ž. Vyčisl. Mat. i Mat. Fiz.*, **7**:784–802, 1967.

[100] M. Stein. Large sample properties of simulations using Latin hypercube sampling. *Technometrics*, **29**(2):143–151, 1987.

[101] K. Suzuki. Super-polynomial convergence and tractability of multivariate integration for infinitely times differentiable functions. *J. Complexity*, **39**:51–68, 2017.

[102] K. Suzuki and T. Yoshiki. Formulas for the Walsh coefficients of smooth functions and their application to bounds on the Walsh coefficients. *J. Approx. Theory*, **205**:1–24, 2016.

[103] S. Tezuka. Polynomial arithmetic analogue of Halton sequences. *ACM Trans. on Model. Comput. Simul.*, **3**(2):99–107, 1993.

[104] S. Tezuka. On the discrepancy of generalized Niederreiter sequences. *J. Complexity*, **29**(3-4):240–247, 2013.

[105] M. Ullrich. On "Upper error bounds for quadrature formulas on function classes" by K.K. Frolov. In: R. Cools and D. Nuyens eds., *Monte Carlo and Quasi-Monte Carlo Methods: MCQMC, Leuven, Belgium, April 2014*, pp. 571–582. Springer, 2016.

[106] J. von Neumann. Various techniques used in connection with random digits. In A. S. Householder, G. E. Forsythe, and H. H. Germond eds., *Monte Carlo Method*, Vol. 12 of *National Bureau of Standards Applied Mathematics Series*, pp. 36–38. 1951.

[107] X. Wang and K.-T. Fang. The effective dimension and quasi-Monte Carlo integration.

J. Complexity, **19**(2):101–124, 2003.

[108] H. Weyl. Über die Gleichverteilung von Zahlen mod. Eins. *Math. Ann.*, **77**:313–352, 1916.

[109] T. Yoshiki. Bounds on walsh coefficients by dyadic difference and a new Koksma-Hlawka type inequality for quasi-Monte Carlo integration. *Hiroshima Math. J.*, **47**(2):155–179, 2017.

[110] 鎌谷研吾. モンテカルロ統計計算. データサイエンス入門シリーズ. 講談社, 2020.

[111] 四辻哲章. 計算機シミュレーションのための確率分布乱数生成法. プレアデス出版, 2010.

[112] 手塚集. 確率的シミュレーションの基礎. IMI シリーズ：進化する産業数学, No. 1. 近代科学社, 2018.

[113] 勝田敏彦. でたらめの科学：サイコロから量子コンピューターまで. 朝日新聞出版, 2020.

[114] 伏見正則. 乱数. 筑摩書房, 2023.

[115] 福水健次. カーネル法入門—正定値カーネルによるデータ解析. 多変量データの統計科学. 朝倉書店, 2010.

[116] 鈴木航介, 合田隆. 準モンテカルロ法の最前線. 日本応用数理学会論文誌, **30**(4):320–374, 2020.

索　引

ア

アジアンオプション　183
アドミッシブル　147

イェンセンの不等式　139
一様分布列　86, 88
一致推定量　11
一般化ニーダーライター列　158
一般化ハルトン列　100
一般化フィードバックシフトレジスタ法　22
入れ子型 ANOVA 分解　173
入れ子型期待値　79
入れ子型モンテカルロ法　79

ウォーノックの公式　91
ウォルシュ関数　161
ウォルシュ係数　164
ウォルシュ展開　164

エクストリームディスクレパンシー　89
エルデシュ–テュラーン–コクスマの不等式　102

オーエンスクランブル　170
重み付き関数空間　111

カ

可逆ギブスサンプラー　47
感度指標　108

規格化定数　38
稀少事象シミュレーション　58
擬似乱数生成法　17
基数逆関数　98
期待値　3
基点付きソボレフ空間　125
基点なしソボレフ空間　125
ギブスサンプリング　45
基本直方体　148
逆関数法　27
逆フーリエ変換　135

逆累積分布関数　26
強計算容易性　111
局所ディスクレパンシー関数　91

クロネッカー列　101

計算容易性　110
系統的走査ギブスサンプラー　46
桁織込み　165
ゲンツの手法　184

格子　127
高次元均等分布性　19
格子則　127
高速 CBC 構成法　134, 142
高速フーリエ変換　134, 135
コクスマ–ラフカの不等式　103, 105
誤差関数　29
コロボフ空間　121, 123
コロボフ格子　131
混合分布　29

サ

最悪誤差　109, 110
最小ディック距離　165
再生核ヒルベルト空間　112
ザレンバ指数　129
参照表　30

シード　20
次元の呪い　84
自己正規化重点サンプリング　57
指数型分布族　56
指数的ひねり　56
実効次元　109
シフト　145
シフト格子則　146
シミュレーションの基本定理　48
周期　18
周期化　144

重点サンプリング　54

重点分布　55

受理棄却法　36

準モンテカルロ法　83

条件付きモンテカルロ法　63

詳細釣り合い　40

消失相対誤差　59

情報に基づく複雑性　110

初期シード　20

スターディスクレパンシー　89

スライスサンプリング　48

制御変量法　52

生成行列　153, 154

生成ベクトル　127

正定値カーネル　112

積重み　111

絶対連続　116

線形オーエンスクランブル　174

線形合同法　20

線形フィードバックシフトレジスタ法　21

尖度　5

全変動　103

全変動距離　39

層化サンプリング　60

双対格子　128

双対デジタルネット　156

ソボル列　159

ソボレフ空間　115, 124

タ

対照対　51

対照変量法　50

対数的に効率的　59

多項式格子　159

多項式的計算容易性　111

ダルシーの法則　184

チェビシェフ不等式　9

中央値　6

中心モーメント　4

超一様点集合　97

超一様点列　97

直交配列　152

提案分布　37

ディック距離　164

デジタルシフト　169

デジタルネット　153

デジタル列　154

手塚–マトウシェクスクランブル　174

テント変換　145

統計的仮説検定　19

塔性　78

トーズワース法　21

独立サンプラー　41

独立同分布　7

ナ

ニーダーライター–シン列　159

二乗平均平方根誤差　7

ノー U ターンサンプラー　45

ハ

ハーディー–クラウゼの全変動　105

ハードウェア乱数　17

ハール関数　95

バーンイン　39

バイアス　7

バイアス・バリアンス分解　7

排他的論理和　21

ハミルトニアンモンテカルロ法　43

ハルトン列　99

ハンマースレー点集合　98

ビタリの全変動　104

標準偏差　4

ファン・デル・コルプト列　98

フィボナッチ格子　130

フーリエ係数　118

フォーレ列　159

不確実性定量化　184

物理乱数　17

不偏推定量　7

ブラック–ショールズモデル　183

ブロック型ギブスサンプラー　47

フロロフ積分則　146
分位数　6
分散　4
分散減少法　49
分散分析　65
分布の非一様性の理論　93

平均値の議論　130
ヘフディング不等式　10
ベルヌーイ多項式　122
変換法　31
変動係数　4

ポアソン和公式　138, 168
崩壊型ギブスサンプラー　47
方向数　159
ボックス–ミューラー法　31

マ

マーサグリアの極座標法　32
マーシンキウィッツ–ジグムント不等式　10
マルコフ不等式　9
マルコフ連鎖モンテカルロ法　38
マルチレベルモンテカルロ法　68

メトロポリス–ヘイスティングス法　39
メトロポリス補正ランジュバン法　42
メルセンヌ・ツイスター　23

モーメント　4
モンテカルロ法　2, 16

ヤ

有界相対誤差　59
有界変動　103
有効サンプルサイズ　50

ラ

ラテン超方格サンプリング　63
ラフカ–ザレンバの恒等式　106
ランジュバン拡散　42
乱択化準モンテカルロ法　107
乱択化マルチレベルモンテカルロ法　78
ランダムウォークサンプラー　41
ランダム係数の偏微分方程式　184

ランダム走査ギブスサンプラー　47
リープフロッグ積分　44
離散フーリエ変換　135
利得係数　173

累積分布関数　26

レーダーのアルゴリズム　137

ローゼンブラット変換　34
ローラン級数　157

ワ

歪度　5
ワイルの判定法　87
ワイル列　88

欧数字

2 レベルモンテカルロ法　71

α 階の b 進デジタル (t, m, s)-ネット　165
α 階の b 進デジタル (t, s)-列　165
ANOVA 分解　65

CBC 構成法　132
character property　163

dominating mixed smoothness　124

L_p ディスクレパンシー　91

MT19937　24

NRT 距離　156

QMC-friendly　177
QMCPy　178

(t, m, s)-ネット　148
(t, s)-列　149
twisted GFSR　22

WAFOM　169

著者略歴

鈴木 航介
すずき こうすけ

2015 年　東京大学大学院数理科学研究科数理科学専攻
　　　　博士課程修了．博士（数理科学）
2023 年　山形大学学術研究院（理学部主担当）准教授
専門・研究分野　数値解析・離散数学

合田 隆
ごうだ たかし

2012 年　東京大学大学院工学系研究科システム創成学専攻
　　　　博士課程修了．博士（工学）
2017 年　東京大学大学院工学系研究科システム創成学専攻
　　　　准教授
専門・研究分野　応用数学・計算科学

SGC ライブラリ-197

重点解説 モンテカルロ法と準モンテカルロ法

2025 年 1 月 25 日 ©　　　　　　　　　　初 版 発 行

著 者　鈴木 航介　　　　　発行者　森 平 敏 孝
　　　合田 隆　　　　　　　印刷者　山 岡 影 光
発行所　株式会社 サ イ エ ン ス 社
〒151-0051　東京都渋谷区千駄ヶ谷 1 丁目 3 番 25 号
営業 ☎ (03) 5474-8500（代）　　振替 00170-7-2387
編集 ☎ (03) 5474-8600（代）
FAX ☎ (03) 5474-8900　　　　表紙デザイン：長谷部貴志

印刷・製本　三美印刷 (株)

《検印省略》

本書の内容を無断で複写複製することは，著作者および
出版者の権利を侵害することがありますので，その場合
にはあらかじめ小社あて許諾をお求め下さい.

ISBN978-4-7819-1623-1

PRINTED IN JAPAN

サイエンス社のホームページのご案内
https://www.saiensu.co.jp
ご意見・ご要望は
sk@saiensu.co.jp　まで.

SGC ライブラリ- 190 : for Senior & Graduate Courses

スペクトルグラフ理論
線形代数からの理解を目指して

吉田　悠一　著

定価 2420 円

スペクトルグラフ理論は，グラフという組合せ的対象を線形代数という代数的道具を用いて考察する，応用分野でも広く使われる重要な理論である．本書では，スペクトルグラフ理論の数学的な側面に注目し，理論計算機科学においてよく知られていることや，最近得られた結果を中心に解説する．また必要に応じて理論的成果がいかに応用分野で使われているかについても言及している．

第 1 章　線形代数の基礎

第 2 章　グラフのスペクトル

第 3 章　全域木

第 4 章　電気回路

第 5 章　チーガー不等式とその周辺

第 6 章　ランダムウォーク

第 7 章　頂点膨張率と最速混合問題

第 8 章　疎化

第 9 章　ラプラス方程式の高速解法

第10章　ハイパーグラフと有向グラフ

サイエンス社

SGC ライブラリ-176 : for Senior & Graduate Courses

確率論と関数論
伊藤解析からの視点

厚地　淳　著

定価 2530 円

確率微積分から関数論の何が見えるか. 学部 4 年から修士課程程度の数学・応用数理系の学生を対象に, 予備知識として, 解析学, 積分論, 確率論, 関数論, 微分幾何の初歩を仮定していくつかの話題を紹介.

第 1 章　確率微積分からの準備

第 2 章　調和関数とブラウン運動

第 3 章　リーマン多様体上のブラウン運動

第 4 章　多様体上のブラウン運動と関数論

第 5 章　調和写像・正則写像とブラウン運動

第 6 章　ネヴァンリンナ理論とブラウン運動

第 7 章　補遺

サイエンス社

SGC ライブラリ- 184 : for Senior & Graduate Courses

物性物理と
トポロジー
非可換幾何学の視点から

窪田　陽介　著

定価 2750 円

本書は，物性物理学における物質のトポロジカル相（topological phase）の理論の一部について，特に数学的な立場からまとめたものである．とりわけ，トポロジカル相の分類，バルク・境界対応の数学的証明の 2 つを軸として，分野の全体像をなるべく俯瞰することを目指した．

第 1 章　導入

第 2 章　関数解析からの準備

第 3 章　フレドホルム作用素の指数理論

第 4 章　作用素環の K 理論

第 5 章　複素トポロジカル絶縁体

第 6 章　ランダム作用素の非可換幾何学

第 7 章　粗幾何学とトポロジカル相

第 8 章　トポロジカル絶縁体と実 K 理論

第 9 章　スペクトル局在子

第 10 章　捩れ同変 K 理論

第 11 章　トポロジカル結晶絶縁体

第 12 章　関連する話題

付録 A　補遺

サイエンス社